全国高等卫生职业院校课程改革规划教材
供五年制高职临床医学、护理、助产等医学相关专业使用

案例版™

生物化学

主　编　刘家秀
副主编　姚　萍　房德芳
编　委　（按姓氏汉语拼音排序）
　　　　房德芳（连云港中医药高等职业技术学校）
　　　　李　华（南京卫生学校）
　　　　刘　超（江苏护理职业学院）
　　　　刘　雁（曲靖医学高等专科学校）
　　　　刘家秀（江苏护理职业学院）
　　　　徐文平（南通卫生高等职业技术学校）
　　　　许国莹（江苏护理职业学院）
　　　　姚　萍（徐州医药高等职业学校）
　　　　张　凌（常州卫生高等职业技术学校）
　　　　赵玉强（雅安职业技术学院）
　　　　郑　佳（唐山职业技术学院）
　　　　周　玲（南昌市卫生学校）
　　　　诸戍娴（无锡卫生高等职业技术学校）

科学出版社
北　京

· 版权所有　侵权必究 ·

举报电话:010-64030229;010-64034315;13501151303(打假办)

内 容 简 介

　　生物化学是医学及医学相关专业职业教育重要的基础课程之一。为了进一步推进卫生职业教育教学改革,适应卫生部卫生专业技术资格考试大纲的要求,全国11所卫生职业院校13位教师共同编写本教材。全书共16章,包括蛋白质、核酸、酶生物大分子的结构与功能;糖、脂类、氨基酸及核苷酸等物质的代谢、调节与联系;遗传信息的传递、细胞信号转导及常用分子生物学技术应用;与临床医学密切相关的血液、肝脏生物化学、水与无机盐代谢、酸碱平衡。章前确立学习目标;正文中插入"考点""案例"和"链接",融知识性、趣味性、实用性于一体;章后配有实践内容及教学目标测试;书后附参考文献、目标测试参考答案、教学大纲。为方便教学,全书配有课件光盘,图文并茂,易教易学。

　　本教材可供五年制高职临床医学、护理、助产等医学相关专业使用。

图书在版编目(CIP)数据

生物化学／刘家秀主编.—北京:科学出版社,2015.1
全国高等卫生职业院校课程改革规划教材
ISBN 978-7-03-042490-7

Ⅰ.生… Ⅱ.刘… Ⅲ.生物化学-高等职业教育-教材 Ⅳ.Q5

中国版本图书馆 CIP 数据核字(2014)第268460号

责任编辑:邱　波／责任校对:胡小洁
责任印制:赵　博／封面设计:范璧合

版权所有,违者必究。未经本社许可,数字图书馆不得使用

科 学 出 版 社 出版
北京东黄城根北街16号
邮政编码:100717
http://www.sciencep.com
北京华正印刷有限公司 印刷
科学出版社发行　各地新华书店经销
*

2015年1月第 一 版　　开本:787×1092　1/16
2016年7月第三次印刷　　印张:15
字数:347 000
定价:38.00元
(如有印装质量问题,我社负责调换)

前　言

为深化职业教育课程改革，构建符合五年制高职医学教育的相关专业课程，科学出版社组织全国11所卫生职业院校13位教师共同编写了《生物化学》教材。

本教材编写根据国家高等职业教育发展规划和新时期高职医学相关专业人才培养目标要求，坚持"三基（基础理论、基本知识、基本技能）、五性（思想性、科学性、先进性、启发性、适用性）"原则，努力实现课程内容与职业标准相对接，与国家医学相关卫生专业技术资格考试相对接。教材内容充分体现理论与实践相结合，"教、学、做、测"一体化。教材内容重点突出、兼顾应试，教材结构启发思考、重在导学，提高学生分析问题和解决问题能力。每章内容之前列出学习目标，教材内容之间，通过设计"考点""案例"和"链接"，对正文内容给予必要的引申拓展，激发学生学习兴趣；教材增加了分子生物学技术与应用内容，补充了基因组、蛋白质组、基因芯片、蛋白质芯片等一些新概念。部分章后设置"目标检测"及相关实验指导，以利于主要内容的学习掌握。教材后还附有目标检测题参考答案和教学大纲。本教材提供配套课件下载，教师可根据专业、学时等实际情况选择使用。

本教材由刘家秀担任主编，姚萍、房德芳担任副主编。全书共16章，第1、15章由房德芳编写，第2、12章由徐文平编写，第3章由姚萍编写，第4章由许国莹编写，第5章由诸戍娴编写，第6章由刘家秀编写，第7章由周玲编写，第8章由郑佳编写，第9章由张凌编写，第10、11章由刘超编写，第13章由赵玉强编写，第14章由李华编写，第16章由刘雁编写。本教材在编写过程中，得到了科学出版社卫生职业教育出版分社领导和编辑的关心与指导，得到各参编院校的大力支持，许国莹、刘超老师协助整理了教材文稿，做了大量工作，在此一并深表谢意。

由于我们水平和能力有限，本教材虽经数次修改，仍可能存在不足，敬请专家、广大师生提出宝贵意见。

刘家秀

2014年3月

目 录

绪论 …………………………………… (1)
第1章 蛋白质的结构与功能 ………… (4)
　　第1节　蛋白质的分子组成 ………… (4)
　　第2节　蛋白质结构与功能 ………… (8)
　　第3节　蛋白质的理化性质 ………… (13)
　　第4节　蛋白质分类 ………………… (16)
　　实验一　血清蛋白质电泳 …………… (17)
第2章 核酸的结构与功能 …………… (23)
　　第1节　核酸的化学组成 …………… (23)
　　第2节　核酸的分子结构与功能 …… (27)
　　第3节　核酸的理化性质 …………… (30)
第3章 酶 ……………………………… (33)
　　第1节　概述 ………………………… (33)
　　第2节　酶促反应的特点 …………… (34)
　　第3节　酶的结构与功能 …………… (35)
　　第4节　维生素与辅酶 ……………… (39)
　　第5节　影响酶促反应速度的因素
　　　　　　 ……………………………… (42)
　　第6节　酶与医学的关系 …………… (46)
　　实验二　酶的专一性及影响酶促反应
　　　　　　的因素 …………………… (47)
第4章 糖代谢 ………………………… (50)
　　第1节　概述 ………………………… (50)
　　第2节　糖的分解代谢 ……………… (51)
　　第3节　糖原的合成与分解 ………… (60)
　　第4节　糖异生 ……………………… (61)
　　第5节　葡萄糖的其他代谢产物 …… (63)
　　第6节　血糖 ………………………… (64)
　　实验三　血糖测定 …………………… (66)
第5章 脂类代谢 ……………………… (73)
　　第1节　概述 ………………………… (73)
　　第2节　甘油三酯的代谢 …………… (75)
　　第3节　胆固醇代谢 ………………… (80)
　　第4节　血脂及血浆脂蛋白 ………… (82)
　　实验四　肝中酮体的生成作用 ……… (84)
第6章 氨基酸代谢 …………………… (88)
　　第1节　蛋白质的营养作用 ………… (88)
　　第2节　蛋白质的消化、吸收与腐败
　　　　　　 ……………………………… (89)
　　第3节　氨基酸的一般代谢 ………… (91)
　　第4节　个别氨基酸的代谢 ………… (96)
　　实验五　血清丙氨酸氨基转移酶(ALT)
　　　　　　活性测定(赖氏法) ………… (100)
第7章 核苷酸代谢 …………………… (104)
　　第1节　核苷酸的合成代谢 ………… (104)
　　第2节　核苷酸的分解代谢 ………… (110)
第8章 生物氧化 ……………………… (114)
　　第1节　概述 ………………………… (114)
　　第2节　生成 ATP 的氧化体系 …… (115)
　　第3节　其他氧化体系 ……………… (123)
第9章 物质代谢的联系与调节 ……… (126)
　　第1节　物质代谢的特点 …………… (126)
　　第2节　物质代谢的联系 …………… (127)
　　第3节　物质代谢的调节 …………… (129)
第10章 遗传信息的传递 ……………… (136)
　　第1节　DNA 的生物合成(复制) ……
　　　　　　 ……………………………… (136)
　　第2节　RNA 的生物合成(转录)
　　　　　　 ……………………………… (142)
　　第3节　蛋白质的生物合成(翻译)
　　　　　　 ……………………………… (144)
　　第4节　基因与肿瘤 ………………… (149)
第11章 基因工程与分子生物学常用
　　　　 技术 ………………………… (155)
　　第1节　基因工程 …………………… (155)
　　第2节　分子生物学常用技术及
　　　　　　应用 ……………………… (160)
　　第3节　基因诊断和基因治疗 ……… (165)
第12章 细胞信号转导 ………………… (168)
　　第1节　信号分子与受体 …………… (168)
　　第2节　细胞信号转导途径 ………… (171)
第13章 肝脏生物化学 ………………… (176)
　　第1节　肝的结构和化学组成特点
　　　　　　 ……………………………… (176)
　　第2节　肝在物质代谢中的作用

		………………………… (176)
第3节	肝的生物转化作用 ……… (178)
第4节	胆汁酸代谢 …………………… (182)
第5节	胆色素代谢 …………………… (184)
	实验六	血清胆红素测定 …………… (187)
第14章	**血液生物化学** …………………… (191)
第1节	血液组成 ……………………… (191)
第2节	血浆蛋白质 …………………… (192)
第3节	红细胞代谢 …………………… (195)
	实验七	血尿素测定 ………………… (199)
第15章	**水和无机盐代谢** ………… (202)
第1节	体液 …………………………… (202)
第2节	水平衡 ………………………… (204)

第3节	无机盐代谢 …………………… (205)
第4节	钙、磷代谢 …………………… (207)
第5节	微量元素的代谢 ……………… (209)
实验八	血清钾、钠、氯测定 ……… (211)
第16章	**酸碱平衡** ……………………… (214)
第1节	体内酸碱性物质的来源 ………………………… (214)
第2节	机体酸碱平衡的调节 …… (215)
第3节	酸碱平衡失调 ……………… (219)
参考文献 ……………………………………… (225)
生物化学教学大纲 ……………………………… (226)
目标检测选择题参考答案 …………………… (233)

绪 论

生物化学(biochemistry)是采用化学、物理学、生理学、细胞生物学、遗传学和免疫学、生物信息学等理论和技术,从分子水平研究生命现象本质的一门科学,又称生命的化学。生物化学根据研究对象的不同,可分为微生物生化、植物生化、动物生化和人体生化(医学生化)等。本教材阐述医学生化,这既是重要的生物学学科,也是重要的基础医学学科,并与其他众多学科有着广泛的联系和交叉,成为当今生命科学领域的重要前沿学科之一。

一、生物化学的发展简史

生物化学有着悠久的发展历史。早在公元前 21 世纪,我国古代人民已有用"曲"作"媒"(即酶)催化谷物淀粉发酵酿酒的实践。公元前 12 世纪前,我们的祖先利用豆、谷、麦等为原料,制成酱、饴和醋,这时期酶学进入了萌芽发展时期。公元前 2 世纪,汉代淮南王刘安从豆类中提取蛋白质制作豆腐,公元 7 世纪孙思邈用猪肝(富含维生素 A)治疗雀目(夜盲症),北宋沈括采用皂角汁沉淀等方法从尿中提取性激素制剂,明末宋应星用"石灰澄清法"将甘蔗制糖的工艺,这些成就凝聚着我国古代人民的勤劳与智慧,对生物化学的发展作出了重要贡献。

早在 18 世纪,人们便开始研究生物化学,但直至 20 世纪初期,生物化学才作为一门独立的学科得到蓬勃发展,近 50 年来,有了许多重大进展和突破。

18 世纪中叶至 19 世纪末,生物化学研究进入了叙述生物化学阶段,主要研究生物体的化学组成。期间的重要贡献有:对脂类、糖类及氨基酸的性质进行了较为系统的研究;发现了核酸;从血液中分离出血红蛋白;证实了连接相邻氨基酸的肽键的形成;化学合成了简单的多肽;发现酵母发酵可产生醇并产生 CO_2,酵母发酵过程中存在"可溶性催化剂",奠定了酶学的基础等。

20 世纪初期以来,生物化学研究进入了动态生物化学阶段,开始认识体内各种分子的代谢变化。例如:在营养方面,发现了人类必需氨基酸、必需脂肪酸及多种维生素;在内分泌方面,发现了多种激素,并将其分离、合成;在酶学方面,认识到酶的化学本质是蛋白质,酶晶体制备获得成功;在物质代谢方面,由于化学分析及核素示踪技术的发展与应用,对生物体内主要物质的代谢途径已基本确定,包括糖代谢途径的酶促反应过程、脂肪酸-β 氧化、三羧酸循环和鸟氨酸循环学说等。在生物能研究中,提出了生物能产生过程中的 ATP 循环学说。我国生物化学家吴宪等在血液化学分析方面,创立了血滤液的制备和血糖测定法;在蛋白质研究中提出了蛋白质变性学说。我国生物化学家刘思职在免疫化学领域,用定量分析方法研究抗原抗体反应机制。

20 世纪 50 年代以来,生物化学研究进入了分子生物学阶段。同时,物质代谢途径的研究继续发展,并重点进入合成代谢与代谢调节的研究。这一阶段,细胞内两大重要生物大分子(biomacromolecules)——蛋白质与核酸成为研究的热点。通常将核酸、蛋白质等生物大分子的结构、功能及基因表达调控的研究称为分子生物学(molecular biology)。1953 年,J. D. Watson 和 F. H. Crick 提出的 DNA 双螺旋结构模型,为揭示遗传信息传递规律奠定了基础,是生物化学研究进入分子生物学阶段的显著标志,具有重要的里程碑意义。此后,对 DNA 复制机制、RNA 转录过程及 RNA 在蛋白质生物合成中的作用进行了深入研究,提出了遗传信息传递的中心法则,破译了 RNA 分子的遗传密码等,均取得了丰硕成果。1965 年,我国科学家首先采用人工方法合成了具有生物活性的牛胰岛素,并采用 X 线衍射方法测定出猪胰岛素分子的空间结构。20 世纪 70 年代,重组 DNA 技术的建立,相继获得了多种基因工程新产品、转基因动植物和基因剔除动物模型,极大地推动了医药工业和农业的发展。20 世纪 80 年代,聚合酶链反应(PCR)技术的发明,为基因诊断和基因治疗提供了重要技术支持;核酶(ribozyme)的发现拓展了人们对生物催化剂本质的认识。1981 年,我国科学家采用了有机合成和酶促相结合的方法成功地合成了酵母丙氨酰 tRNA。此外,在酶学、蛋白质结构、生物膜结构与功能方面的研究都有举世瞩目的成就。近年来,我国的基因工程、蛋白质工程、新基因的克隆与功能、疾病相关基因的定位克隆及其功能研究均取得了重要的成果。20 世纪 90 年代开始实施的人类基因组计划(human genome project,HGP)研究是人类生命科学领域中全球性研究计划,旨在描述人类基因组和其他基因组特征。2001 年,人类基因组草图的公布,提示了人类遗传学图谱的基本特点,为人类健康和疾病的研究带来根本性的变革。特别要指出的是,我国科学家对人类基因组序列草图的完成也作出了一定的贡献。

发现和鉴定人类基因中蕴含的所有基因,仅是第一步,而对基因的结构、功能及其调控研究显得尤为重要。目前,蛋白质组学(proteomics)、RNA 组学(RNomics)、代谢组学(metabonomics)、糖组学(glycomics)等研究迅速兴起,这些研究结果必将进一步加深人们对生命本质的认识,尽管生物化学与分子生物学的发展异常迅速,但人类生命本质的阐明任重而道远。

二、人体生物化学的研究内容

人体生物化学研究的内容主要有以下几方面:

1. **人体物质的化学组成** 人体中主要物质包括水(占体重的 55%~67%)、蛋白质(占体重的 15%~18%)、脂类(占体重的 10%~15%)、无机盐(占体重的 3%~4%)、糖类(占体重的 1%~2%)以及维生素、激素等多种物质。其中,体内蛋白质、核酸、多糖及复合脂类等生物大分子种类繁多,它们分子量通常大于 10^4,且均具有信息功能,故又称为生物信息分子。

2. **生物分子结构与功能** 人体生物分子包括无机物、有机小分子和生物大分子。人体生物大分子的结构具有一定的规律性,都是由基本的结构单位按一定顺序和方式连接而形成的多聚体。对生物大分子的研究,除了确定其一级结构外,更重要的是研究其空间结构及其与功能的关系。结构是功能的基础,而功能则是结构的体现。生物大分子的功能还可通过分子之间的相互识别和相互作用来实现。例如:蛋白质与蛋白质的相互作用在细胞信号转导中起重要作用;蛋白质与蛋白质、蛋白质与核酸、核酸与核酸之间的相互作用在基因表达的调节中起着决定性作用。所以,分子结构、分子识别和分子间的相互作用是执行生物信息分子功能的基本要素。

3. **物质代谢及其调节** 新陈代谢是生物体的基本特征。人体时刻与外环境进行物质交换,以维持其内环境的相对稳定。据估计,以 60 岁年龄计算,一个人在一生中与环境进行着大量的物质交换,约相当于 60 000kg 水、10 000kg 糖类、600kg 蛋白质以及 1000kg 脂类。体内各种物质代谢途径是在神经、激素等整体性精确调节下,按一定规律有条不紊地进行的,若物质代谢发生紊乱则可引起疾病。绝大部分物质代谢的化学反应是由酶催化,酶的结构和含量的变化对物质代谢的调节起着重要作用。此外,细胞信息传递也参与多种物质代谢及与其相关的生长、增殖、分化等生命过程的调节。

4. **基因信息传递及调控** DNA 是遗传的主要物质基础,基因(gene)即 DNA 分子的功能片段。基因信息传递涉及遗传、变异、生长、分化等生命过程,也与遗传性疾病、恶性肿瘤、代谢异常性疾病、免疫缺陷性疾病、心血管病等多种疾病的发病机制有关。目前,基因分子生物学除进一步研究 DNA 的结构与功能外,更重要的是研究 DNA 复制、基因转录、蛋白质生物合成等基因信息传递过程的机制及基因表达时调控规律。基因信息传递的研究在生命科学中的作用越来越重要。

三、生物化学与医学

生物化学已成为医学各学科之间相互联系的共同语言。它的理论和技术已渗透到生物学各学科乃至基础医学和临床医学的各个领域,使之产生了许多新兴的交叉学科,如分子遗传学、分子免疫学、分子微生物学、分子病理学和分子药理学等。近年来,各种疾病如心脑血管疾病、恶性肿瘤、代谢性疾病、免疫性疾病、神经系统疾病等分子水平发病机制的阐明,诊断手段、治疗方案、预防措施等都取得了长足的进步。临床疾病实验诊疗上,除了体液中各种无机盐类、有机化合物和酶类等常规检测指标外,疾病相关基因克隆、基因芯片与蛋白质芯片的应用,基因治疗以及应用重组 DNA 技术生产蛋白质、多肽类药物等方面的深入研究,给临床医学进展带来全新的理念。因此,只有扎实地掌握生物化学的基本理论和基本技能,才能有望成为合格的医务工作者。

在教师指导下,学生要用勤奋学习的态度、科学的学习方法,全面理解、学习生物化学教材内容,在理解的基础上加强记忆,在记忆的过程中加深理解。要重视理论联系实际,通过"做中学,学中做",理解生物化学知识的医学应用,解决临床医学问题,指导临床医学实践,为人类健康造福。

(刘家秀)

第 1 章 蛋白质的结构与功能

学习目标

掌握:蛋白质化学元素组成特点、基本结构单位、肽键;蛋白质一级、二级、三级和四级结构;结构与功能的关系;蛋白质变性。

熟悉:氨基酸结构特点及分类,蛋白质两性解离及等电点。

了解:蛋白质胶体性质、沉淀、紫外吸收性质、呈色反应。

蛋白质(protein)是生物体内最重要的生物大分子,是生命活动的主要载体,功能的执行者。生物体越复杂,其所含蛋白质种类和含量也越多。如单细胞生物大肠杆菌含有约3000种不同的蛋白质;人体约有10万种以上的蛋白质,含量约占人体干重的45%。生物体多样性是由蛋白质结构和功能的多样性决定的。蛋白质是各种组织的基本组成成分,维持组织的生长、更新和修复。此外,蛋白质还具有许多特殊功能,例如催化功能(酶),调节功能(蛋白质、多肽类激素),收缩和运动功能(肌肉蛋白),运输和储存功能[清蛋白(白蛋白)、血红蛋白],保护和免疫功能(凝血酶原和免疫球蛋白)以及生长、发育、繁殖和遗传等,都与蛋白质的生理功能有关,因此,蛋白质是生命活动的物质基础,没有蛋白质就没有生命。

链 接

自然界的生命是在氨基酸产生以后才诞生和进化的。人体内的20种氨基酸以不同的比例和排列方式构成千百万种功能各异的蛋白质,所有蛋白质都是以特定氨基酸为原料构成的多聚体。在人体的血液、毛发、肌肉、皮肤、韧带和指甲等组织,蛋白质无处不在。人体各方面的功能都与蛋白质密切相关,如肌肉的收缩、身材的增高、基因的遗传、精细的代谢调控、高度的识别与记忆能力。无数事实充分证明:生命是蛋白质的天地,没有蛋白质就没有生命。

第1节 蛋白质的分子组成

一、蛋白质的元素组成

蛋白质元素分析结果表明,蛋白质主要由碳、氢、氧、氮、硫等元素组成。有的蛋白质还含有少量的磷、铁、铜、锌、锰、钴、钼等,个别蛋白质还含有碘。生物体内蛋白质的元素组成特点是各种蛋白质的含氮量十分接近,平均为16%(每克氮相当于6.25g蛋白质)。因为生物组织中的含氮物质以蛋白质为主,其他物质含氮很少,因此通过测定生物样品中的含氮量可推算出样品中蛋白质的大致含量。

样品中蛋白质含量(g) = 样品中含氮量(g) × 6.25

二、蛋白质的基本组成单位——氨基酸

蛋白质在酸、碱或蛋白酶的作用下水解,最终产物都是氨基酸(amino acid),说明氨基酸是蛋白质的基本组成单位,但不同蛋白质的氨基酸含量和排列顺序不同。

第1章 蛋白质的结构与功能

(一) 氨基酸的结构特点

存在于自然界中的氨基酸有 300 余种,但组成人体蛋白质的氨基酸仅有 20 种。20 种氨基酸分子组成各不相同,但都有共同的结构特点,均为 α-氨基酸(脯氨酸为 α-亚氨基酸),即 α-碳原子上连接一个氨基(—NH_2)和一个羧基(—COOH),R 为氨基酸的侧链基团,不同的氨基酸,其 R 基团各异。除甘氨酸 R 为 H 外,其余氨基酸 R 都不是 H,所以 α-碳原子是不对称碳原子。组成人体蛋白质的氨基酸均属 L-α-氨基酸,其结构通式如下:

$$R-\underset{\underset{NH_2}{|}}{\overset{\overset{H}{|}}{C}}-COOH$$

人体内也存在若干不参与蛋白质合成但具有重要生理作用的氨基酸,如参与合成尿素的鸟氨酸、瓜氨酸和精氨酸代琥珀酸。

(二) 氨基酸的分类

根据 R 基团的结构和理化性质不同,可将氨基酸分为四类:非极性疏水性氨基酸、极性中性氨基酸、酸性氨基酸和碱性氨基酸(表 1-1)。

表 1-1 组成蛋白质的 20 种氨基酸

中文名	英文名	结构式	三字符号	一字符号	等电点(pI)
1. 非极性疏水性氨基酸					
甘氨酸	glycine	H—CHCOO⁻ / ⁺NH₃	Gly	G	5.97
丙氨酸	alanine	CH₃—CHCOO⁻ / ⁺NH₃	Ala	A	6.00
缬氨酸	valine	CH₃—CH—CHCOO⁻ / CH₃ ⁺NH₃	Val	V	5.96
亮氨酸	leucine	CH₃—CH—CH₂—CHCOO⁻ / CH₃ ⁺NH₃	Leu	L	5.98
异亮氨酸	isoleucine	CH₃—CH₂—CH—CHCOO⁻ / CH₃ ⁺NH₃	Ile	I	6.02
苯丙氨酸	phenylalanine	⌬—CH₂—CHCOO⁻ / ⁺NH₃	Phe	F	5.48
脯氨酸	proline	(环状结构) CHCOO⁻ / ⁺NH₂	Pro	P	6.30
2. 极性中性氨基酸					
色氨酸	tryptophan	(吲哚)—CH₂—CHCOO⁻ / ⁺NH₃	Trp	W	5.89
丝氨酸	serine	HO—CH₂—CHCOO⁻ / ⁺NH₃	Ser	S	5.68
酪氨酸	tyrosine	HO—⌬—CH₂—CHCOO⁻ / ⁺NH₃	Tyr	Y	5.66

续表

中文名	英文名	结构式	三字符号	一字符号	等电点(pI)
半胱氨酸	cysteine	HS—CH$_2$—CHCOO$^-$ | $^+$NH$_3$	Cys	C	5.07
蛋氨酸	methionine	CH$_3$SCH$_2$CH$_2$—CHCOO$^-$ | $^+$NH$_3$	Met	M	5.74
天冬酰胺	asparagine	O=C(NH$_2$)—CH$_2$—CHCOO$^-$ | $^+$NH$_3$	Asn	N	5.41
谷氨酰胺	glutamine	O=C(NH$_2$)—CH$_2$CH$_2$—CHCOO$^-$ | $^+$NH$_3$	Gln	Q	5.65
苏氨酸	threonine	CH$_3$ | HO—CH—CHCOO$^-$ | $^+$NH$_3$	Thr	T	5.60
3. 酸性氨基酸					
天冬氨酸	aspartic acid	HOOCCH$_2$—CHCOO$^-$ | $^+$NH$_3$	Asp	D	2.97
谷氨酸	glutamic acid	HOOCCH$_2$CH$_2$—CHCOO$^-$ | $^+$NH$_3$	Glu	E	3.22
4. 碱性氨基酸					
赖氨酸	lysine	NH$_2$CH$_2$CH$_2$CH$_2$CH$_2$—CHCOO$^-$ | $^+$NH$_3$	Lys	K	9.74
精氨酸	arginine	NH || NH$_2$CNHCH$_2$CH$_2$CH$_2$—CHCOO$^-$ | $^+$NH$_3$	Arg	R	10.76
组氨酸	histidine	HC=C—CH$_2$—CHCOO$^-$ | | | N NH $^+$NH$_3$ \\ / CH	His	H	7.59

  1. 非极性疏水性氨基酸 这类氨基酸的 R 侧链中含有非极性、疏水性基团，在水溶液中的溶解度小于极性、中性氨基酸。

  2. 极性中性氨基酸 这类氨基酸的 R 侧链上含有极性但不带电荷的基团，如羟基、巯基、酰胺基等。

  3. 酸性氨基酸 指 R 侧链中都含有羧基，在水溶液中能释出 H$^+$ 而带负电荷的一类氨基酸。

  4. 碱性氨基酸 指 R 侧链中含有氨基、胍基或咪唑基，在水溶液中能结合 H$^+$ 而带正电荷的一类氨基酸。

链 接

必需氨基酸

人体需要但不能合成,必须由食物供给的氨基酸称为必需氨基酸,共有 8 种——苏氨酸、赖氨酸、苯丙氨酸、蛋氨酸、缬氨酸、色氨酸、亮氨酸、异亮氨酸。组成蛋白质的 20 种氨基酸中其余各种氨基酸则相对称为非必需氨基酸,可由糖类或其他氨基酸等物质转变生成。

(三) 氨基酸的理化性质

1. 两性解离与等电点 氨基酸分子中含有氨基和羧基,羧基可释放 H^+ 带负电荷,氨基可接受 H^+ 带正电荷。因此,氨基酸是两性电解质,具有两性解离的特性。氨基酸的解离状态取决于所在溶液的 pH,在酸性溶液中其可与 H^+ 结合成为阳离子,在碱性溶液中可失去 H^+(与 OH^- 结合)成为阴离子。当溶液在某一 pH 时,氨基酸解离成阴、阳离子的趋势相等,成为兼性离子,净电荷为零,在电场中不移动,此时溶液的 pH 称为该氨基酸的等电点(pI)。当溶液的 pH>pI 时,氨基酸的氨基解离受抑制,羧基解离带负电荷,在电场中向正极移动。当溶液的 pH<pI 时,氨基酸的羧基解离受抑制,氨基解离带正电荷,在电场中向负极移动。

$$R-CH-COOH \underset{H^+}{\overset{OH^-}{\rightleftharpoons}} R-CH-COO^- \underset{H^+}{\overset{OH^-}{\rightleftharpoons}} R-CH-COO^-$$
$$\underset{NH_3^+}{|} \quad\quad \underset{NH_3^+}{|} \quad\quad \underset{NH_2}{|}$$
$$pH<pI \quad\quad pH=pI \quad\quad pH>pI$$

2. 茚三酮反应(呈色反应) 氨基酸与茚三酮在微碱性溶液中共同加热,生成蓝紫色化合物,此化合物在 570nm 波长处有一最大吸收峰。利用茚三酮呈色反应,可对氨基酸进行定性或定量测定。

3. 紫外吸收性质 色氨酸、酪氨酸和苯丙氨酸等芳香族氨基酸在 280nm 波长附近有一特征性吸收峰。由于多数蛋白质含有酪氨酸和色氨酸残基,所以这一特性可用作蛋白质的含量测定。

(四) 氨基酸的连接方式

1. 氨基酸通过肽键链接而形成肽

(1) 肽键(peptide bond):是由一个氨基酸的 α-羧基(—COOH)与另一个氨基酸的 α-氨基(—NH₂)脱水缩合所形成的酰胺键(—CO—NH—)。

$$H_2N-\underset{\underset{R_1}{|}}{\overset{\overset{H}{|}}{C}}-\overset{O}{\underset{}{C}}-\boxed{OH+H}-\underset{\underset{R_2}{|}}{\overset{\overset{H}{|}}{N}}-\overset{H}{\underset{}{C}}-COOH \xrightarrow[\triangle 或酶]{-H_2O} H_2N-\underset{\underset{R_1}{|}}{\overset{\overset{H}{|}}{C}}-\boxed{\overset{O}{\underset{}{C}}-\overset{H}{\underset{}{N}}}-\underset{\underset{R_2}{|}}{\overset{\overset{H}{|}}{C}}-COOH$$

肽键是蛋白质分子中的主要共价键,由于肽键中 C—N 键长介于单键和双键之间,具有部分双键的性质,不能自由旋转。这样,参与组成肽键的四个原子及其邻近的两个 α-碳原子位于同一平面,故称为肽键平面(图 1-1)。而与 α-碳原子相邻的 N 与 C 是典型的单键,可以自由旋转,这是多肽链形成各种空间构象的结构基础。

(2) 肽:氨基酸通过肽键连接形成的化合物称为肽(peptide)。两个氨基酸以肽键连接形成的肽称为二肽,三个氨基酸以肽键连接形成的肽称为三肽,多个氨基酸通过肽键连接成链状化合物,称为多肽链。多肽链的骨架是由 α-碳原子与两侧不能转动的肽键连接而成。由于多肽链中的氨基酸在形成肽键时分子变得稍有残缺,故称为氨基酸残基。通常将 10 肽以下的肽称为寡肽,10 肽以上者称为多肽。

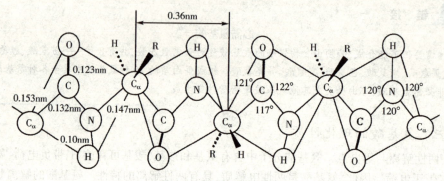

图 1-1 肽键平面示意图

多肽链有两端,含自由 α-氨基的一端称为氨基末端或 N-端,含自由 α-羧基的一端称羧基末端或 C-端。书写时一般将多肽链的 N-端写在左侧,C-端写在右侧,氨基酸的编号依次从 N-端向 C-端排列。

2. 体内重要的生物活性肽　在生物体内还存在一些具有调节功能的小分子肽,称为生物活性肽,如谷胱甘肽(GSH)、缩宫素(催产素)、加压素、促肾上腺皮质激素等,在代谢调节、神经传导等方面起着重要的作用。随着肽类药物的发展,许多化学合成或重组 DNA 技术制备肽类药物和疫苗已在疾病预防和治疗方面取得成效。

(1) 谷胱甘肽(GSH):GSH 是体内重要的还原剂,具有保护细胞膜结构及使细胞内酶蛋白处于还原、活性状态的功能;GSH 分子中的巯基还有嗜核特征,它能与外源的嗜电子毒物(如致癌剂或药物等)结合,从而阻断这些化合物与 DNA、RNA 或蛋白质结合,以保护机体免遭毒物损害。

(2) 多肽类激素及神经肽:体内有许多激素属寡肽或多肽,例如属于下丘脑-垂体-肾上腺皮质轴的催产素(9 肽)、加压素(9 肽)、促肾上腺皮质激素(39 肽)、促甲状腺释放激素(3 肽)等。促甲状腺释放激素是一个特殊结构的三肽,它由下丘脑分泌,可促进腺垂体分泌促甲状腺激素。

有一类在神经传导过程中起信号转导作用的肽类被称为神经肽。较早发现的有脑啡肽(5 肽)、β-内啡肽(31 肽)和强啡肽(17 肽)。它们与中枢神经系统产生痛觉抑制有密切关系。因此很早就被用于临床镇痛治疗。

第 2 节　蛋白质结构与功能

组成人体蛋白质的 20 种氨基酸以其不同数量和不同顺序可排列成复杂而多样的蛋白质分子,并具有一定的三维空间结构,从而发挥其特有的生物学功能。根据蛋白质结构的不同层次,可将蛋白质结构分为一级、二级、三级和四级结构。其中一级结构是蛋白质的基本结构,二级、三级、四级结构统称为空间结构,也称为高级结构或空间构象。

一、蛋白质的一级结构

在蛋白质分子中,各种氨基酸是在遗传基因控制下按严格顺序排列的。这种氨基酸在蛋白质多肽链中的排列顺序称为蛋白质一级结构(primary structure)。一级结构是蛋白质分子的基本结构,肽键是一级结构的主要结构键(主键)。在某些蛋白质的一级结构中尚含有二硫键(S—S),例如牛胰岛素(insulin)。牛胰岛素的一级结构由 A、B 两条多肽链构成,共有 51 个

第1章 蛋白质的结构与功能

氨基酸残基。A链含21个氨基酸残基,B链含30个氨基酸残基,两条肽链之间通过2个二硫键连接(图1-2)。蛋白质的一级结构是蛋白质各种空间结构及生物学功能的基础。

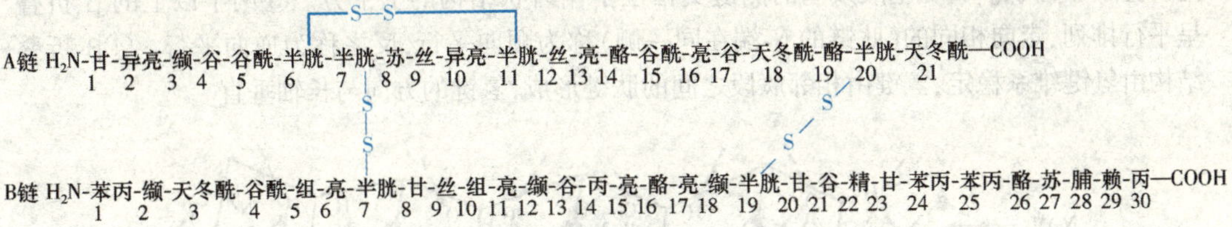

A链 H₂N-甘-异亮-缬-谷-谷氨-半胱-半胱-苏-丝-异亮-半胱-丝-亮-酪-谷氨-亮-谷-天冬氨-酪-半胱-天冬氨—COOH
　　　　1　2　　3　4　5　　6　　7　　8　9　10　11　12　13　14　15　　16　17　　18　　19　20　　21

B链 H₂N-苯丙-缬-天冬氨-谷-组-亮-半胱-甘-丝-组-亮-缬-谷-丙-亮-酪-亮-缬-半胱-甘-精-甘-苯丙-苯丙-酪-苏-脯-赖-丙—COOH
　　　　1　2　　3　　4　5　6　7　　8　9　10　11　12　13　14　15　16　17　18　19　20　21　22　23　24　25　26　27　28　29　30

图1-2 牛胰岛素的一级结构

二、蛋白质的空间结构

蛋白质空间结构是指蛋白质在一级结构的基础上,进行盘曲、折叠形成的特定的空间构象。

(一) 蛋白质的二级结构

蛋白质二级结构(secondary structure)是指多肽链中的主链(即若干个肽键平面)进行盘曲、折叠形成的有规律的、重复出现的空间结构,但不涉及各R侧链的空间位置。由于肽键平面中两个α-碳原子所连的两个单键可自由旋转。因此,可形成不同类型的二级结构,主要形式有α-螺旋、β-折叠、β-转角和无规卷曲等。

1. α-螺旋(α-helix)　是指多肽链的主链沿其长轴方向绕同一中心轴盘曲形成的螺旋状结构(图1-3)。α-螺旋的结构特征是:①α-螺旋以肽键平面为单位,以α-碳原子为转折,顺时针走向,盘曲成右手螺旋。②螺旋每3.6个氨基酸残基上升一圈,螺距为0.54nm。③主链原子构成螺旋的主体,R基团均伸向螺旋的外侧。④相邻螺旋圈之间,通过肽键中的羰基与亚氨基形成氢键以稳固构象,氢键方向与螺旋长轴平行。由于α-螺旋中所有肽键都参与形成氢键,所以α-螺旋结构相当稳定。

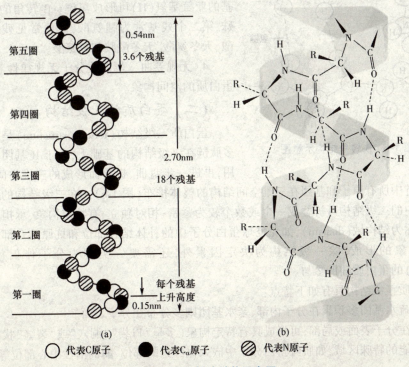

图1-3 α-螺旋结构示意图

2. β-折叠（β-pleated sheets） 是指由多肽链主链形成的相对伸展的锯齿状(折纸状)结构又称为 β-片层(图1-4)。β-折叠的结构特征是：①多肽链几乎完全呈伸展状态，相邻的肽键平面彼此折叠成锯齿状。②氨基酸残基的侧链交错位于锯齿状结构的上下方。③两个以上的 β-折叠呈平行排列，走向相同的(肽链的 N-端在同一侧)称为顺向平行，反之称为逆向平行。④β-折叠结构由氢键维系稳定，氢键由相邻肽段之间的肽键形成，氢键的方向与长轴垂直。

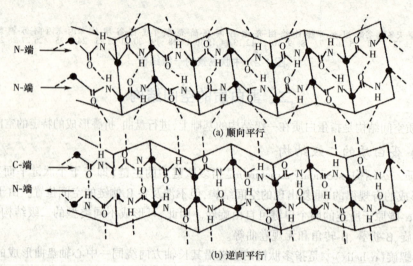

(a) 顺向平行

(b) 逆向平行

图1-4 β-折叠结构示意图

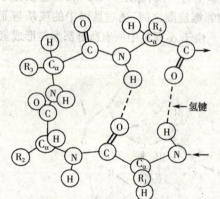

图1-5 β-转角结构示意图

3. β-转角 是指多肽链主链经 180°的回折所形成的 U 形转折结构(图1-5)。通常由 4 个氨基酸残基组成，其第一个残基的羰基氧(O)与第四个残基的亚氨基氢(H)可形成氢键。β-转角的结构较特殊，第二个残基常为脯氨酸，其他常见残基有甘氨酸、天冬氨酸、天冬酰胺和色氨酸。

4. 无规卷曲 蛋白质分子无规律性卷曲，形成蛋白质的空间构象。

（二）蛋白质的三级结构

蛋白质三级结构(tertiary structure)是指蛋白质多肽链在二级结构的基础上，由于 R 基团的相互作用，再进一步盘曲、折叠而形成的三维空间结构，包括主、侧链中所有原子和基团在三维空间结构的整体排布(图1-6)。在三级结构的形成过程中，肽链中的二级结构可折叠成一个或数个较为紧密、相对独立、有特定构象、承担不同功能的区域，称为结构域(domain)，如免疫球蛋白分子中的补体结合部位和抗原结合部位。蛋白质空间构象的形成，除一级结构为决定因素外，还需要一类称为分子伴侣(molecular chaperone)的蛋白质辅助参与。

蛋白质三级结构具有如下特点：

（1）疏水基团多积聚在分子内部，亲水基团则多分布在分子表面。

（2）在分子表面或局部，可形成具有特定构象(多呈"口袋""洞穴"或"裂缝"状)、能发挥生物学功能的特殊区域，如肌红蛋白分子中嵌入血红素的部位、酶的活性中心部位等。

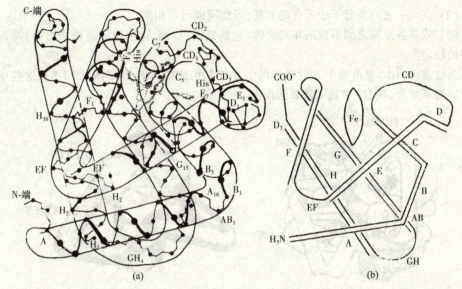

图 1-6　蛋白质的三级结构

(3) 依靠 R 基团之间形成的次级键(副键)维系稳定,次级键主要包括疏水键、离子键(盐键)、氢键、范德华力(分子间作用力)等,其中以疏水键最为重要(图 1-7)。

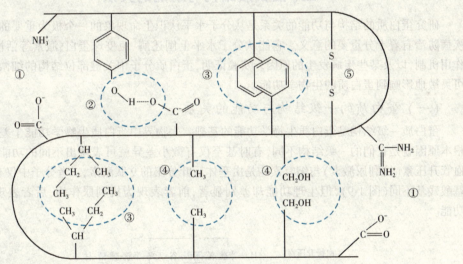

图 1-7　维系蛋白质三级结构的化学键
①离子键;②氢键;③疏水键;④范德华力;⑤二硫键

(4) 由一条多肽链构成的蛋白质,三级结构是其最高结构。只有形成三级结构才表现生物活性。

(三) 蛋白质的四级结构

由两条或两条以上具有独立三级结构的多肽链通过非共价键相互结合形成一定空间结构的聚合体,称为蛋白质四级结构(quaternary structure)。这种蛋白质的每一条肽链被称为一个亚基(subunit),这些亚基的结构可以是相同的,也可以是不同的。

蛋白质四级结构具有如下特点:

(1) 单一亚基一般没有生物学功能,只有完整的四级结构才是发挥生物学功能的保证。

（2）在同一蛋白质分子中所含的亚基，可相同也可不相同。

（3）依靠各亚基之间形成的非共价键（包括氢键、盐键、疏水键和范德华力等）维系四级结构的稳定性。

血红蛋白（Hb）是由两个 α-亚基和两个 β-亚基构成的 $\alpha_2\beta_2$ 四聚体（图1-8），这些亚基都可分别与氧结合，在 Hb 中起运输氧的作用。

图1-8 蛋白质的四级结构

三、蛋白质结构与功能的关系

考点：蛋白质结构与功能的关系

研究蛋白质的结构与功能的关系是从分子水平认识生命现象的一个极为重要的领域，对疾病防治有着十分重要的意义。它能从分子水平上阐述酶、免疫球蛋白、激素等活性物质的作用机制，以及某些疾病发生的原因。实验证明，蛋白质分子中关键部位结构的细微改变，即可灵敏地影响到蛋白质的生物学功能。

（一）蛋白质的一级结构与功能的关系

蛋白质一级结构是蛋白质生物学功能的基础。生物界中蛋白质生物学功能千差万别，其根本原因就是它们的一级结构不同，有时甚至仅有微小差异就可表现出不同的功能。例如，血管升压素（抗利尿激素）与缩宫素均是由垂体后叶分泌的9肽激素，二者分子中仅有两个氨基酸残基不同（图1-9），但生理功能却差别显著，前者表现为抗利尿作用，后者表现为催产功能。

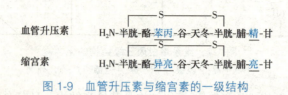

图1-9 血管升压素与缩宫素的一级结构

蛋白质的一级结构相似可表现出相似的生物学功能。如不同哺乳动物来源的胰岛素，都具有降低血糖、调节糖代谢的作用。在一级结构中，有些氨基酸残基在蛋白质特定空间构象的形成中起关键作用，有些氨基酸残基则可直接参与蛋白质活性部位的形成。这类氨基酸若被置换或缺失，蛋白质的生物学功能即降低或丧失。以胰岛素为例，不同来源的胰岛素，在其组成的51个氨基酸残基中，有24个氨基酸残基和6个构成二硫键的半胱氨酸残基是恒定不变的，若将 A 链 N-端的第一个氨基酸残基切去，其活性只剩下 2%～10%，如再将紧邻的第2～4个氨基酸残基切去，则活性全部丧失。这说明上述氨基酸在维持胰岛素空间构象和体现其调节功能中起"关键"作用,是活性胰岛素的必需构件。

基因突变可导致蛋白质分子一级结构的改变,进而引起蛋白质生物学功能的变化。这种由遗传突变导致蛋白质分子一级结构的改变而引起的疾病,称为分子病。如镰刀型红细胞性贫血,就是由于 Hb 中的 β 链 N-端第 6 个氨基酸残基被缬氨酸替代所引起的。仅此一个氨基酸的改变,就使得 Hb 易聚集成丝,相互黏着,红细胞变形成镰刀状,极易破坏而引起溶血性贫血。

(二) 空间结构与功能的关系

特定的蛋白质的空间结构与其发挥特殊生理功能有着密切关系。空间结构发生改变,生物活性也随之改变。

血红蛋白是成熟红细胞中主要的功能性蛋白,它的 4 个亚基之间依靠盐键相连接,每个亚基中含有一个亚铁血红素,其中的亚铁(Fe^{2+})能与 O_2 进行可逆性结合。当一个亚基与 O_2 结合后,引起其他亚基构象发生改变,同时使亚基间的盐键断裂。Hb 空间构象的这一改变,大大加快了相邻亚基结合 O_2 的速度,增强了 Hb 对 O_2 的亲和力,以便迅速形成氧合血红蛋白(HbO_2)。体内某些酶对物质代谢的调节作用,也是通过改变酶分子的构象进而影响酶活性而实现的,这类酶被称为变构酶(allosteric enzyme)。

(三) 蛋白质构象改变可引起疾病

生物体内蛋白质的合成、加工和成熟是一个复杂的过程,其中多肽链的正确折叠对其正确构象的形成和功能的发挥非常重要。若蛋白质的折叠发生错误,尽管其一级结构不变,蛋白质构象发生改变,仍然可影响其功能,严重时可导致疾病,此类疾病称为蛋白质构象病。有些蛋白质错误折叠后相互聚集,常形成抗蛋白质水解的淀粉样纤维沉淀,产生毒性而致病,这类疾病包括人纹状体脊髓变性病、阿尔茨海默病、亨廷顿舞蹈病和疯牛病等。

疯牛病是由朊病毒蛋白(prion protein,PrP)引起的一组人和动物神经的退行性病变,这类疾病具有传染性、遗传性或散在发病特点。PrP 是染色体基因编码的蛋白质。正常动物和人的 PrP 为分子量 33~35kDa 的蛋白质,其二级结构为多个 α-螺旋,称为 PrP^c。富含 PrP^c 在某种未知蛋白质的作用下可转变成全为 β-折叠的 PrP 致病分子,称为 PrP^{sc},但 PrP^c 和 PrP^{sc} 一级结构完全相同。PrP^{sc} 对蛋白酶不敏感,水溶性差,而且对热稳定,可以相互聚集,最终形成淀粉样纤维沉淀而致病。

第3节 蛋白质的理化性质

蛋白质是氨基酸组成的高分子有机化合物,因此,其部分理化性质与氨基酸相似,如两性解离及等电点,紫外吸收特征及呈色反应等。但作为高分子化合物,蛋白质又表现出与低分子化合物明显不同的大分子特性,如胶体性质、沉淀与变性等。

考点:蛋白质的等电点

一、蛋白质等电点

实验中,我们把一些蛋白质混合液放在某一 pH 环境的电场中,结果有的蛋白质向正极移动,有的向负极移动,还有些原地不动。如改变 pH 环境,蛋白质的移动情况有所不同,这是为什么?原来蛋白质分子中,除肽链的 N-端和 C-端分别有游离的氨基和羧基外,许多氨基酸残基侧链中尚含有一些可解离的基团,如羧基、氨基、胍基等,其中的酸性基团和碱性基团可分别解离成阴离子和阳离子,因此,蛋白质为两性电解质。蛋白质在溶液中的解离状态,受溶液 pH 的影响。在某一 pH 溶液中,蛋白质解离成阴离子和阳离子的趋势相等,即净电荷为零,成为兼性离子,此时溶液的pH称为该蛋白质的等电点(pI)。由于不同蛋白质所含的酸性或碱性氨基酸的数目不同以及各解离基团的解离常数(pK)不同,因此各种蛋白质的等电点各异。当溶液的pH>pI时,蛋白质分子中的酸性基团解离(如—COO⁻)而带较多的负电荷成为阴离子。反之,在pH<pI时,蛋白质分子中的碱性基团解离(如—NH₃⁺)而带较多的正电荷成为阳离子。

$$P\begin{matrix}NH_3^+\\COOH\end{matrix} \underset{+H^+}{\overset{+OH^-}{\rightleftharpoons}} P\begin{matrix}NH_3^+\\COO^-\end{matrix} \underset{+H^+}{\overset{+OH^-}{\rightleftharpoons}} P\begin{matrix}NH_2\\COO^-\end{matrix}$$

蛋白质的阳离子　　　　蛋白质的兼性离子　　　　蛋白质的阴离子
　　　　　　　　　　　　　（等电点）

体内多数血浆蛋白质的pI为5左右,所以在生理条件下(pH为7.4)多以阴离子形式存在。在同一pH环境中,不同的蛋白质由于pI不同,所带电荷性质和数量就不同。因此,在同一电场中的移动速度就有差异。利用这一特性,可将混合蛋白质通过电泳法进行分离。电泳是指带电颗粒在电场中向相反电极移动的现象。利用醋酸纤维素薄膜电泳技术,可将血清蛋白质分离成五条区带:清蛋白(A)、α₁-球蛋白、α₂-球蛋白、β-球蛋白、γ-球蛋白(图1-10)。

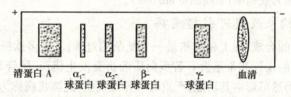

图1-10　血清蛋白质电泳图谱

二、蛋白质的胶体性质

蛋白质是高分子化合物,分子量多数在1万~10万,大者可达百万之巨。其分子直径可达1~100nm,达到了胶体颗粒的范围,在水溶液中形成胶体溶液,因此,蛋白质溶液具有胶体溶液的性质,如溶液扩散速度慢、黏度大,尤其重要的是不能透过半透膜等。半透膜是各种生物膜或由人工制造的膜。利用蛋白质分子量大不能透过半透膜,而小分子物质能透过的特性,使蛋白质和其他小分子物质分离叫透析。在实验室中,利用这一性质可用透析法对蛋白质进行分离纯化。由于蛋白质的疏水基团多处于分子内部,亲水基团则位于分子颗粒的表面,所以在水溶液中可与水结合,形成一层较厚的水化膜,将蛋白质颗粒彼此隔开,阻止其在溶液中聚集。另外,在非pI的pH溶液中,蛋白质分子表面的某些基团解离而带有相同的电荷。同性电荷的相互排斥,进一步阻止了蛋白质颗粒的相互聚集。所以,蛋白质分子表面的水化膜及同性电荷是维持蛋白质亲水胶体溶液稳定的两个重要因素。若破坏这两个稳定因素,即可使蛋白质从溶液中沉淀出来。

三、蛋白质的沉淀

考点:蛋白质沉淀的方法

蛋白质分子发生聚集而从溶液中沉淀、析出的现象,称为蛋白质的沉淀。蛋白质的沉淀有重要的实用价值。如蛋白质类药物的制备、灭菌技术、生物样品的分析等都要涉及此类反应。蛋白质沉淀的主要方法有以下几种。

(一) 盐析

向蛋白质溶液中加入高浓度的中性盐(如硫酸铵、硫酸钠、氯化钠等)破坏蛋白质的胶体稳定性,使蛋白质从溶液中沉淀析出,称为盐析。高浓度的盐离子亲水性强,能夺去蛋白质胶体表面的水化膜；同时,高浓度的盐离子又能中和蛋白质颗粒表面的电荷,使保护蛋白质的两个稳定因素同时遭到破坏,蛋白质便从溶液中沉淀出来(图1-11)。盐析法一般不引起蛋白质变性,是分离纯化蛋白质的常用方法之一。

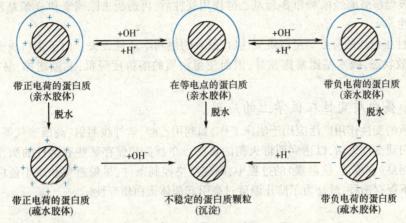

图1-11 蛋白质胶体颗粒的沉淀

由于各种蛋白质的分子大小、带电荷多少不同,盐析时所需的盐浓度及pH各异。例如在pH7.0时,血清球蛋白可被半饱和的硫酸铵溶液沉淀,当硫酸铵溶液达到饱和时,清蛋白也随之析出。因此,利用不同浓度的中性盐可使混合蛋白质分段沉淀。

(二) 有机溶剂沉淀

有机溶剂如乙醇、甲醇、丙酮等对水的亲和力很大,能破坏蛋白质颗粒的水化膜使蛋白质沉淀。在常温下,有机溶剂沉淀蛋白质往往引起蛋白质变性。例如乙醇消毒灭菌就是如此,但是若在低温条件下,则变性进行较缓慢,可用于分离制备各种血浆蛋白质。

(三) 重金属盐沉淀

蛋白质在碱性溶液中(pH>pI)带负电荷,易与带正电荷的重金属离子如Hg^{2+}、Cu^{2+}、Pb^{2+}、Ag^+等结合形成不溶性的蛋白质盐沉淀。此种沉淀常引起蛋白质变性。因此,在临床上抢救重金属盐中毒患者时,可给予大量的蛋白质液体如牛奶、蛋清等以生成不溶性蛋白质盐而减少吸收,然后利用洗胃或催吐剂将其排出体外。

(四) 生物碱试剂以及某些酸类沉淀蛋白质

蛋白质可与生物碱试剂(如苦味酸、钨酸、鞣酸)以及某些酸(三氯醋酸、过氯酸、硝酸)结合成不溶性的沉淀。临床血液化学分析时常利用此原理除去血液中的蛋白质,此类沉淀反应可用于检验尿中蛋白质。

四、蛋白质的变性

考点:蛋白质变性的概念及应用

(一) 蛋白质变性

1. 蛋白质变性的概念 在某些理化因素作用下,蛋白质分子特定的空间构象破坏,从而引起其理化性质改变及生物学活性丧失,这种现象称为蛋白质的变性(denaturation)。能使蛋白质分子变性的物理因素有加热、高压、紫外线、X线和超声波等,化学因素有强酸、强碱、重金属盐、乙醇等有机溶剂及生物碱试剂等。

2. 蛋白质变性的实质 蛋白质变性的实质是理化因素破坏了维持和稳定其空间构象的

各种次级键,使其原有的特定空间构象被改变或破坏。但变性过程中,肽键并未断裂、其化学组成没有改变,即变性并不引起一级结构变化。大多数蛋白质变性时其空间结构破坏严重,不能恢复,称为不可逆变性,但有些蛋白质在变性后,除去变性因素仍可恢复其活性称为可逆变性。如核糖核酸酶经尿素和β-巯基乙醇作用变性后,再透析去除尿素和β-巯基乙醇,又可恢复其活性。

3. 变性蛋白质的特点　蛋白质变性后,原有的生物学活性丧失。由于蛋白质变性后,多肽链呈松散状态,疏水基团暴露在外,因而使蛋白质的溶解度降低,黏度增加,易被蛋白酶水解。

(二) 蛋白质变性在医学上的应用

蛋白质的变性作用广泛应用于临床工作,如利用乙醇、紫外线照射、高压蒸气等理化因素使细菌蛋白质变性失活,以达到消毒灭菌的目的。在制备和保存某些有活性的酶、蛋白质或其他生物制品(如疫苗、抗毒素)的过程中,则应严格控制条件,尽量避免和减小蛋白质变性。如在低温下保存菌种,就是为了防止温度过高引起菌体蛋白质变性。

第4节　蛋白质分类

自然界蛋白质种类繁多、功能复杂,许多蛋白质的化学结构尚未清楚。为了方便学习、研究,目前蛋白质分类主要按蛋白质的化学组成、形状和功能等差异进行划分。

一、按蛋白质形状分类

根据蛋白质分子的形状不同,可将蛋白质分为纤维状蛋白质和球状蛋白质两大类。

1. 纤维状蛋白质　是指蛋白质分子形状的长短轴之比大于10,分子构象呈纤维状,难溶于水的一类蛋白质。此类蛋白质多为生物体组织的结构材料。如毛发和指甲中的角蛋白、皮肤和结缔组织中的胶原蛋白、腱和韧带中的弹性蛋白质等。

2. 球状蛋白质　是指蛋白质分子形状的长短轴之比小于10,整个分子呈球形或椭圆形,一般可溶于水的一类蛋白质。生物界多数蛋白质属球状蛋白质,在生物体内具有特异的生物活性,如酶、免疫球蛋白、血红蛋白和肌红蛋白等。

二、按蛋白质组成分类

根据蛋白质化学组成的不同,可将蛋白质分为单纯蛋白质和结合蛋白质两大类。

1. 单纯蛋白质　是指水解产物仅为氨基酸的一类蛋白质。如清蛋白、球蛋白、组蛋白、酪蛋白等。

2. 结合蛋白质　是指由单纯蛋白质与非蛋白质两部分组成,非蛋白质部分称为结合蛋白质的辅基。在结合蛋白质中,只有二者结合在一起才具有生物活性。根据辅基的不同,结合蛋白质可分为下列几类(表1-2)。

表 1-2 结合蛋白质及其辅基

结合蛋白质名称	辅基	举例
核蛋白	核酸	染色体核蛋白、病毒核蛋白
糖蛋白	糖类	转运蛋白、受体、免疫球蛋白
脂蛋白	脂类	α-脂蛋白、β-脂蛋白
色蛋白	色素	血红蛋白、黄素蛋白、细胞色素
磷蛋白	磷酸	胃蛋白酶、染色质磷蛋白
金属蛋白	金属离子	铁蛋白、铜蓝蛋白、胰岛素

三、按蛋白质功能分类

近年来，对蛋白质的研究已深入到探索蛋白质的功能与结构的关系，以及蛋白质与蛋白质或与其他生物大分子如何相互作用的阶段。因此，按蛋白质的主要功能进行分类逐渐被应用。根据蛋白质的主要功能不同，可将其分为非活性蛋白质和活性蛋白质两大类。

1. **非活性蛋白质** 在生物体内，只参与生物细胞或组织器官的构成，起支持与保护作用的蛋白质属于非活性蛋白质，如胶原蛋白、角蛋白、弹性蛋白等。

2. **活性蛋白质** 这是一类具有识别功能、能选择性地结合并作用于其他分子的一类蛋白质，包括生命活动过程中一切有活性的蛋白质。这类蛋白质大多数为球状蛋白质，在生命活动过程中发挥调节和控制作用(表 1-3)。

表 1-3 蛋白质的功能分类

功能类别	举例
运输作用	血红蛋白、脂蛋白、清蛋白
防御作用	纤维蛋白、免疫球蛋白
收缩作用	肌动球蛋白、肌凝球蛋白
激素调节作用	各种蛋白类激素，如胰岛素
基因调节作用	阻遏蛋白、转录因子
催化作用	各种酶，如葡萄糖激酶、脂肪酶
结构作用	胶原蛋白、弹性蛋白
调节作用	钙调蛋白

实验一 血清蛋白质电泳

（一）实验目的

1. 掌握血清蛋白质电泳的基本原理和基本操作过程。
2. 熟悉血清蛋白质醋酸纤维薄膜电泳图谱的含义及临床意义。

（二）实验原理

1. **电泳的基本原理** 生物大分子如蛋白质、核酸、多糖等大多都有阳离子和阴离子基团，称为两性离子。常以颗粒分散在溶液中，它们的静电荷取决于介质的 H^+ 浓度或与其他大分子的相互作用。在电场中，带电颗粒向阴极或阳极迁移，迁移的方向取决于它们带电的符号，这种迁移现象即所谓电泳。

2. **影响电泳的因素**

（1）电泳介质的 pH：溶液的 pH 决定带电物质的解离程度，也决定物质所带净电荷的多少。对蛋白质、氨基酸等类似两性电解质,pH 离等电点越远,粒子所带电荷越多,泳动速度越快,反之越慢。因此,当分离某一种混合物时,应选择一种能扩大各种蛋白质所带电荷量差别的 pH,以利于各种蛋白质的有效分离。为了保证电泳过程中溶液的 pH 恒定,必须采用缓冲溶液。

(2) 缓冲液的离子强度:溶液的离子强度是指溶液中各离子的摩尔浓度与离子价数平方的积的总和的 1/2。带电颗粒的迁移率与离子强度的平方根成反比。低离子强度时,迁移率快,但离子强度过低,缓冲液的缓冲容量小,不易维持 pH 恒定。高离子强度时,迁移率慢,但电泳谱带要比低离子强度时细窄。

(3) 电场强度:电场强度(电势梯度,electric field intensity)是指每厘米的电位降(电位差或电位梯度)。电场强度对电泳速度起着正比作用,电场强度越高,带电颗粒移动速度越快。根据实验的需要,电泳可分为两种:一种是高压电泳,所用电压在 500~1000V 或更高。由于电压高,电泳时间短(有的样品需数分钟),适用于低分子化合物的分离,如氨基酸、无机离子,包括部分聚焦电泳分离及序列电泳分离等。因电压高,产热量大,必须装有冷却装置,否则热量可引起蛋白质等物质的变性而不能分离,还因发热引起缓冲液中水分蒸发过多,使支持物(滤纸、薄膜或凝胶等)上离子强度增加,以及引起虹吸现象(电泳槽内液被吸到支持物上)等,都会影响物质的分离。另一种为常压电泳,产热量小,室温在 10~25℃ 分离蛋白质标本是不被破坏的,无须冷却装置,一般分离时间长。

(4) 电渗现象:在电场中液体对于一个固体的固定相对移动称为电渗。在有载体的电泳中,影响电泳移动的一个重要因素是电渗。最常遇到的情况是 γ-球蛋白,由原点向负极移动,这就是电渗作用所引起的倒移现象。产生电渗现象的原因是载体中常含有可离的基团,如滤纸中含有羟基而带负电荷,与滤纸相接触的水溶液带正电荷,液体便向负极移动。由于电渗现象往往与电泳同时存在,所以带电粒子的移动距离也受电渗影响;如电泳方向与电渗相反,则实际电泳的距离等于电泳距离加上电渗的距离。琼脂中含有琼脂果胶,其中含有较多的硫酸根,所以在琼脂电泳时电渗现象很明显,许多球蛋白均向负极移动。除去了琼脂果胶后的琼脂糖用作凝胶电泳时,电渗大为减弱。电渗所造成的移动距离可用不带电的有色染料或有色葡聚糖点在支持物的中心,以观察电渗的方向和距离。

3. 醋酸纤维薄膜电泳 醋酸纤维薄膜电泳是利用醋酸纤维薄膜做固体支持物的电泳技术。醋酸纤维薄膜具有均一的泡沫状结构(厚约 120μm),渗透性强,对分子移动无阻力,用它做区带电泳的支持物,用样量少,分离清晰,无吸附作用,应用范围广和快速简便,且染色后的薄膜可用乙醇和冰醋酸溶液浸泡透明,透明后的薄膜便于保存和定量分析。

本实验以醋酸纤维薄膜作为支持物,于薄膜一端加微量血清,膜两端连接于缓冲液。血清蛋白质的等电点均低于 pH7.0,电泳时采用 pH8.6 的缓冲液,因此,各种蛋白质皆带负电荷,在电场中向正极移动,因泳动速度不同而被分离。醋酸纤维薄膜电泳可把血清蛋白质分离为清蛋白 A、$α_1$-球蛋白、$α_2$-球蛋白、β-球蛋白和 γ-球蛋白,将蛋白质染色后,可按染色区带位置进行定性观察,也可对各条色带进行定量测定。

(三) 实验材料及方法

1. 实验材料
(1) 器材:电泳仪、醋酸纤维薄膜(2.5cm×8cm)、染色液盘、漂洗盘、镊子。
(2) 试剂
1) 巴比妥-巴比妥钠缓冲液(pH8.6,0.07mol/L,离子强度 0.06):称取 1.66g 巴比妥(AR)和 12.76g 巴比妥钠(AR),置于三角烧瓶中,加蒸馏水约 600ml,稍加热溶解,冷却后用蒸馏水定容至 1000ml。置 4℃保存,备用。

2) 血清蛋白染色

A. 染色液(0.5%氨基黑溶液10B)：称取0.5g氨基黑10B，加蒸馏水40ml，甲醇(AR)50ml，冰乙酸(AR)10ml，混匀溶解后置试剂瓶内储存。

B. 漂洗液：取95%乙醇溶液(AR)45ml、冰乙酸(AR)5ml和蒸馏水50ml，混匀置试剂瓶中储存。

3) 透明液：临用前配制。

A. 甲液：取冰乙酸(AR)15ml，无水乙醇(AR)85ml，混匀置试剂瓶内，塞紧瓶塞，备用。

B. 乙液：取冰乙酸(AR)25ml，无水乙醇(AR)75ml，混匀置试剂瓶内，塞紧瓶塞，备用。

4) 保存液：液状石蜡。

5) 定量洗脱液(0.4mol/L NaOH溶液)：称取16g氢氧化钠(AR)用少量蒸馏水溶解后定容至1000ml。

2. 实验方法与步骤

(1) 仪器与薄膜的准备

1) 醋酸纤维素薄膜的润湿与选择：用竹夹子取一片薄膜，小心地平放在盛有缓冲液的平皿中，若漂浮于液面的薄膜在15~30s内迅速润湿，整条薄膜色泽深浅一致，则此膜均匀可用于电泳；若薄膜润湿缓慢，色泽深浅不一或有条纹及斑点等，则表示薄膜厚薄不均匀应弃去，以免影响电泳结果。

将选好的薄膜用竹子轻压，使其完全浸泡于缓冲液中约30min后，方可用于电泳。

2) 电泳槽的准备：根据电泳槽膜支架的宽度，剪裁尺寸合适的滤纸条。

在两个电极槽中，各倒入等体积的电极缓冲液，在电泳槽的两个膜支架上，各放两层滤纸条，使滤纸一端的长边与支架前沿对齐，另一端浸入电极缓冲液内。当滤纸条全部润湿后，用玻璃棒轻轻挤压在膜支架上的滤纸以驱赶气泡，使滤纸的一端能紧贴在膜支架上。

滤纸条是两个电极槽联系醋酸纤维素薄膜的桥梁，因而称为滤纸桥。

3) 电极槽的平衡：用平衡装置(或自制平衡管)连接两个电泳槽，使两个电极槽内的缓冲液彼此处于同一水平状态，一般需平衡15~20min。注意，取出平衡装置时应将活塞关紧。

(2) 点样：取一张干净滤纸(10cm×10cm)，在距纸边1.5cm处用铅笔画一平行线，此线为点样标志区。

用竹夹子取出浸透的薄膜，夹在两层滤纸间以吸去多余的缓冲液。无光泽面向上平放在点样模板上，使其底边与模板底边对齐。点样区距阴极端1.5cm处。点样时，先用玻璃棒或血色素吸管取2~3μl血清，均匀涂在加样器上，再将点样器轻轻印在点样区内，如图1-12所示，使血清完全渗透至薄膜内，形成一定宽度、粗细均匀的直线。

此步是实验的关键，点样前应在滤纸上反复练习，掌握点样技术后再正式点样。

(3) 电泳：用竹夹子将点样端的薄膜平贴在阴极电泳槽支架的滤纸桥上(点样面朝下)，另一端平贴在阳极端支架上，如图1-13所示，要求薄膜紧贴滤纸桥并绷直，中间不能下垂。如电泳槽中同时安放几张薄膜，则薄膜之间应相隔几毫米。盖上电泳槽盖，使薄膜平衡10min。

用导线将电泳槽的正、负极与电泳仪的正、负极分别连接，注意不要接错。在室温下电泳，打开电源开关，用电泳仪上细调节旋钮调到每厘米膜宽电流强度为0.3mA(8片薄膜则为4.8mA)。通电10~15min后，将电流调节到每厘米膜宽电流强度为0.5mA(8片共8mA)，电泳时间50~80min。电泳后调节旋钮使电流为零，关闭电泳仪切断电源。

(4) 染色与漂洗(血清蛋白染色与漂洗脱色)：用解剖镊子取出电泳后的薄膜，放在含0.5%氨基黑10B染色液的培养皿中，浸染5min，取出后再用漂洗液浸洗脱色，每隔10min换漂洗液一次，连续数次，直至背景蓝色脱尽。

取出薄膜放在滤纸上,用吹风机的冷风将薄膜吹干。

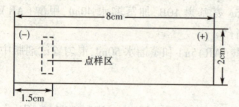

图1-12 醋酸纤维素薄膜规格及点样位置示意图

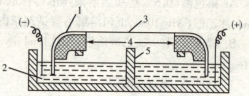

图1-13 电泳装置剖视示意图
1. 纸桥;2. 电泳槽;3. 醋酸纤维素薄膜;4. 电泳槽膜支架;5. 电极室中央隔板

(5) 结果判断与定量:一般血清蛋白电泳经蛋白染色后,可显示5条区带,其排列顺序见图1-14,未经透明处理的电泳图谱可直接用于定量测定。

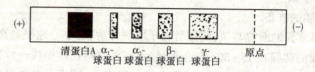

图1-14 血清蛋白醋酸纤维素薄膜电泳示意图

可采用洗脱法或光吸收扫描法,测定各蛋白组分相对百分含量。

本实验不要求进行定量分析,如有需要,可采用薄层扫描仪进行扫描定量,或采用洗脱后再进行比色的方法进行定量。下面为后者的具体操作步骤:

取试管6支,编好号码,分别用吸管取0.4mol/L 氢氧化钠 4ml,剪开薄膜上各条蛋白色带,另于空白部位剪一平均大小的薄膜条,将各条分别浸于上述试管内,不时摇动,使蓝色洗出。约30min后,用分光光度计进行比色,波长650nm,以空白薄膜条洗出液为空白对照,读取清蛋白 A、α_1-球蛋白、α_2-球蛋白、β-球蛋白、γ-球蛋白各管的光密度。

光密度总和 $T = A + \alpha_1 + \alpha_2 + \beta + \gamma$

各部分蛋白质的分数为:

清蛋白 A% = A / T×100

α_1-球蛋白 % = α_1 / T×100

α_2-球蛋白 % = α_2 / T×100

β-球蛋白 % = β / T×100

γ-球蛋白 % = γ / T×100

(四) 临床意义

1. 参考值 血清蛋白质参考值(表1-4)。

表1-4 血清蛋白质参考值

	等电点	相对分子量	占总蛋白的百分数/%
清蛋白 A	4.64	69 000	54~72
α_1-球蛋白	5.06	200 000	2~5
α_2-球蛋白	5.06	300 000	4~9
β-球蛋白	5.12	90 000~15 000	6.5~12
γ-球蛋白	6.85~7.3	156 000~950 000	12~20

2. 临床意义　血清蛋白质醋酸纤维薄膜电泳在临床上常用于分析血、尿等样品中的蛋白质,供临床上诊断肝、肾等疾病参考。

病理性变化:①肾病综合征患者,血浆蛋白中分子量的清蛋白漏出随尿液排出体外,导致醋酸纤维薄膜电泳薄膜电泳图谱中清蛋白区带明显变小变浅。②慢性肝炎和肝硬化患者,由于肝细胞受损,肝脏合成血浆蛋白质的能力大大下降,使血浆蛋白质显著降低,γ-球蛋白相对显著增加。③多发性骨髓瘤患者血清蛋白质醋酸纤维薄膜电泳图谱中可见不正常的球蛋白条带。④其他:炎症、感染患者在急性感染的发病初期,可见 α_1-球蛋白或 α_2-球蛋白增加;在慢性炎症或感染后期,可见 γ-球蛋白增加。

(五) 注意事项

1. 醋酸纤维素薄膜的预处理　薄膜的浸润与选膜是电泳成败的关键之一。将干膜片漂浮于电极缓冲液表面,其目的是选择膜片厚薄及均匀度,如漂浮 15~30s 时,膜片吸水不均匀,则有白色斑点或条纹,这提示膜片厚薄不均,应弃去不用,以免造成电泳后区带扭曲,界线不清,背景脱色困难,结果难以重复。

点样时,应将膜片表面多余的缓冲液用滤纸吸去,以免缓冲液太多引起样品扩散。但也不能吸得太干,太干则样品不易进入薄膜的网孔内,而造成电泳起始点参差不齐,影响分离效果。吸水量以不干不湿为宜。为防止指纹污染,取膜时,应戴指套或用夹子。

2. 缓冲液的选择　醋酸纤维素薄膜电泳常选用 pH8.6 巴比妥缓冲液,其浓度为 0.05~0.09mol/L。选择何种浓度与样品及薄膜的厚薄有关。在选择时,先初步定下某一浓度,如电泳槽两极之间的膜长度为 8~10cm,则需电压 25V/cm 膜长,电流强 0.4~0.5mA/cm 膜宽。当电泳时达不到或超过这个值时,则应增加缓冲液浓度或进行稀释。缓冲液浓度过低,则区带泳动速度快,扩散变宽;缓冲液浓度过高,则区带泳动速度慢,区带分布过于集中,不易分辨。

3. 加样量　加样品量的多少与电泳条件、样品的性质、染色方法与检测手段灵敏度密切相关。作为一般原则,检测方法越灵敏,加样量则越少,对分离更有利。如加样量过大,则电泳后区带分离不清楚,甚至互相干扰,染色也较费时。如电泳后用洗脱法定量时,每厘米加样线上需加样品 1~5μL,相当于 5~1000μg 的蛋白,血清蛋白常规电泳分离时,每厘米加样线加样量不超过 1μL,相当于 60~80μg 的蛋白质。但糖蛋白和脂蛋白电泳时,加样量则应多些。对每种样品加样量均应先作预实验加以选择。

点样好坏是获得理想图谱的重要环节之一,以印章法加样时,动作应轻、稳,用力不能太重,以免将薄膜弄破或印出凹陷而影响电泳区带分离效果。

4. 电量的选择　电泳过程应选择合适的电流强度,一般电流强度为 0.4~0.5mA/cm 宽膜为宜。电流强度高,则热效应高,尤其在温度较高的环境中,可引起蛋白变性或由于热效应引起缓冲液中水分蒸发,使缓冲液浓度增加,造成膜片干涸。电流过低,则样品泳动速度慢且易扩散。

5. 染色液的选择　对醋酸纤维素薄膜电泳后染色应根据样品的特点加以选择。其原则是染料对被分离样品有较强的着色力,背景易脱色;应尽量采用水溶性染料,不宜选择醇溶性染料,以免引起醋酸纤维素薄膜溶解。应控制染色时间。时间长,薄膜底色深不易脱去;时间太短,着色浅不易区分,或造成条带染色不均匀,必要时可进行复染。

6. 透明及保存　透明液应临用前配制,以免冰乙酸及乙醇挥发而影响透明效果。这些试剂最好选用分析纯。透明前,薄膜应完全干燥。透明时间应掌握好,如在透明液中浸泡时间太长则薄膜溶解,太短则透明度不佳。透明后的薄膜完全干燥后才能浸入液状石蜡中,使薄膜软化。如有水,则液状石蜡不易浸入,薄膜不易展平。

目标检测

一、选择题

A1 型题

1. 组成蛋白质而且含量相对稳定的元素是（　）
   - A. 碳
   - B. 氢
   - C. 氧
   - D. 氮
   - E. 磷

2. 蛋白质二级结构是指分子中（　）
   - A. 氨基酸的排列顺序
   - B. 每一氨基酸侧链的空间构象
   - C. 局部主链的空间构象
   - D. 亚基间相对的空间位置
   - E. 每一原子的相对空间位置

3. 下面属于酸性氨基酸的是（　）
   - A. 甘氨酸
   - B. 丙氨酸
   - C. 色氨酸
   - D. 苏氨酸
   - E. 谷氨酸

4. 下列不能引起蛋白质变性的理化因素是（　）
   - A. 高温
   - B. 高压
   - C. 紫外线照射
   - D. 低温
   - E. 重金属盐

5. 蛋白质变性后理化性质发生许多改变，其中标志性的关键变化是（　）
   - A. 蛋白质一级结构改变
   - B. 蛋白质降解为多肽和氨基酸
   - C. 蛋白质二级结构发生改变
   - D. 蛋白质三级结构改变
   - E. 蛋白质的生物活性丧失

6. 关于蛋白质结构下列哪种说法是错误的（　）
   - A. 只有具有四级结构的蛋白质才有活性
   - B. 维系蛋白质二级结构的主要作用力是氢键
   - C. 维系蛋白质三级结构的主要作用力是疏水作用
   - D. 蛋白质的基本结构键是肽键
   - E. 维系蛋白质四级结构的主要作用力是次级键

7. 胰岛素分子中 A 链与 B 链之间的交联是靠（　）
   - A. 盐键
   - B. 疏水键
   - C. 氢键
   - D. 二硫键
   - E. 范德华力

B 型题

（8~10 题共用备选答案）
- A. 蛋白质一级结构
- B. 蛋白质二级结构
- C. 蛋白质三级结构
- D. 蛋白质四级结构
- E. 单个亚基结构

8. 不属于空间结构的是
9. 整条肽链中全部氨基酸残基的相对空间位置即是
10. 蛋白质变性时，不受影响的结构是

二、名词解释

1. 蛋白质的等电点　2. 蛋白质的变性
3. 结合蛋白质

三、填空题

1. 氨基酸分为_____、_____、_____、_____。
2. 蛋白质分子中氨基酸是通过_____相连的。
3. 蛋白质分子的二级结构的主要形式为_____、_____、_____、_____。
4. 蛋白质按组成分为_____和_____。
5. 构成蛋白质的基本单位是_____。

四、简答题

1. 什么是蛋白质变性？变性的机制是什么？举例说明蛋白质变性在实践中的应用。
2. 说出体内存在的两种重要的生物活性肽及其作用。

（房德芳）

第 2 章 核酸的结构与功能

学习目标

掌握：核酸的化学组成、DNA 二级结构特点；DNA 变性、解链温度、DNA 复性、核酸的分子杂交概念。

熟悉：核酸元素组成的特点；三种 RNA 的结构特点。

了解：核酸衍生物；DNA 的超级结构。

核酸（nucleic acid）是以核苷酸为基本组成单位的生物大分子，携带和传递遗传信息。核酸分为脱氧核糖核酸（deoxyribonucleic acid，DNA）和核糖核酸（ribonucleic acid，RNA）两大类。DNA 主要存在于细胞核和线粒体内，是遗传信息的载体，与生物的繁殖、遗传与变异有密切的关系。RNA 主要存在于细胞质中，主要参与蛋白质的合成。在某些病毒中，RNA 也可作为遗传信息的载体，因此，可将病毒分为 DNA 病毒和 RNA 病毒。

第 1 节 核酸的化学组成

一、核酸的基本组成单位

（一）核酸的元素组成

组成核酸的元素有 C、H、O、N、P 等，其中核酸分子的含 P 量比较恒定，为 9%～10%。因此，可以通过测定生物样品的 P 含量来推算样品中的核酸量。

考点：核酸的组成成分及基本单位

（二）核苷酸的基本组成

核酸在核酸酶的作用下可水解成许多核苷酸，核苷酸（nucleotide）是核酸的基本单位（图 2-1）。核苷酸可进一步水解产生核苷（nucleoside）和磷酸，核苷还可再水解成戊糖和含氮碱

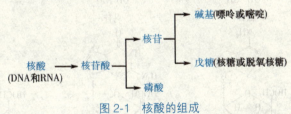

图 2-1 核酸的组成

基。DNA 的基本组成单位是脱氧核糖核苷酸（deoxyribonucleotide），而 RNA 的基本组成单位是核糖核苷酸（ribonucleotide）。

1. **碱基** 是含氮的杂环化合物，分为嘌呤（purine）和嘧啶（pyrimidine）两类。核苷酸中的嘌呤碱包括腺嘌呤（adenine，A）和鸟嘌呤（guanine，G），嘧啶碱包括胞嘧啶（cytosine，C）、尿嘧啶（uracil，U）和胸腺嘧啶（thymine，T）。DNA 分子中的碱基有 A、G、C 和 T；而 RNA 分子中的碱基有 A、G、C 和 U。它们的化学结构参见图 2-2。此外，个别核酸分子还含有少量的稀有碱基，如次黄嘌呤、二氢尿嘧啶、5-甲基胞嘧啶等。

2. **戊糖** 核酸分子中的戊糖分为两类：核糖（ribose）和脱氧核糖（deoxyribose）。二者的差别仅在 C-2′原子所连接的基团。在核糖 C-2′原子上有一个羟基，而脱氧核糖 C-2′原子上则没有羟基，见图 2-3。核糖存在于 RNA 中，而脱氧核糖存在于 DNA 中。脱氧核糖的化学稳定性比核糖好，这使 DNA 成为了遗传信息的载体。

3. 磷酸 核酸分子中的磷酸是无机磷酸（H_3PO_4）。

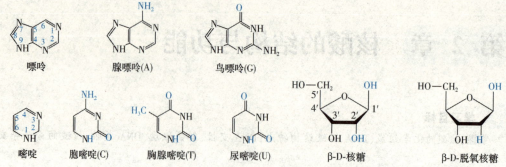

图2-2 构成核苷酸的嘌呤和嘧啶的化学结构式   图2-3 构成核苷酸的核糖和脱氧核糖的化学结构式

（三）核苷由戊糖和碱基组成

碱基与核糖或脱氧核糖通过糖苷键相连成核苷（nucleoside）或脱氧核苷（deoxynucleoside），通常是戊糖的C-1′与嘧啶碱的N-1或嘌呤碱的N-9相连接。常见的核苷有腺嘌呤核苷（腺苷）、鸟嘌呤核苷（鸟苷）、胞嘧啶核苷（胞苷）和尿嘧啶核苷（尿苷）。脱氧核苷有腺嘌呤脱氧核苷（脱氧腺苷）、鸟嘌呤脱氧核苷（脱氧鸟苷）、胞嘧啶脱氧核苷（脱氧胞苷）和胸腺嘧啶脱氧核苷（脱氧胸苷）。各种核苷和脱氧核苷的结构式见图2-4。用X线衍射法已证明，核苷中的碱基平面与糖环平面互相垂直。

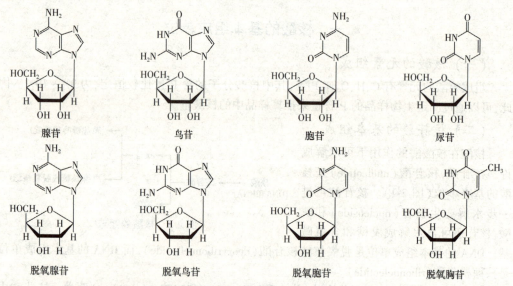

图2-4 各种核苷和脱氧核苷的化学结构式

（四）核苷酸由核苷和磷酸组成

核苷中戊糖的自由羟基与磷酸通过脱水缩合作用由磷酸酯键相连生成核苷酸。核糖分子中有3个游离的羟基，可与磷酸形成核糖核苷酸，如2′-核苷酸、3′-核苷酸、5′-核苷酸；脱氧核糖分子中有2个游离的羟基，可与磷酸形成脱氧核糖核苷酸，如3′-脱氧核糖核苷酸和5′-脱氧核糖核苷酸。但事实上，生物体内游离存在的核苷酸基本上是5′-(脱氧核糖)核苷酸。

核苷酸根据连接的磷酸基团的数目不同，核糖核苷酸可分为一磷酸核苷（nucleoside 5′-monophosphate，NMP）、二磷酸核苷（nucleoside 5′-diphosphate，NDP）、三磷酸核苷（nucleoside

5′-triphosphate，NTP）；脱氧核糖核苷酸可分为脱氧一磷酸核苷（deoxynucleoside 5′-monophosphate，dNMP）、脱氧二磷酸核苷（deoxynucleoside 5′-diphosphate，dNDP）、脱氧三磷酸核苷（deoxynucleoside 5′-triphosphate，dNTP）。如 AMP 是一磷酸腺苷，ADP 是二磷酸腺苷，ATP 是三磷酸腺苷（图 2-5），dAMP 是脱氧一磷酸腺苷等。通常将一磷酸核苷和脱氧一磷酸核苷简称为核苷酸和脱氧核苷酸。各种一磷酸核苷和脱氧一磷酸核苷的结构式见图 2-6；RNA 和 DNA 分子中的碱基、核苷与核苷酸的名称见表 2-1 和表 2-2。

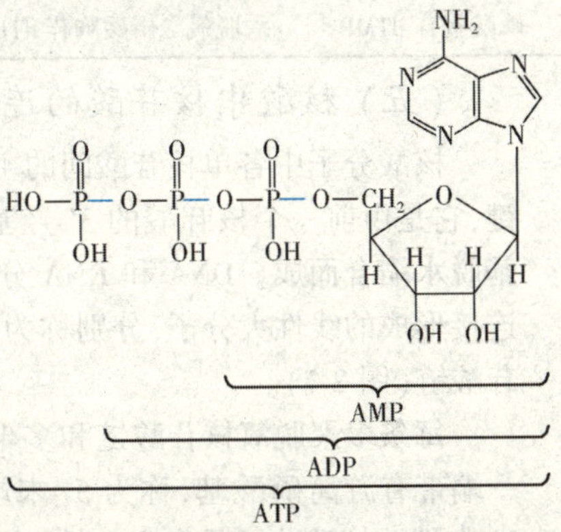

图 2-5　腺苷酸的结构

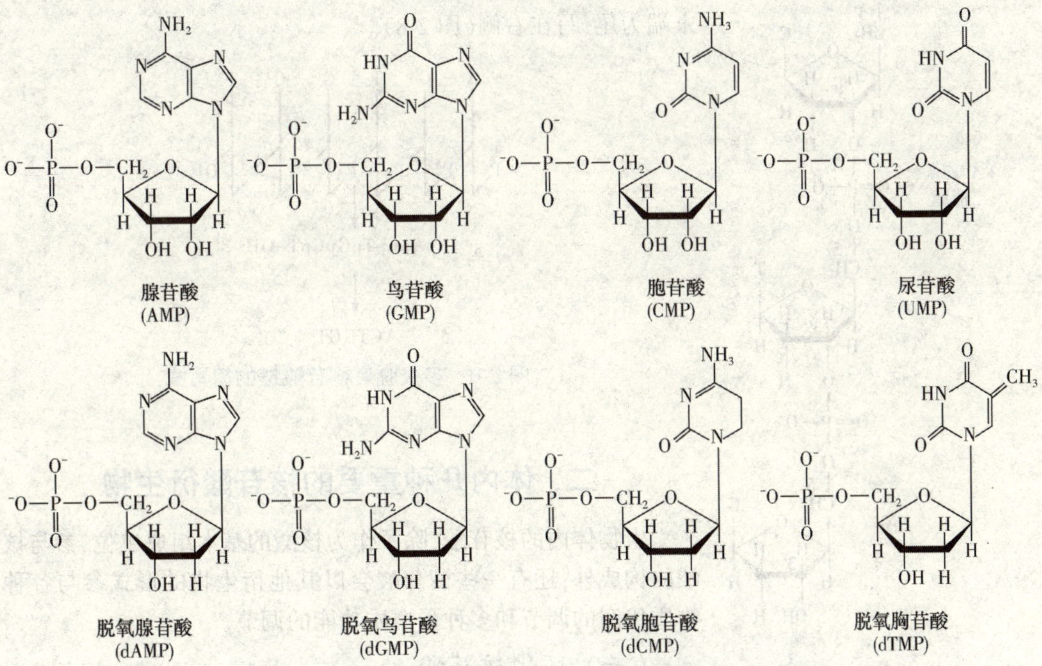

图 2-6　各种一磷酸核苷和脱氧一磷酸核苷的化学结构式

表 2-1　构成 RNA 的主要碱基、核苷与核苷酸的名称及符号

碱基	核苷	核苷酸 NMP	二磷酸核苷 NDP	三磷酸核苷 NTP
腺嘌呤 A	腺苷	一磷酸腺苷 AMP	二磷酸腺苷 ADP	三磷酸腺苷 ATP
鸟嘌呤 G	鸟苷	一磷酸鸟苷 GMP	二磷酸鸟苷 GDP	三磷酸鸟苷 GTP
胞嘧啶 C	胞苷	一磷酸胞苷 CMP	二磷酸胞苷 CDP	三磷酸胞苷 CTP
尿嘧啶 U	尿苷	一磷酸尿苷 UMP	二磷酸尿苷 UDP	三磷酸尿苷 UTP

表2-2 构成DNA的主要碱基、核苷与核苷酸的名称及符号

碱基	脱氧核苷	脱氧核苷酸 dNMP	脱氧二磷酸核苷 dNDP	脱氧三磷酸核苷 dNTP
腺嘌呤 A	脱氧腺苷	脱氧一磷酸腺苷 dAMP	脱氧二磷酸腺苷 dADP	脱氧三磷酸腺苷 dATP
鸟嘌呤 G	脱氧鸟苷	脱氧一磷酸鸟苷 dGMP	脱氧二磷酸鸟苷 dGDP	脱氧三磷酸鸟苷 dGTP
胞嘧啶 C	脱氧胞苷	脱氧一磷酸胞苷 dCMP	脱氧二磷酸胞苷 dCDP	脱氧三磷酸胞苷 dCTP
胸腺嘧啶 T	脱氧胸苷	脱氧一磷酸胸苷 dTMP	脱氧二磷酸胸苷 dTDP	脱氧三磷酸胸苷 dTTP

(五)核酸中核苷酸的连接方式

核酸分子中各单核苷酸间的主要连接键是 $3',5'$-磷酸二酯键,它是由前一个核苷酸的 $3'$-羟基与后一个核苷酸的 $5'$-磷酸基脱水缩合而成。DNA 和 RNA 分子由多个 $3',5'$-磷酸二酯键连接形成的线性大分子,分别称为多聚脱氧核苷酸链和多聚核苷酸链(图2-7)。

每条多聚脱氧核苷酸链和多聚核苷酸链都具有两个末端,一端带有游离磷酸基,称为 $5'$-末端,一端带有游离羟基,称为 $3'$-末端。核酸分子具有方向性,以 $5'\rightarrow 3'$ 为正方向。核酸分子巨大,在书写时多采用简写式,通常 $5'$-末端为头,写在左侧,$3'$-末端为尾,写在右侧(图2-8)。

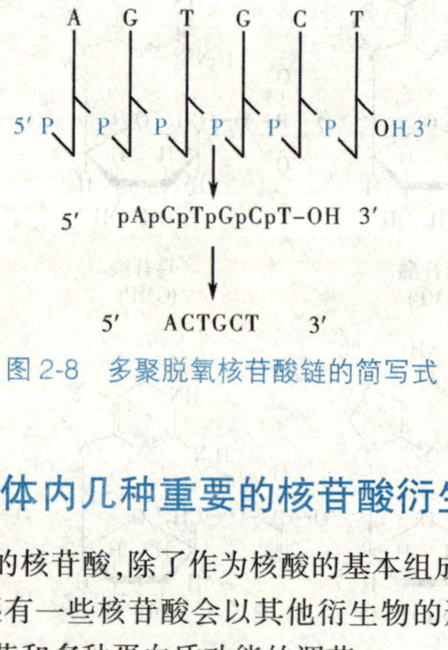

图2-7 DNA 多聚核苷酸链

图2-8 多聚脱氧核苷酸链的简写式

二、体内几种重要的核苷酸衍生物

生物体内的核苷酸,除了作为核酸的基本组成单位,参与核酸的构成外;还有一些核苷酸会以其他衍生物的形式参与各种物质代谢的调节和多种蛋白质功能的调节。

(一)环化核苷酸

体内重要的环化核苷酸有 $3',5'$-环磷腺苷(cAMP)和 $3',5'$-环化鸟苷酸(cGMP),其化学结构见图2-9。cAMP 和 cGMP 广泛存在于细胞中,具有重要生物学作用。某些激素、神经递质等信息分子可以通过 cAMP、cGMP 而发挥生理作用,故它们是细胞信号转导过程中的第二信使。

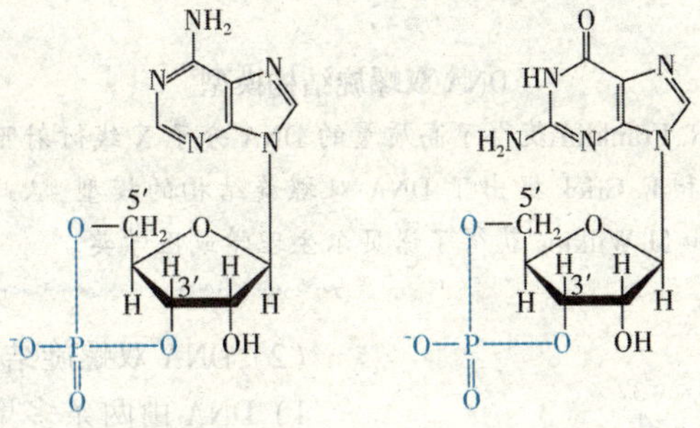

图 2-9 cAMP 和 cGMP 的结构

（二）辅酶类核苷酸

体内有些辅酶或辅基的组成成分中含有核苷酸。例如，烟酰胺腺嘌呤二核苷酸（NAD^+）含有 AMP，烟酰胺腺嘌呤二核苷酸磷酸（$NADP^+$）含有 2′,5′-二磷酸腺苷等，它们是生物氧化体系的重要成分，在传递质子或电子的过程中具有重要的作用。

第 2 节　核酸的分子结构与功能

一、DNA 的分子结构与功能

（一）一级结构

DNA 的一级结构是指 DNA 分子中的脱氧核糖核苷酸的排列顺序，即核苷酸序列。由于核苷酸之间的差别仅在于碱基的不同，故 DNA 的一级结构又可称为碱基序列。维持其结构稳定的主要化学键是核苷酸单位之间的 3′,5′-磷酸二酯键。

（二）空间结构

DNA 是遗传信息的载体，基因（gene）是 DNA 分子中的某一区段。DNA 的基本功能是作为生物遗传信息复制的模板和基因转录的模板，它是生命遗传繁殖的物质基础，也是个体生命活动的基础。构成 DNA 的所有原子在三维空间的相对位置关系是 DNA 的空间结构（spatial structure）。DNA 的空间结构可分为二级结构和高级结构。

DNA 二级结构的基本形式是双螺旋结构。DNA 双螺旋结构的阐明，揭示了生物界遗传性状得以世代相传的分子机制，将 DNA 的功能与结构联系了起来，从而有力地推动了核酸的研究和生命科学的发展，在现代生命科学中具有里程碑式的意义。

1. DNA 双螺旋结构

（1）DNA 双螺旋结构的研究背景：20 世纪 50 年代初，美国生物化学家 E. Chargaff 利用层析和紫外吸收光谱等技术研究了 DNA 的化学成分，提出了有关 DNA 中四种碱基组成的 Chargaff 规则：①不同生物个体的 DNA 其碱基组成不同；②同一个体的不同组织或不同器官的 DNA 碱基组成相同；③一种生物 DNA 碱基组成不随生物体的年龄、营养状态和环境变化而改变；④对于一特定的生物体而言，腺嘌呤（A）与胸腺嘧啶（T）的摩尔数相等，而鸟嘌呤（G）与胞嘧啶（C）的摩尔数相等。这一规则暗示了 DNA 的碱基之间存在着某种对应的关系。

> 链 接
>
> **DNA 双螺旋结构模型**
>
> 1951 年，M. Wilkins 和 R. Franklin 获得了高质量的 DNA 分子 X 线衍射照片，显示出 DNA 是双螺旋形分子。1953 年，J. Watson 和 F. Crick 提出了 DNA 双螺旋结构的模型，从此开启了分子生物学时代。1962 年，J. Watson、F. Crick 和 M. Wilkins 获得了诺贝尔生理学或医学奖。

考点：DNA 的二级结构特点

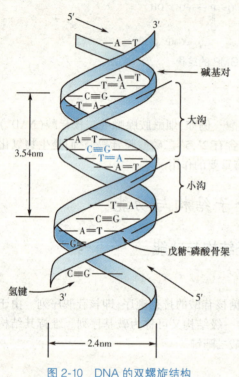

图 2-10 DNA 的双螺旋结构

（2）DNA 双螺旋结构的主要特点

1）DNA 由两条多聚脱氧核苷酸链组成：在 DNA 分子中，两条多聚脱氧核苷酸链围绕着同一个螺旋轴形成右手螺旋。DNA 双螺旋中的两股链走向是反向平行，一股链为 $5'\rightarrow3'$，另一股链为 $3'\rightarrow5'$。DNA 双螺旋在空间上形成一个大沟（major groove）和一个小沟（minor groove）。双螺旋的螺距为 3.54nm，直径为 2.4nm（图 2-10）。

2）DNA 双链之间形成了互补碱基对：脱氧核糖和磷酸基团构成的亲水性骨架位于双螺旋结构的外侧，而疏水的碱基位于内侧。一股链中嘌呤碱基与另一股链中的嘧啶碱基以氢键相连，其中 A 与 T 之间形成两个氢键，G 与 C 之间形成三个氢键，这种碱基配对关系称为互补碱基对，DNA 的两条链则成为互补链。碱基对平面与双螺旋结构的螺旋轴垂直。

3）碱基堆积力和氢键共同维持 DNA 双螺旋结构的稳定：相邻的两个碱基对平面在旋进过程中会彼此重叠，由此产生了疏水性的碱基堆积力。这种碱基堆积力和互补链之间碱基对的氢键共同维持着 DNA 双螺旋结构的稳定。

2. DNA 的高级结构　DNA 双螺旋分子在空间可进一步折叠或环绕成为更复杂的结构，即三级结构。超螺旋结构是 DNA 三级结构的主要形式。绝大部分原核生物 DNA 是共价封闭环状（covalently closed circle，CCC）的双螺旋结构。这种环状结构可以进一步盘绕而形成超螺旋结构。当盘绕的方向与 DNA 双螺旋的方向相同时，形成正超螺旋；反之，则形成负超螺旋（图 2-11）。天然的 DNA 主要是以负超螺旋的形式存在的。

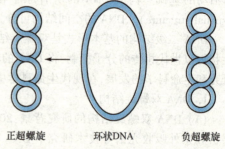

图 2-11 DNA 的环状和超螺旋结构

真核生物的 DNA 是以高度有序的形式存在于细胞核内。在细胞周期的大部分时间里，DNA 以松散的染色质（chromatin）形式存在，而在细胞分裂期，则形成高度致密的染色体（chromosome）。

二、RNA 的分子结构与功能

RNA 通常以单链形式存在，但也可以有局部的二级结构或三级结构。RNA 的一级结构是指 RNA 分子中核苷酸的排列顺序。RNA 分子量比 DNA 小得多,从数十个到数千个核苷酸长度不等,但它的种类、大小、结构比 DNA 复杂,其功能也各不相同。RNA 主要有三种:信使 RNA(messenger RNA,mRNA)、转运 RNA(transfer RNA,tRNA)、核糖体 RNA(ribosomal RNA,rRNA)。

1. mRNA 在胞质中 mRNA 的含量最少,约占总量的 3%。但是 mRNA 的种类最多,约有 10^5 个之多,而且它们的大小也各不相同。在所有的 RNA 中,mRNA 的寿命最短。mRNA 在细胞核内初合成时,分子大小不一,故被称为不均一核 RNA(hnRNA)。hnRNA 是 mRNA 的未成熟的前体,在细胞核内存在的时间极短,经过剪接、加工转变为成熟的 mRNA。真核生物 mRNA 的结构特点主要体现在两端:大部分真核细胞的 mRNA 的 5′-末端可形成 7-甲基鸟苷三磷酸(m^7Gppp)的结构,这种结构称为 5′-帽子结构;mRNA 的 3′-末端含有 80~250 个腺苷酸连接而成的多聚腺苷酸结构,称为多聚腺苷酸尾[poly(A)-tail]或多聚 A 尾。原核生物的 mRNA 没有这种首、尾结构。

mRNA 的功能是把核内 DNA 的碱基序列,按照碱基互补原则,抄录并转移到细胞质,再依照其碱基序列指导蛋白质的合成。因此,mRNA 作为蛋白质氨基酸序列合成的模板。

2. tRNA tRNA 种类很多,是细胞内分子质量最小的一类核酸,由 70~120 个核苷酸组成,约占细胞总 RNA 的 15%。tRNA 含有多种稀有碱基,如双氢尿嘧啶(DHU)、假尿嘧啶核苷(Ψ)、次黄嘌呤(I)和甲基化的嘌呤(m^7G、m^7A)等,它们均是转录后修饰而成的。目前对 tRNA 的二级结构了解得比较清楚。

考点:tRNA 的二级结构

所有 tRNA 的二级结构都有 3 个发夹结构,呈三叶草形(图 2-12),有四臂、三环和 1 个附加叉。在蛋白质生物合成时,反密码环中的反密码子能识别 mRNA 上的密码子;5′-末端与 3′-末端部分碱基组成氨基酸臂,3′-末端都是以 CCA-OH 结束,氨基酸的羧基与 3′-末端羟基形成酯键相连,生成氨基酰-tRNA,即 tRNA 能携带和转运氨基酸。

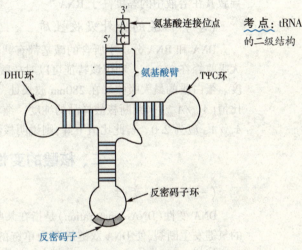

图 2-12 tRNA 的二级结构

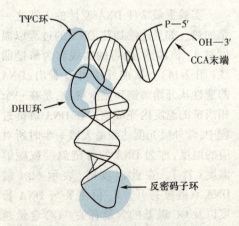

图 2-13 tRNA 的三级结构

RNA 在二级结构基础上进一步折叠成三级结构。tRNA 的三级结构呈倒 L 型(图 2-13)。

3. rRNA rRNA 是细胞内含量最多的 RNA,约占 RNA 总量的 80% 以上。rRNA 的功能是与核糖体蛋白共同构成核糖体,核糖体是蛋白质的合成部位。原核生物和真核生物的核糖体都能形成大亚基和小亚基。不同来源的 rRNA 的碱基组成差别很大,各种 rRNA 的核苷酸序列已经测定,并推测出了它们的空间结构。如真核生物的 rRNA 的二级结构呈花状,含有很多的茎环结构,为核糖体蛋白的结合和组装提供了结构基础;原核生物的 rRNA 的二级结构也极为相似。

除以上三种 RNA 外,真核细胞内还存在一类不编码蛋白质的小 RNA 分子,故称之为非编码小 RNA(small non-messenger RNA, snmRNAs),包括核内小 RNA(snRNA)、核仁小 RNA(snoRNA)、胞质小 RNA(scRNA)、小片段干扰 RNA(siRNA)等。这些小 RNA 在基因的转录和翻译、细胞分化和个体发育、遗传和表观遗传等生命活动中发挥重要组织和调控作用。

第3节 核酸的理化性质

一、核酸的一般性质和紫外吸收

(一) 核酸的一般性质

核酸是生物体内的高分子化合物,具有极性,微溶于水,不溶于乙醇、乙醚及三氯甲烷等有机溶剂。核酸为多元酸,具有较强的酸性。

DNA 和 RNA 都是线性高分子,其在溶液中的黏度很高。在提取高分子量 DNA 时,DNA 在机械力的作用下易发生断裂,为基因组 DNA 的提取带来一定困难。DNA 分子比 RNA 长,导致其在溶液中的黏度高于 RNA。

(二) 核酸的紫外吸收性质

DNA 和 RNA 分子中所含的碱基都有共轭双键的性质,因此核酸具有紫外吸收特性,其最大吸收峰在 260nm。利用该特征可以对核酸溶液进行定性和定量分析,也可以分析核酸的纯度。蛋白质的最大吸收峰在 280nm 波长处,可利用测定溶液 260nm 和 280nm 处的吸光度(A)比值(A_{260}/A_{280})来判断核酸样品的纯度。纯 DNA 样品的 A_{260}/A_{280} 应为 1.8,而纯 RNA 样品的 A_{260}/A_{280} 应为 2.0。若此比值下降,则说明核酸样品中有蛋白质和酚等杂质。

二、核酸的变性、复性和分子杂交

(一) DNA 变性

DNA 变性(DNA denaturation)是指在某些理化因素的作用下,DNA 双链互补碱基对之间的氢键发生断裂,使 DNA 双链解开为单链的过程。引起 DNA 变性的因素有加热、酸、碱、有机溶剂等。DNA 变性后,其理化性质会发生一系列的改变,如黏度下降和紫外吸收值增加等。变性后的 DNA 溶液在 260nm 处紫外吸收作用增强,这种现象称为增色效应。它是检测 DNA 双链是否发生变性的一个最常见指标。

实验室最常使 DNA 变性的方法之一是加热。如果连续加热 DNA 的过程以温度对 A_{260} 值作图,所得的曲线称为解链曲线(图 2-14)。从曲线中可以看出,DNA 的变性从开始解链到完全解链,是在一个相当窄的温度内完成的。在 DNA 解链过程中,紫外吸光度达到最大值一半时所对应的温度,称为 DNA 的解链温度或融解温度(T_m)。在此温度时,表示 50% 的 DNA 双链被打开。T_m 值主要与 DNA 长度以及 GC 碱基的含量有关。GC 含量越高,T_m 值越高;离子强度越高,T_m 值也

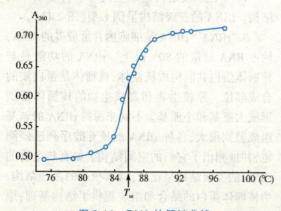

图 2-14 DNA 的解链曲线

越高。

（二）DNA 复性

DNA 变性后，当缓慢除去变性条件，两条解离的互补链可重新互补配对，恢复原来的双螺旋结构，这一现象称为 DNA 复性（renaturation）。热变性的 DNA 一般经缓慢冷却后可以复性，此过程称为退火（annealing）。复性后，DNA 的理化性质和生物学活性也会得到相应的恢复。但是，热变性的 DNA 迅速冷却至 4℃ 以下，两条解离的互补链来不及形成双链，则不能发生复性，所以利用这一特性保持 DNA 的变性状态。

（三）核酸分子杂交

在 DNA 的复性过程中，将不同来源的 DNA 单链或 RNA 单链放在同一溶液中，只要两种核酸单链之间存在一定程度的碱基配对关系，它们有可能形成杂化双链（heteroduplex），这一过程称为核酸分子杂交（nucleic acid hybridization）。核酸分子杂交可以发生于 DNA 与 DNA 之间，也可以发生于 RNA 与 RNA 之间、DNA 与 RNA 之间。

目前，在生物化学和分子生物学的研究中，核酸的分子杂交是应用最广泛的技术之一，它是定性或定量检测特异 DNA 或 RNA 序列片段的有效工具。

核酸分子杂交技术的运用

在进行核酸分子杂交技术时，常用放射性同位素、荧光染料或酶来标记一种预先分离纯化的已知 RNA 或 DNA 序列片段去检测未知的核酸样品。这种标记的 RNA 或 DNA 序列片段称为探针。核酸分子杂交结合探针技术可以用来研究 DNA 中某一种基因的位置、鉴定两种核酸分子间的序列相似性以及检测某些专一性在待测样品中的存在等，还可以对细菌病毒所致的疾病、肿瘤及分子病等进行诊断。

目标检测

一、选择题

A1 型题

1. 在核酸中占 9%~10% 并可用于计算核酸含量的元素为（　　）
   A. C　　　　　B. O
   C. N　　　　　D. P

2. 核酸的基本组成单位是（　　）
   A. 核苷　　　　B. 核苷酸
   C. 碱基　　　　D. 核糖

3. 在形成嘌呤核苷酸时，嘌呤碱基与戊糖之间的连接是通过（　　）
   A. 肽键　　　　B. 磷酸二酯键
   C. 糖苷键　　　D. 氢键

4. 在核酸分子中，单核苷酸之间的连接通常是（　　）
   A. 肽键　　　　B. 磷酸二酯键
   C. 糖苷键　　　D. 氢键

5. DNA 的双螺旋结构是 DNA 的（　　）

   A. 一级结构　　B. 二级结构
   C. 三级结构　　D. 四级结构

6. 双链 DNA 的解链温度与下列哪一组碱基的含量有关（　　）
   A. A—T　　　　B. A—U
   C. G—C　　　　D. T—U

7. 下面哪一种碱基存在 mRNA 而不存在于 DNA（　　）
   A. A　　　　　B. U
   C. G　　　　　D. T

8. 位于 tRNA 3′-末端的结构是（　　）
   A. 氨基酸臂　　B. 反密码环
   C. 三叶草结构　D. DHU 环

9. 作为酶的辅助因子的核苷酸是（　　）
   A. NAD⁺　　　 B. ATP
   C. cATP　　　　D. dATP

10. 变性的 DNA 是（　　）
    A. 双螺旋结构　B. 单链结构

C. 三叶草结构　　D. 二级结构

二、名词解释

1. DNA 的一级结构　2. DNA 变性　3. DNA 复性
4. 核酸分子杂交

三、填空题

1. 核酸主要由 _____、_____、_____、_____ 和 _____ 五种元素组成，其中 _____ 较恒定。
2. 核苷酸由 _____、_____ 和 _____ 组成。
3. DNA 分子主要含有 _____、_____、_____ 和 _____ 碱基；RNA 分子主要含有 _____、_____、_____ 和 _____ 碱基。
4. DNA 的二级结构是 _____ 结构，维持 DNA 二级结构的化学键是 _____ 和 _____。
5. 体内两种主要的环化核苷酸是 _____ 和 _____。

四、简答题

1. 两类核酸的分子组成及结构单位有何不同？
2. 简述 DNA 的二级结构的主要特点。
3. 简述 RNA 的分类及其对应的功能。

（徐文平）

第 3 章 酶

学习目标

掌握：酶的概念、酶的特异性、竞争性抑制剂的作用特点及应用，维生素的分类。
熟悉：酶的活性中心、必需基团、酶原及酶原激活的含义，酶促反应速度的影响因素，几种常见维生素辅酶。
了解：同工酶的概念、维生素的生化作用与缺乏症。

生物体的基本特征之一是不断地进行新陈代谢，而新陈代谢是由众多的各式各样的化学反应所组成。这些生物化学反应是以惊人的速度，在正常的体温和近中性条件下互相协调地进行着。生物体内存在着一种具有可调节的、高效率的催化剂——酶（enzyme）。酶催化了体内的化学反应，如果没有酶，生命过程就十分缓慢，甚至不可能有生命活动。

链　接

酶的系统研究开始于19世纪中叶对发酵本质的探讨。法国著名科学家巴斯德认为发酵是酵母细胞生命活动的结果，德国科学家首次使用不含细胞的酵母提取液实现了发酵，证明发酵过程不需要完整的细胞，这一贡献打开了通向现代酶学的大门。1926年，美国生化学家James B. Sumner第一次从刀豆得到脲酶结晶，并证明了脲酶的蛋白质本质。

第 1 节　概　　述

一、酶的概念

考点：酶的概念

酶是活细胞合成的、对其特异底物起高效催化作用的蛋白质。核酶是具有高效、特异催化作用的核酸，是近年来发现的一类新的生物催化剂，其作用主要参与核酸的剪接。

人类的生命活动离不开酶的催化作用，在酶的催化下，机体内的物质代谢得以正常进行，人体的许多疾病与酶的异常密切相关，酶也可作为药物用于治疗疾病，此外，检测体内酶含量的动态变化可作为疾病的诊断依据。

二、酶的分类

根据国际酶学委员会规定的国际系统分类法，可以将所有的酶促反应按其反应性质分为6大类。

1. **氧化还原酶类**　催化底物进行氧化还原反应的酶类。这类酶数量最多，大致可分为氧化酶和脱氢酶两类。例如细胞色素氧化酶、乳酸脱氢酶等。一般说，氧化酶催化的反应都有氧分子直接参与，脱氢酶所催化的反应中总伴随氢原子的转移。

2. **转移酶类**　又称转换酶类，是催化底物分子间某些基团的转移或交换的酶类。例如谷丙转氨酶、转甲基酶等。

3. 水解酶类　催化底物水解的酶类。例如蛋白酶、脂肪酶、核酸酶等。它们一般不需要辅酶、辅基,为单纯蛋白酶类。但某些离子如 Mg^{2+}、Zn^{2+} 等金属离子对这类酶的活力有一定影响。

4. 裂合酶类　又称解合酶类,是催化一种底物分裂成两种或两种以上产物或其逆反应的酶类。例如醛缩酶等。

5. 异构酶类　是催化各种同分异构体之间相互转变的酶类。例如磷酸葡萄糖异构酶等。

6. 合成酶类　是催化两个底物结合的酶类。例如谷氨酰胺合成酶、核苷酸合成酶、氨基酰 tRNA 合成酶等。

三、酶的命名

酶的命名有习惯命名法和系统命名法两种。

(一) 习惯命名法

一般依据以下原则:按酶作用的底物或催化反应的类型来命名,有时二者兼用。如水解淀粉的酶称淀粉酶;催化脱氢反应的酶称脱氢酶。有时在底物名称前冠以酶的来源以区别作用相同但来源不同的酶,如唾液淀粉酶、胰蛋白酶等。

(二) 系统命名法

鉴于新种类酶的不断发现和过去命名的混乱,国际酶学委员会规定了一套系统命名法:以酶所催化的整体反应为基础,每种酶的名称应写出底物的名称和催化反应的性质。若酶促反应中有两种或两种以上底物起反应,则每种底物都需表明,当中用":"分开。例如乳酸脱氢酶的系统名称为 L-乳酸:NAD^+ 氧化还原酶。

第2节　酶促反应的特点

酶所催化的反应称为酶促反应。被酶催化的物质称为底物(substrate,S),反应的生成物称为产物(product)。酶的催化能力称为酶的活力,又称酶的活性。

考点:酶促反应的特点

酶和一般催化剂一样,在化学反应前后都没有质和量的改变,仅能加速热力学上可能进行的反应,酶绝不能改变反应的平衡常数。酶本身在反应前后不发生变化,但是酶具有一般催化剂所没有的特性,其最显著的特点如下。

一、高度的催化效率

酶促反应速度要比非酶促反应快约一千万倍。有极少量的酶就可催化大量底物发生转变。例如过氧化氢分解生成水和氧这一反应,在没有催化剂时反应非常缓慢,使用无机催化剂可使反应加快 10^7 倍,而用生物催化剂过氧化氢酶则可使反应加快 10^{11} 倍。酶与普通催化剂加速反应的原理是降低反应的活化能,酶通过其特有的作用机制,能够更有效地降低活化能,使反应物只需很少的能量即可进入活化状态。

二、高度的特异性

酶的特异性(酶的专一性)是指酶对它所作用的底物有严格的选择性。即一种酶只能对某一种或某一类物质起催化作用,一种酶仅作用于一种或一类化合物,或一定的化学键,催化一定的化学反应并产生一定的产物。酶的特异性各不相同,根据酶对底物选择的严格程度不同可分为三类。

1. **绝对特异性** 有的酶只能作用于特定结构的底物。例如,葡萄糖激酶只能催化葡萄糖转变为 6-磷酸葡萄糖,而对其同分异构体的果糖不起作用;脲酶只能催化尿素水解为氨和二氧化碳,而对其衍生物如甲基尿素等则不起作用。

2. **相对特异性** 有的酶对底物要求不甚严格,可作用于一类化合物或一种化学键,称为相对特异性。其中大多数表现为基团特异性,它们可作用于某一特定的官能团,而这个官能团可以存在于许多不同的底物中。例如磷酸酶对一般的磷酸酯(如甘油磷酸酯、葡萄糖磷酸酯)都能水解;脂肪酶能够水解脂肪和一些酯类物质。

3. **立体异构特异性** 一种酶仅作用于立体异构体中的一种,这种选择性称为立体异构特异性。几乎所有的酶对于立体异构都具有高度的选择性。即酶只能催化一种立体异构体发生某种化学反应,而对另一种立体异构体无作用。例如乳酸脱氢酶只能催化 L-乳酸脱氢,而不作用于 D-乳酸。L-氨基酸氧化酶能催化 L-氨基酸,对 D-氨基酸则无作用。

三、高度不稳定性

绝大多数酶的主要成分是蛋白质,强酸、强碱、高温、重金属离子等因素都会使酶失去活性。因此,酶促反应一般都要求较温和的条件,一般在接近体温和接近中性的环境下进行催化。

四、酶活性的可调节性

酶促反应受多种因素的调控,以适应生命活动的需要和机体不断变化的内外环境。生物体能够通过多种因素对酶进行调节和控制,从而使极其复杂的代谢活动有条不紊地进行。例如酶合成的诱导和阻遏、反馈抑制以及激素控制等。

 链　　接

纤维素与纤维素酶

纤维素是由 D-葡萄糖以 β-1,4 糖苷键组成的大分子多糖,是植物细胞壁的主要成分,不溶于水及一般有机溶剂。纤维素是地球上最古老、最丰富的天然高分子,是取之不尽用之不竭的、人类最宝贵的天然可再生资源。

在牛等哺乳动物的胃里面有一种叫做共生菌的特殊细菌,这些细菌内含有纤维素酶,可以水解纤维素成为单糖结构,所以牛可以吃草,并从中获得能量,而人体内没有纤维素酶,不能消化草中的纤维素,所以就不能吃草了。

食物纤维素包括粗纤维、半粗纤维和木质素,主要存在于蔬菜和粗加工的谷类中,虽然不能被消化吸收,但有促进肠道蠕动,利于粪便排出等功能。最新研究认为它在保障人类健康,延长生命方面有着重要作用。因此,称它为第七种营养素。

第3节　酶的结构与功能

一、酶的分子组成

考点：结合酶的组成与功能

酶按分子组成可分为单纯酶(simple enzyme)和结合酶(conjugated enzyme)。

1. **单纯酶** 又称简单蛋白酶类,是仅由氨基酸残基构成的酶,这类酶除蛋白质外不含其他成分。其活性只取决于它的蛋白质结构。大多数水解酶类都属于该类酶,例如淀粉酶、蛋白酶、脂肪酶、核糖核酸酶、脲酶等。

2. 结合酶 又称全酶(holoenzyme)，由蛋白质(酶蛋白)部分和非蛋白质(辅助因子)部分组成。酶蛋白决定酶催化作用的专一性和高效性，全酶的蛋白质部分及辅助因子单独存在都没有催化活性。

$$全酶 \quad = \quad 酶蛋白 \quad + \quad 辅助因子$$
有催化活性　　　无催化活性　　　无催化活性

辅助因子有两类：一类是无机金属离子，另一类是小分子复杂有机化合物。

金属离子是最多见的辅助因子，常见的金属离子有钾离子、钠离子、镁离子、铜离子、铁离子或亚铁离子等。金属辅助因子的作用主要有：作为酶活性中心的催化基团参与催化反应、传递电子；或者作为连接酶与底物的桥梁，便于酶对底物起作用，或者为稳定酶的构象所必需，或者中和阴离子，降低反应中的静电斥力等(表3-1)。

表3-1　结合酶中金属离子功能

名称	所含金属离子	生理功能
细胞色素氧化酶	Cu^{2+}/Cu^{+}	氧分子还原
细胞色素酶类	Fe^{3+}/Fe^{2+}	传递电子
铁硫蛋白	Fe^{2+}/Fe^{3+}	传递电子
丙酮酸激酶	$K^{+}(Mg^{2+})$	促进与底物 ATP 结合
碳酸酐酶	Zn^{2+}	参与酶活性部位的形成
质膜 ATP 酶	$Na^{+}(Mg^{2+})$	酶的激活剂
乙酰 CoA 羧化酶	Mn^{2+}	酶的激活剂，促进脂肪酸合成

小分子有机化合物的主要作用是参与酶的催化过程，在酶促反应中起到传递电子、质子等作用。此类辅助因子中常含有 B 族维生素或维生素类物质(表 3-2)。

表3-2　B 族维生素与辅助因子

酶	辅助因子名称	所含维生素	生理功能
脱氢酶类	辅酶Ⅰ(烟酰胺腺嘌呤二核苷酸—NAD^{+})	维生素 PP	递氢、递电子
	辅酶Ⅱ(烟酰胺腺嘌呤二核磷酸—$NADP^{+}$)	维生素 PP	递氢、递电子
黄素酶类	黄素单核苷酸(FMN^{+})	维生素 B_2	递氢
	黄素腺嘌呤二核苷酸(FAD^{+})	维生素 B_2	递氢
转氨酶类	磷酸吡哆醛	维生素 B_6	转移氨基(—NH_2等)
脱羧酶类	焦磷酸硫胺素(TPP)	维生素 B_1	转移醛基
羧化酶类	生物素	生物素	转移 CO_2
转酰基酶类	辅酶 A(CoA)	泛酸	转移酰基 R—C=O
一碳单位转移酶	四氢叶酸(FH_4)	叶酸	转移一碳基团(—CH_3等)
	钴胺素	维生素 B_{12}	转移一碳基团(—CH_3等)

辅助因子按其与酶蛋白结合的紧密程度与作用特点不同又分为辅酶(coenzyme)和辅基(prosthetic group)。辅酶与酶蛋白的结合松弛，可以用透析或超滤的方法将它从全酶中分离出来。辅基与酶蛋白结合紧密，不能通过透析或超滤将其除去。金属离子大部分为酶的辅基，而小分子有机化合物或为辅酶，或为辅基。

辅酶和辅基在酶促反应中常参与特定的化学反应，它们只决定酶促反应的类型，在酶促反应中主要起着递氢、传递电子或转移某些化学基团的作用。

二、酶的活性中心

考点：酶活性中心组成与功能

酶分子中存在着各种化学基团，但这些基团并不一定都与酶的活性有关，酶分子中与酶的活性密切相关的基团称为酶的必需基团（essential group）。常见的必需基团有：羟基、咪唑基、巯基、羧基等。

酶的必需基团在一级结构上可能相距很远，或分散在不同肽链上，但在空间结构上彼此靠近，组成具有特定空间结构的区域，其与酶活性直接相关，称为酶的活性中心（active center）。酶的活性中心是酶分子中与底物特异结合并发挥其催化活性的特定空间结构（图3-1）。

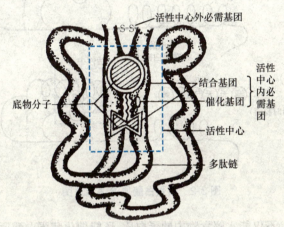

图3-1 酶活性中心示意图

酶的必需基团分为活性中心内必需基团与活性中心外必需基团。酶活性中心内的必需基团有两种，其中能与底物结合的称为结合基团，另一种能够影响底物中相关化学键的稳定性，催化底物发生化学反应并将其转化为产物，称为催化基团。有的基团兼有结合基团和催化基团的功能。还有一些必需基团位于酶活性中心以外，不参加活性中心的组成，但是维持酶的空间构象所必需，这些基团可使活性中心的各个有关基团保持最适当的空间位置，我们把这些基团称为活性中心外必需基团。

 链　接

木瓜蛋白酶

木瓜蛋白酶又称木瓜酶，是一种蛋白水解酶。木瓜蛋白酶是番木瓜中含有的一种低特异性蛋白水解酶，广泛地存在于番木瓜的根、茎、叶和果实内，其中在未成熟的乳汁中含量最丰富。木瓜蛋白酶的活性中心含半胱氨酸，属于巯基蛋白酶，它具有酶活性高、热稳定性好、天然卫生安全等特点，因此在食品、医药、饲料、日化、皮革及纺织等行业得到广泛应用。木瓜蛋白酶由212个氨基酸残基组成，若从氨基端水解掉2/3肽链后，剩下的1/3肽链仍保持活性的99%，说明木瓜蛋白酶的生物活性集中表现在肽链的C-端的少数氨基酸残基及其所构成的空间结构区域。

三、酶原与酶原的激活

考点：酶原激活的本质及生理意义

在细胞内合成或分泌时没有催化活性的酶的前体称为酶原（enzymogen）。在一定的条件下，酶原受某种因素作用后，被水解一个或几个特定的氨基酸残基，构象发生改变，转变成有活性的酶的过程称为酶原激活。酶原激活的机制主要是使酶的活性中心形成或暴露的过程。

哺乳动物消化系统中的几种蛋白酶如胃蛋白酶、胰蛋白酶、胰凝乳蛋白酶、羧基肽酶等都是先以酶原形式分泌出来，然后被激活，水解掉 1 个或几个短肽，转化成相应的酶。如胰蛋白酶原由胰腺分泌，进入小肠后，在钙离子存在下受肠激酶激活，专一地切断母肽链 N-端一段六肽，使酶分子构象发生改变，活性中心形成，从而成为有催化活性的胰蛋白酶(图 3-2)。

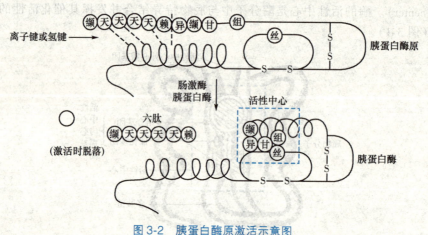

图 3-2 胰蛋白酶原激活示意图

胰蛋白酶的形成，不仅能水解食物中的蛋白质，还能催化胰蛋白酶原激活为胰蛋白酶（自身激活）和小肠中其他蛋白酶原的激活，形成一个逐级加快的连续反应过程。这样既可以保护胰腺不被胰蛋白酶消化分解，又可以在小肠迅速水解蛋白质，保证代谢的正常进行。

酶原的激活具有重要的生理意义。蛋白酶以酶原形式分泌，既能保护细胞不被蛋白酶的水解破坏，又能保证酶在特定的部位与环境发挥催化作用。

 链 接

神奇的凝血酶

凝血酶原为血液凝固因子之一，存在于血浆中，是凝血酶的前身物质。凝血酶原以无活性的形式存在于血液循环中，保证其正常运行不受干扰。一旦需要，只要少数酶原分子被激活，便可通过瀑布式的放大作用，迅速使大量凝血酶原转化为凝血酶，引发快速而有效的凝血作用。

四、同 工 酶

同工酶（isoenzyme）是指催化相同的化学反应，而酶蛋白的分子结构、理化性质不同的一组酶。同工酶存在于同一种属或同一个体的不同组织中，甚至同一细胞的不同细胞结构中，它在代谢调节上起着重要的作用。在动、植物中，一种酶的同工酶在各组织、器官中的分布和含量不同，形成各组织特异的同工酶谱，叫做组织的多态性，体现各组织的特异功能。大多数同工酶由于对底物亲和力不同和受不同因素的调节，常表现出不同的生理功能。乳酸脱氢酶有 5 种同工酶，分别是 LDH_1、LDH_2、LDH_3、LDH_4、LDH_5。肌酸激酶有三种同工酶，分别是 CK-MM、CK-BB 和 CK-MB。

在医学方面,同工酶是研究癌瘤发生的重要手段,癌瘤组织的同工酶谱常发生胚胎化现象,即合成过多的胎儿型同工酶。如果这些变化可反映到血清中,则可利用血清同工酶谱的改变来诊断肿瘤。此外,因同工酶谱有脏器特异性,故测定血清同工酶常可较特异地反映某一脏器的病变,如血清的 LDH_1 或 MB 型肌酸激酶增加是诊断心肌梗死较特异的指标,较测定血清 LDH 或肌酸激酶(CK)总活力更为可靠。

五、酶的作用机制

(一) 诱导契合假说

酶在发挥其催化作用时,必须首先与底物密切结合。在酶与底物相互接近时,其结构相互诱导、相互变形、相互适应,进而相互结合。这一过程称为酶-底物的诱导契合假说。酶的构象改变有利于与底物结合,底物在酶的诱导下也发生变形,处于不稳定的过渡态,有利于酶催化作用的发挥。

(二) 中间产物学说

中间产物学说认为,酶的高催化效率是由于底物与酶的活性中心靠近与定向,通过共价键、氢键、离子键和络合键等生成极易分解的不稳定的酶与底物复合物,即中间产物,然后再分解为反应产物并释放出酶。释放的酶又可与底物结合,继续发挥其催化功能。根据中间产物学说,酶促反应分两步进行,即中间产物的形成与分解,且所需的活化能都很低,所以反应可迅速进行(图 3-3)。

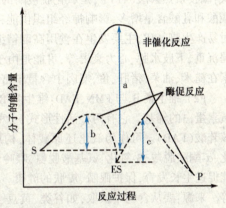

图 3-3 酶促反应减少所需的活化能
a 是非催化反应所需要的活化能;b、c 是酶促反应所需要的活化能

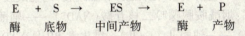

E + S → ES → E + P
酶　底物　　中间产物　　酶　产物

第 4 节　维生素与辅酶

一、维生素的命名

维生素(vitamin,Vit)是机体维持正常功能所必需,但在体内不能合成,或合成量很少,必须由食物供给的一组低分子量的有机化合物。维生素的每日需要量很少,但它在调节物质代谢和维持生理功能等方面却发挥着重要作用。

维生素不能供给机体热能,也不能作为构成机体组织的物质,其主要功能多数是通过作为辅酶的成分调节机体代谢。绝大多数维生素人体无法合成,须从食物中获取。长期缺乏任何一种维生素都会导致相应的疾病(维生素缺乏症)。

(1) 习惯上采用英文字母 A、B、C、D……来命名。
(2) 根据生理功能来进行命名,如维生素 B_1 也称为抗脚气病维生素。
(3) 根据其化学结构进行命名,又如维生素 B_1 分子中含有 S 和氨基,也称为硫胺素。

二、维生素的分类

根据溶解性不同,维生素可分为水溶性维生素和脂溶性维生素两大类。

> **链 接**
>
> **你知道脚气病吗？**
>
> 脚气病即维生素 B_1 缺乏病，维生素 B_1 即硫胺素是硫胺素焦磷酸盐（TPP）的前体。TPP 是三羧酸循环中丙酮酸与 α-酮戊二酸脱羧反应的重要辅酶，也是红细胞转醇基转移酶的辅酶。此外，TPP 与脑细胞活性与神经冲动传导亦有一定关系。一旦缺乏，可引起一系列神经系统与循环系统症状，称之为脚气病。

1. **水溶性维生素** 包括 B 族维生素和维生素 C，水溶性维生素体内过剩的部分可由尿排出体外。

（1）维生素 B_1 与羧化酶辅酶：维生素 B_1 即硫胺素。硫胺素与 ATP 反应，生成其活性形式：硫胺素焦磷酸（TPP），是氧化脱羧酶的辅酶。缺乏硫胺素会导致糖代谢障碍，使血液中丙酮酸和乳酸含量增多，影响神经组织供能，导致末梢神经炎及其他神经病变。缺乏维生素 B_1 时易产生脚气病，主要发生在食用高度精细加工的米面地区。主要表现为肌肉虚弱、萎缩，小腿沉重、下肢水肿、心力衰竭等，可能是由于缺乏 TPP 而影响神经的能源与传导。来源：硫胺素在糙米、油菜、猪肝、鱼、瘦肉中含量丰富。

（2）维生素 B_2 与 FMN、FAD：维生素 B_2 又叫核黄素，核黄素是异咯嗪与核醇的缩合物，是黄素蛋白的辅基。它有两种活性形式，一种是黄素单核苷酸（FMN），另一种是黄素腺嘌呤二核苷酸（FAD）。可作为氧化还原载体，构成多种黄素蛋白的辅基，在三羧酸循环、氧化磷酸化、α-酮酸脱羧、β-氧化、氨基酸脱氨、嘌呤氧化等过程中起传递氢和电子的作用。维生素 B_2 能促进生长发育，保护眼睛、皮肤的健康。缺乏维生素 B_2 还可引起口腔溃疡、唇炎、舌炎、贫血等。来源：要从食物中摄取，如谷类、黄豆、猪肝、肉、蛋、奶等，也可由肠道细菌合成。冬季北方缺少阳光，植物合成维生素 B_2 也少，常出现口角炎。

（3）维生素 PP 与辅酶Ⅰ、辅酶Ⅱ：维生素 PP 包括烟酸（尼克酸）和烟酰胺（尼克酰胺）两种，又称抗癞皮症维生素。在体内的存在形式：烟酰胺腺嘌呤二核苷酸（NAD^+）——辅酶Ⅰ（CoⅠ），烟酰胺腺嘌呤二核苷酸磷酸（$NADP^+$）——辅酶Ⅱ（CoⅡ）。维生素 PP 是 NAD^+ 和 $NADP^+$ 的组成成分，NAD^+ 和 $NADP^+$ 是许多脱氢酶的辅酶，参与递氢。

（4）泛酸与辅酶 A：泛酸又称遍多酸，在肠道内被吸收进入人体后，最终转化为辅酶 A 及酰基载体蛋白的组成部分，广泛参与糖、脂类、蛋白质代谢。由于人类肠道中的细菌可合成泛酸，所以尚未发现泛酸缺乏症，但其可广泛用于各种疾病的辅助治疗药物，如白细胞减少症、各种肝炎、动脉硬化。泛酸在酵母、肝、肾、蛋、小麦、米糠、花生和豌豆中含量丰富。

（5）维生素 B_6：包括吡哆醇、吡哆醛和吡哆胺 3 种，可互相转化。是转氨酶、氨基酸脱羧酶的辅酶，促进谷氨酸的脱羧，增进 γ-氨基丁酸的生成，临床上用于对小儿惊厥及妊娠呕吐的治疗。

（6）生物素与羧化辅酶：生物素是体内多种羧化酶的辅酶，如丙酮酸羧化酶等，参与二氧化碳的羧化过程。生物素来源广泛，人体肠道细菌也可合成。缺乏生物素的主要症状为疲乏、恶心、呕吐、食欲不振、皮炎等。

（7）叶酸与叶酸辅酶：叶酸因叶绿体中含量十分丰富而得名。由蝶酸与谷氨酸构成。活性形式是四氢叶酸（FH_4），即蝶呤环被部分还原。四氢叶酸是多种一碳单位的载体，在嘌呤、嘧啶、胆碱和某些氨基酸（Met、Gly、Ser）的合成中起重要作用。缺乏叶酸导致核酸合成障碍，快速分裂的细胞易受影响，可导致巨红细胞贫血。

孕妇及哺乳期妇女容易缺乏叶酸，应适量补充。叶酸分布广泛，肉类、水果、蔬菜中含量丰富。

(8) 维生素 B_{12}：又称钴胺素，唯一含金属元素的维生素，分子中含钴和咕啉。维生素 B_{12} 能够抗脂肪肝，促进维生素 A 在肝中的储存；促进细胞发育成熟和机体代谢；可用于治疗恶性贫血。维生素 B_{12} 多存在于鱼肉、肝脏、肉类、蛋类。素食者易缺乏。

(9) 维生素 C：又称抗坏血酸，是烯醇式 L-古洛糖酸内酯，有较强的酸性，容易氧化，是强力抗氧化剂，也可作为氧化还原载体。能够增加抗体，增强抵抗力；促进红细胞成熟。缺乏抗坏血酸会影响胶原合成及结缔组织功能，使毛细血管脆性增高，发生坏血病。新鲜的水果和蔬菜是食物中维生素 C 的主要来源。

2. 脂溶性维生素 包括维生素 A、维生素 D、维生素 E、维生素 K，它们不溶于水，而溶于脂类溶剂。脂溶性维生素在食物中与脂类共同存在，并随脂类一同吸收。

(1) 维生素 A：只存在于动物性食物中，包括维生素 A_1 和维生素 A_2 两种。维生素 A_1 即视黄醇，主要存在于咸水鱼的肝脏；维生素 A_2 即 3-脱氢视黄醇，主要存在于淡水鱼肝脏中。植物中无维生素 A，但有多种胡萝卜素。在高等植物和动物中普遍存在的 β-胡萝卜素可转变为维生素 A，所以通常将 β-胡萝卜素称为维生素 A 原。生化作用及缺乏症：维生素 A 能够构成视觉细胞内感光物质，缺乏时引起感光物质视紫红质合成减少，对弱光敏感性降低，日光适应能力减弱，严重时会发生夜盲症。此外，维生素 A 还可维持人体上皮细胞的正常分化，缺乏时上皮组织结构改变，呈角质化。皮肤干燥，成鳞状。呼吸道表皮组织改变，易受病菌侵袭。有的患者因肠胃黏膜表皮受损而引起腹泻。儿童偶见因缺乏维生素 A 引起眼角膜和结膜变质，牙釉和骨质发育不全。大人、小孩长期缺乏维生素 A 都会导致泪腺分泌障碍产生干眼病。主要食物来源：动物肝脏、乳制品、蛋黄、胡萝卜、黄绿蔬菜、玉米。

链 接

你知道怎样吃胡萝卜吗？

胡萝卜中的胡萝卜素属于脂溶性物质，只能溶解于油脂中，进入人体后才能在人体肝脏中转变成维生素 A，被人体所吸收。如生食胡萝卜，大部分的胡萝卜素被排泄掉，起不到营养作用，所以胡萝卜不宜生吃。

(2) 维生素 D：具有抗佝偻病作用，又称抗佝偻病维生素，是类固醇类衍生物。主要包括维生素 D_2 和维生素 D_3。生化作用及缺乏症：人体内胆固醇可转变为 7-脱氢胆固醇，储存于皮下，在紫外光照射下能够转变成维生素 D。维生素 D 的主要作用是促进钙磷的吸收，有利于骨骼的生长。当缺乏维生素 D 时，儿童可发生佝偻病，成人则会引起软骨病。主要食物来源：肝、鱼、蛋黄等。

(3) 维生素 E：主要成分为生育酚及生育三烯酚两大类。维生素 E 对氧非常敏感，容易自身氧化，因此能够保护其他物质。生化作用及缺乏症：维生素 E 是体内最重要的抗氧化剂，能避免脂质过氧化物的产生，保护生物膜的结构与功能；动物缺乏维生素 E 会导致生殖器官发育受损甚至不育，临床上常用其治疗先兆流产及习惯性流产；维生素 E 能够促进血红素代谢，新生儿缺乏维生素 E 会引起贫血。主要食物来源：麦胚、鸡蛋、脊椎动物脂肪等。

(4) 维生素 K：又称凝血性维生素，广泛分布于动植物中，体内肠道细菌也能合成，因此不易缺乏。但维生素 K 不能通过胎盘，新生儿肠道又无细菌，所以新生儿有可能缺乏维生素 K，长期服用抗生素类灭菌药物易引起维生素 K 的缺乏。生化作用及缺乏症：维生素 K 的主要生化作用是维持体内的凝血因子在正常水平。维生素 K 缺乏的主要症状是易出血。主要食物来源：绿色蔬菜、动物肝、鱼、牛奶、大豆。

考点：影响酶促反应速度的因素及实际意义

第5节　影响酶促反应速度的因素

酶促反应的速度受很多因素的影响，这些因素主要有酶浓度、底物浓度、pH、温度、激活剂和抑制剂等。研究影响酶促反应速度的各种因素，对阐明酶在物质代谢中的作用、酶活性测定以及研究药物的作用机制等方面都具有重要的理论和实践意义。

一、酶浓度的影响

在酶促反应体系中，若底物浓度足以使酶饱和的情况下，则酶促反应速度与酶浓度成正比（图3-4）。

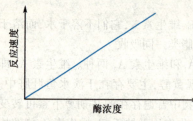

图3-4　酶浓度对酶促反应速度的影响

二、底物浓度的影响

在酶浓度一定的催化条件下，底物浓度与反应速度的相互关系可用矩形双曲线表示（图3-5）。该曲线表明，当底物浓度很低时，反应速度与底物浓度成正比关系；随着底物浓度的增加，反应速度不再按正比升高；如果再继续加大底物浓度，这时尽管底物浓度还可以不断增大，反应速度却不再上升，趋向一个极限即最大值，称为最大反应速度（V_{max}）。

中间产物学说可以解释这一现象。根据此学说，反应速度和反应体系中的中间产物浓度成正比，即速度决定于酶和底物二者的浓度。在酶量恒定情况下，当底物浓度很低时，酶没有全部被底物占据，所以随底物浓度的增高，中间产物也随之增高，反应速度随底物浓度升高呈直线上升（图3-5中a段）；当底物浓度继续增加时，酶已有大部分与底物结合，此时随底物浓度升高，反应速度增加渐渐趋慢（图3-5中b段）；当底物浓度继续升高到一定程度，当所有酶都被底物所饱和而转变成中间产物即酶浓度等于中间产物浓度时，酶促反应达最大速度。若再增加底物浓度，中间产物浓度不再增加，故反应趋于恒定（图3-5中c段）。

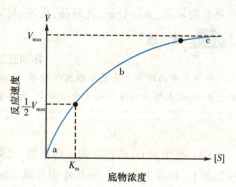

图3-5　底物浓度对酶促反应速度的影响

为了说明底物浓度与反应速度的关系，1913年由Michaelis和Menten把图3-5归纳为一个数学式表达，这就是酶反应动力学最基本的方程——著名的米曼方程，简称米氏方程：

$$V = \frac{V_{max}[S]}{K_m + [S]}$$

式中，v为反应初速度；$[S]$为底物浓度；V_{max}为反应最大速度；K_m为米氏常数。

当酶促反应处于$V=1/2V_{max}$时，代入米氏方程可知$K_m=[S]$，由此可知，K_m在数值上等于酶促反应速度为最大反应速度一半时的底物浓度。

米氏常数在酶学研究中有重要的意义：①米氏常数K_m是酶的特征性常数之一，K_m值只与酶的结构和酶所催化的底物有关，与酶的浓度无关。即每一种酶都有它的K_m值，以此用于酶的鉴别。②K_m可反映酶与底物的亲和力。K_m值越小，说明酶与底物的亲和力越大，反之K_m值越大，说明酶与底物的亲和力越小。③一种酶如果同时有几种底物时，那么它催化的每一种底物都有一特定的K_m值，其中K_m值最小的底物是酶的最适底物，以此用于酶测定时底物的选择和确定最适的底物浓度。

三、pH 的影响

酶的活性受 pH 的影响很大。不同 pH 条件下,酶促反应速度也不同。酶促反应速度最快时的 pH 称为该酶的最适 pH。各种酶的最适 pH 不同,体内大多数酶的最适 pH 在 5~8,pH 活性曲线近似钟形(图 3-6),但也有例外,胃蛋白酶的最适 pH 为 1.5~2,其活性曲线只有钟形的一半。同一种酶的最适 pH 因底物的种类及浓度不同,或所用缓冲剂不同等而稍有改变,所以最适 pH 不是酶的特征性常数。

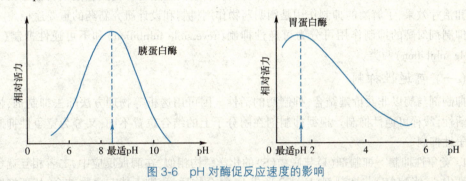

图 3-6　pH 对酶促反应速度的影响

pH 影响酶的催化活性,主要是影响酶和底物的电离状态,特别是影响酶活性中心内一些必需基团的电离状态。在最适 pH 时,酶的活性中心及底物分子的电离状态恰好是酶与底物结合并催化底物发生变化的最佳电离状态。pH 高于或低于最适 pH 时,解离状态发生改变,酶和底物结合力降低,因而反应速度降低。过酸过碱则破坏酶蛋白的空间结构而使酶变性失活。为了防止酶促反应时底物和产物等因素对溶液 pH 的影响,所以在进行酶促反应时,应选用适宜的缓冲液,以保持酶活性的相对稳定。

四、温度的影响

温度对酶促反应有双重影响。温度升高一方面可加速反应的进行,另一方面也加快了酶蛋白的变性。在温度较低时,前一种影响较大,反应速度随温度的升高而加快。随着温度不断上升,酶的变性因素开始占优势,反应速度随温度的上升而减慢,形成图 3-7 的曲线,可见只有当两种影响适当相互平衡

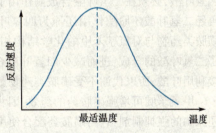

图 3-7　温度对酶促反应速度的影响

时,即温度既不过高以引起酶的变性,又不过低以延缓反应的进行时,反应进行的速度最快。我们把酶促反应速度最快时的温度称为酶促反应的最适温度。

各种酶的最适温度不相同。同一种酶的最适温度也因底物种类、反应时间、酶纯度和浓度、pH 等因素不同而稍有改变。所以最适温度不是酶的特征性常数。

五、激活剂的影响

凡能提高酶活性的物质称为酶的激活剂(activator)。多数酶的激活剂是金属离子,如 K^+、Mg^{2+}、Mn^{2+}、Ca^{2+} 等;少数酶的激活剂为负离子,如 Cl^- 是唾液淀粉酶最强的激活剂。酶的激活不同于酶原激活,酶原激活是指无活性的酶原变成有活性的酶,并且伴有抑制肽的水解;酶的激活是酶的活性由低到高,不伴有一级结构的改变。

六、抑制剂的影响

凡能降低酶的活性或使酶活性完全丧失但并不使酶变性的物质称为酶的抑制剂(inhibitor)。酶的抑制剂不同于酶的变性剂,抑制剂并不改变酶的空间构象,它主要通过与酶的活性中心或活性中心外的必需基团结合,从而抑制酶的活性。而酶的变性剂是部分或全部改变酶的空间构象,从而引起酶的活性降低或丧失。凡是使酶变性失活的因素如强酸、强碱等,其作用对酶没有选择性,不属于酶的抑制剂。

许多对机体有毒的物质和药物常是酶的抑制剂,它们通过对体内某些酶的抑制来发挥其毒性和治疗效果,了解酶的抑制作用是阐明药物作用机制和设计研究新药的重要途径。

抑制剂对酶的抑制作用可分为可逆性抑制(reversible inhibition)和不可逆性抑制(irreversible inhibition)两类。

(一) 可逆性抑制

抑制剂与酶以非共价键结合,抑制酶的活性。因可用透析等物理方法除去抑制剂,恢复酶的活性,故称可逆性抑制。根据抑制剂在酶分子上的结合位置不同,又分为竞争性抑制与非竞争性抑制。

1. 竞争性抑制 抑制剂(I)与底物(S)的化学结构相似,在酶促反应中,二者相互竞争酶的活性中心,当酶(E)与抑制剂(I)结合形成 EI 复合物后,酶则不能与底物结合,从而抑制了酶的活性。这种抑制称为竞争性抑制[图3-8(b)]。竞争性抑制可以通过增加底物的浓度来抵消或解除抑制剂的抑制作用,即抑制作用的大小取决于抑制剂浓度与底物浓度之比。经典的例子是丙二酸对琥珀酸脱氢酶的抑制作用,其抑制程度决定于丙二酸与琥珀酸浓度的相对比例。

许多药物属于酶的竞争性抑制剂,例如抑制细菌生长繁殖的磺胺类药物和磺胺抗菌增效剂甲氧苄啶(TMP)就是典型的例子。对磺胺类药物比较敏感的细菌,不能直接利用环境中的四氢叶酸,必须在二氢叶酸合成酶作用下,以对氨基苯甲酸(PABA)等为原料合成二氢叶酸,再经二氢叶酸还原酶作用还原为四氢叶酸。四氢叶酸是细菌合成核苷酸必不可少的辅酶。磺胺类药物与对氨基苯甲酸化学结构相似,可以竞争性地与二氢叶酸合成酶结合,从而抑制了二氢叶酸的合成,进而减少四氢叶酸合成,抑制了细菌的生长繁殖。而人体能从食物中直接利用叶酸,所以代谢不受磺胺类药物影响。

甲氧苄啶可增强磺胺药的药效,因为它的结构与二氢叶酸有类似之处,是细菌二氢叶酸还原酶的强抑制剂,它与磺胺药配合使用,能使细菌四氢叶酸合成受到双重抑制,因而严重影响细菌核酸和蛋白质合成。此外,毒扁豆碱、毒蕈碱之所以具有毒性,也是由于它们与乙酰胆碱有类似的结构,是胆碱酯酶的竞争性抑制剂。

2. 非竞争性抑制 非竞争性抑制剂与底物无相似之处,抑制剂在酶分子上的结合部位不在活性中心处,而是通过与活性中心外的必需基团结合来抑制酶的活性。抑制剂与酶结合后,虽不妨碍再与底物结合,但所形成的酶、底物、抑制剂三元复合物不能进一步反应分解为产物,从而使反应速度下降。其抑制作用的程度取决于抑制剂本身的浓度,不能用增加底物浓度的方法消除,故称非竞争性抑制[图3-8(a)、(c)]。

(二) 不可逆抑制

抑制剂与酶以共价键紧密结合,不能用透析、超滤等物理方法除去抑制剂而恢复酶的活性,称不可逆抑制。发生不可逆抑制时,只能采用相应的解毒剂,通过化学反应与抑制剂结合,将酶取代出来,以解除抑制。如常见的有机磷杀虫剂(敌敌畏、敌百虫、杀螟松等)能专一

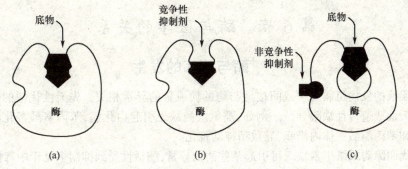

图 3-8　竞争性与非竞争性抑制示意图

的与胆碱酯酶活性中心的丝氨酸残基上的羟基结合,使其磷酰化而产生不可逆抑制。胆碱能神经末梢分泌的乙酰胆碱则不能及时分解,过多的乙酰胆碱使一系列胆碱能神经过度兴奋,从而出现一系列的症状。某些药物如解磷定(PAM)等药物中含有肟基(—CH=NOH),可与有机磷杀虫剂结合,使酶和有机磷杀虫剂分离而复活。

$$\begin{matrix} R_1-O \\ R_2-O \end{matrix} P \begin{matrix} O \\ X \end{matrix} + HO-E \longrightarrow \begin{matrix} R_1-O \\ R_2-O \end{matrix} P \begin{matrix} O \\ O-E \end{matrix} + HX$$

有机鳞杀虫剂　　　胆碱脂酶　　　　　磷酰化酶

$$\begin{matrix} R_1O \\ R_2O \end{matrix} P \begin{matrix} O \\ O-E \end{matrix} + \underset{\underset{CH_3}{|}}{\underset{N}{\bigcirc}}-CHNOH \longrightarrow E-OH + \underset{\underset{CH_3}{|}}{\underset{N}{\bigcirc}}-CHNO-P \begin{matrix} O \\ OR_1 \\ OR_2 \end{matrix}$$

磷酰化酶　　　解磷(PAM)　　　　　胆碱脂酶　　　磷酰PAM

(R_1、R_2为不同的烷基,X为卤族元素)

某些重金属离子(如 Hg^{2+}、Ag^+、Pb^{2+} 等)、有机砷化物及对氯汞苯甲酸、路易斯毒气($CHCl=CH—AsCl_2$)等,能与酶分子的巯基基团进行不可逆共价结合,许多以巯基作为必需基团的酶(称为巯基酶)会因此而被抑制,使人畜中毒死亡。此类中毒在临床上可用二巯丙醇(BAL)或二巯丁二酸钠等含巯基的化合物解毒,恢复酶的活性。

$$酶\begin{matrix}SH\\SH\end{matrix} + Pb^{2+}(Hg^{2+} \text{或} Cu^{2+}) \longrightarrow 酶\begin{matrix}S\\S\end{matrix}Pb(\text{或}Hg \cdot Cu)+2H^+$$

$$酶\begin{matrix}SH\\SH\end{matrix} + \begin{matrix}Cl\\Cl\end{matrix}As-CH=CH-Cl \longrightarrow 酶\begin{matrix}S\\S\end{matrix}As-CH=CH-Cl + 2HCl$$

　　　　　路易斯毒气　　　　　　　　　　失活的巯基酶

$$酶\begin{matrix}S\\S\end{matrix}As-CH=CHCl + \begin{matrix}CH_2OH\\|\\CHSH\\|\\CH_2SH\end{matrix} \longrightarrow 酶\begin{matrix}SH\\SH\end{matrix} + \begin{matrix}CH_2\\|\\CH\\|\\CH_2OH\end{matrix}AsCH=CHCl$$

　　　　　　　　　　　　BAL

第6节 酶与医学的关系

一、酶与疾病的发生

有些疾病的发病机制直接或间接地与酶的质或量的异常相关。先天性代谢的缺陷多数由酶的先天性或遗传性缺陷导致。例如,酪氨酸酶缺乏引起白化病,苯丙氨酸羟化酶缺乏使苯丙氨酸和苯丙酮酸在体内堆积,导致精神幼稚化。

激素代谢障碍或维生素缺乏可引起某些酶的异常,酶活性受到抑制多见于中毒性疾病。

苯丙酮尿症

苯丙酮尿症(PKU)是一种常见的氨基酸代谢病,是由于苯丙氨酸(PA)代谢途径中的酶缺陷,使得苯丙氨酸不能转变成为酪氨酸,导致苯丙氨酸及其酮酸蓄积,并从尿中大量排出。临床表现有:①生长发育迟缓。除躯体生长发育迟缓外,主要表现在智力发育迟缓。表现在智商低于同龄正常婴儿,出生后8~9个月即可出现。重型者智商低于50,语言发育障碍尤为明显,这些表现提示大脑发育障碍。②神经精神表现。脑萎缩引起小脑畸形,反复发作的抽搐,但随年龄增大而减轻。肌张力增高,反射亢进。常有兴奋不安、多动和异常行为。③皮肤毛发表现。皮肤常干燥,易有湿疹和皮肤划痕症。由于酪氨酸酶受抑,使黑色素合成减少故患儿毛发色淡而呈棕色。④其他。由于苯丙氨酸羟化酶缺乏,苯丙氨酸从另一通路产生苯乳酸和苯乙酸增多,从汗液和尿中排出而有霉臭味(或鼠气味)。

二、酶与疾病的诊断

许多组织器官的疾病能够表现为血液等体液中一些酶活性的异常。主要原因有某些组织器官受到损伤造成细胞破坏或细胞通透性增高,某些胞内酶可大量释放进入血液;细胞的转换率增高或细胞的增殖加快,标志酶可释放进入血液;酶的合成或诱导增强;酶的清除受阻也能引起血清酶的活性增高。

临床上常通过测定血中某些酶的活性来协助诊断一些疾病,某些组织器官受到损伤造成细胞破坏或细胞膜通透性增高时,细胞内的酶可大量释放入血液。如急性胰腺炎时血清和尿中淀粉酶活性升高,急性肝炎或心肌炎时血清转氨酶活性升高。

三、酶与疾病的治疗

许多药物能够通过抑制生物体内的某些酶来达到治疗目的,凡能抑制细菌中重要代谢途径中的酶活性,便可达到抑菌目的,磺胺类药物是细菌二氢叶酸合成酶的竞争性抑制剂,氯霉素可抑制某些细菌转肽酶的活性从而抑制其蛋白质的合成。人们试图通过阻断相应的酶活性,以达到遏制肿瘤生长的目的,如甲氨蝶呤、5-氟尿嘧啶、6-巯基嘌呤等,都是核酸代谢途径中相关酶的竞争性抑制剂。

四、酶作为试剂用于临床检验和科学研究

酶法分析即酶偶联测定法是利用酶作为分析试剂,对一些酶的活性、底物浓度、激活剂、抑制剂等进行定量分析的一种方法。此法灵敏、准确、方便、迅速,已广泛地应用于临床检验和科学研究等各领域。其原理是利用一些酶的底物或产物可以直接简便地检测,将该酶偶联到待测的酶促反应体系中,将本来不易直接测定的反应转化为可以直接检测的系列反应。

除上述酶偶联测定法外,人们利用酶具有高度特异性的特点,将酶作为工具,在分子水平

上对某些生物大分子进行定向的分割与连接,进行科学研究。最典型的例子是基因工程中应用的各种限制性核酸内切酶、连接酶等。酶也可以代替同位素与某些物质相结合。

实验二　酶的专一性及影响酶促反应的因素

(一) 实验目的

1. 掌握　酶的专一性及其测定方法。
2. 熟悉　影响酶促反应的因素的测定方法。
3. 了解　影响酶促反应的各种因素。

通过本实验,证明酶对底物催化的专一性,以及pH、温度、激活剂、抑制剂对酶促反应速度的影响。

(二) 实验原理

唾液淀粉酶能专一地催化淀粉水解,生成一系列水解产物,即糊精、麦芽糖、葡萄糖等。麦芽糖或葡萄糖都属于还原糖,能使班氏试剂中的二价铜离子还原成亚铜,并生成砖红色的氧化亚铜。淀粉酶不能催化蔗糖水解,且蔗糖本身不是还原糖,所以不能与班氏试剂作用呈色。以此证明酶催化底物的专一性。

淀粉或淀粉的水解产物遇碘会呈现不同的颜色:淀粉遇碘变蓝色;糊精遇碘则根据其分子量的大小依次呈现紫色、褐色、红色;而麦芽糖、葡萄糖遇碘不呈色。通过颜色变化可以了解淀粉的水解程度,以观察pH、温度、激活剂、抑制剂对酶促反应速度的影响。

(三) 实验材料及方法

1. 实验材料　试管、试管夹、样品杯、滴瓶、温度计、恒温水浴箱、冰箱等。

(1) 1%淀粉溶液:称取可溶性淀粉1g,加5ml蒸馏水调成糊状,徐徐倒入80ml煮沸的蒸馏水中,不断搅拌,待其溶解后,加蒸馏水至100ml。此液应新鲜配制,防止细菌污染。

(2) 1%蔗糖溶液:称1g蔗糖,加蒸馏水至100ml溶解。

(3) pH6.8缓冲液:取0.2mol/L磷酸氢二钠溶液154.5ml,0.1mol/L柠檬酸溶液45.5ml混合即可。

(4) pH4.8缓冲液:取0.2mol/L磷酸氢二钠溶液98.6ml,0.1mol/L柠檬酸溶液101.4ml混合即可。

(5) pH8.0缓冲液:取0.2mol/L磷酸氢二钠溶液194.5ml,0.1mol/L柠檬酸溶液5.5ml混合即可。

(6) 班氏试剂:溶解结晶硫酸铜17.3g于100ml热的蒸馏水中,冷却后加水至150ml为A液。取枸橼酸钠173g和无水碳酸钠100g,加蒸馏水600ml,加热溶解,冷却后加水至850ml为B液。将A液缓慢倒入B液中,混合即可。

(7) 稀碘液:称取碘1g,碘化钾2g,溶于300ml蒸馏水中。

(8) 0.9% NaCl 溶液。

(9) 0.9% $CuSO_4$ 溶液。

(10) 0.1% Na_2SO_4 溶液。

(11) 稀释唾液:用清水漱口,清除食物残渣。再含蒸馏水30ml作咀嚼运动,2min后将稀释唾液收集于样品杯中备用。

2. 实验方法

(1) 酶的专一性:取两支试管,编号,按表3-3操作。

表 3-3　酶的专一性操作表

加入物(滴)	1号管	2号管
pH6.8 缓冲液	20	20
1%淀粉溶液	10	—
1%蔗糖溶液	—	10
稀释唾液	5	5
将各管混匀,置37℃水浴箱保温10min后取出		
班氏试剂	15	15
将各管混匀,置煮沸水浴箱煮沸3~5min,观察结果		

(2) pH 对酶促反应速度的影响:取三支试管,编号,按表3-4操作。

表 3-4　pH 对酶促反应速度的影响操作表

加入物(滴)	1号管	2号管	3号管
pH4.8 缓冲液	20	—	—
pH6.8 缓冲液	—	20	—
pH8.0 缓冲液	—	—	20
1%淀粉溶液	10	10	10
稀释唾液	5	5	5
将各管混匀,置37℃水浴箱保温5~10min后取出			
稀碘液	1	1	1
观察各管的颜色			

(3) 温度对酶促反应速度的影响:取三支试管,编号,按表3-5操作。

表 3-5　温度对酶促反应速度的影响操作表

加入物(滴)	1号管	2号管	3号管
pH6.8 缓冲液	20	20	20
1%淀粉溶液	10	10	10
将1、2、3号管分别置于0℃、37℃、100℃预温5min			
稀释唾液	5	5	5
继续将1、2、3号管分别置于0℃、37℃、100℃预温5~10min			
稀碘液	1	1	1
观察各管的颜色			

(4) 激活剂、抑制剂对酶促反应速度的影响:取四支试管,编号,按表3-6操作。

表 3-6　激活剂、抑制剂对酶促反应速度的影响操作表

加入物(滴)	1号管	2号管	3号管	4号管
pH6.8 缓冲液	20	20	20	20
蒸馏水	10	—	—	—
0.9% NaCl	—	10	—	—
0.9% $CuSO_4$	—	—	10	—
0.1% Na_2SO_4	—	—	—	10
稀释唾液	5	5	5	5
将各管混匀,置37℃水浴箱保温5~10min后取出				
稀碘液	1	1	1	1
观察各管的颜色				

（四）注意事项

1. 唾液淀粉酶的活性存在个体差异,同时受唾液稀释倍数影响,收集唾液时应事先确定稀释倍数,或收集2~4人的混合唾液。

2. 酶促反应的保温时间,直接影响本实验的效果。根据各实验条件通过预实验,确定最佳保温时间。

（五）思考题

结合本实验说明pH、温度、激活剂、抑制剂对酶促反应速度的影响。

目 标 检 测

一、选择题

A1型题

1. 人类缺乏维生素C时最常见的缺乏病是（　　）
   - A. 夜盲症
   - B. 癞皮病
   - C. 坏血病
   - D. 脚气病
   - E. 软骨病

2. 下列哪一项不是酶促反应的特点（　　）
   - A. 反应速度受温度影响
   - B. 酶的催化效率高
   - C. 酶能加速热力学上不可能进行的化学反应
   - D. 酶活性可调节
   - E. 底物浓度影响反应速度

3. 关于酶的叙述哪一项是正确的（　　）
   - A. 体内所有具有催化活性的物质都是酶
   - B. 所有的酶都含有辅基或辅酶
   - C. 大多数酶的化学本质是蛋白质
   - D. 都具有立体结构特异性
   - E. 酶促反应速度不会被调节

4. 对可逆性抑制剂的描述,哪一项是正确的（　　）
   - A. 使酶变性失活的抑制剂
   - B. 抑制剂与酶是共价键相结合
   - C. 抑制剂与酶是非共价键结合
   - D. 抑制剂与酶结合后用透析等物理方法不能解除
   - E. 所有的抑制剂都是可逆的

5. 下列常见抑制剂中,除哪个外都是不可逆抑制剂（　　）
   - A. 有机磷化合物
   - B. 有机汞化合物
   - C. 有机砷化合物
   - D. 氰化物
   - E. 磺胺类药物

6. 竞争性可逆抑制剂抑制程度与下列哪种因素无关（　　）
   - A. 作用时间
   - B. 抑制剂浓度
   - C. 底物浓度
   - D. 酶与抑制剂亲和力的大小
   - E. 酶与底物亲和力的大小

二、名词解释

1. 酶　2. 酶的活性中心　3. 酶的必需基团
4. 激活剂　5. 抑制剂

三、填空题

1. 酶的化学本质主要是_____,也有少数是RNA,具有催化活性的RNA称为_____。

2. 酶的可逆性抑制分为三种类型,分别是_____、_____和_____。

3. 温度对酶活力的影响有两方面,一方面_____,另一方面_____。

四、简答题

1. 酶与一般催化剂比较有何特点?
2. 何谓酶的专一性?有哪几类?各举一例说明。
3. 酶原激活本质是什么?
4. 影响酶促反应速度的因素有哪些?
5. K_m的意义是什么? K_m的数值说明什么问题?
6. 比较竞争性抑制作用与非竞争性抑制作用的区别。
7. 简述维生素的分类。

（姚　萍）

第 4 章 糖 代 谢

掌握：糖酵解、糖的有氧氧化的概念、细胞定位、反应过程、限速酶和生理意义；糖原合成和糖原分解的概念、限速酶、生理意义；血糖的定义，血糖来源和去路。
熟悉：三羧酸循环的过程和生理意义；糖的生理功能和血糖水平调节。
了解：磷酸戊糖途径、糖异生的概念和生理意义。

第 1 节 概 述

糖的结构通式为$(CH_2O)_n$，又称为碳水化合物，其化学本质是多羟基醛或多羟基酮及其衍生物或多聚物。糖广泛存在于生物界，植物中含量最高，占其干重的85%~95%，人体内含糖量约占干重的2%。糖可分为单糖、寡糖和多糖。单糖包括葡萄糖(glucose，G)、果糖和半乳糖，寡糖包括双糖、三糖和四糖等，其中以双糖为主，如乳糖、麦芽糖和蔗糖，多糖包括植物体内的淀粉、纤维素，动物体内的糖原、糖复合物等。

人体内的糖主要是葡萄糖、糖原及糖复合物，糖在体内的运输形式是葡萄糖，糖的储存形式是糖原。由于其他单糖如果糖、半乳糖等所占比例小，因此，本章重点讨论葡萄糖在体内的代谢。

一、糖的生理功能

考点：糖的生理功能

糖类是人体所需的三大营养物质之一，具有十分重要的生理功能。

(一) 糖是机体主要的能源物质

提供生命活动所需要的能量是糖最主要的生理功能，人体所需能量的50%~70%来自糖的氧化分解。食物中的糖在消化道消化后，主要以葡萄糖的形式吸收利用，葡萄糖能迅速氧化，1mol葡萄糖在体内完全氧化生成CO_2和H_2O，同时释放2 840kJ(679kcal/mol)的能量，其中约34%转化成ATP，用于完成机体各种生理活动，如肌肉收缩、代谢反应、神经活动及信息传递等。

(二) 糖是体内重要的碳源

糖代谢的中间产物可转变成其他含碳化合物，如非必需氨基酸、脂酸、甘油、核苷酸、葡萄糖醛酸等，参与脂肪、蛋白质、核酸等重要物质的合成及生物转化过程。

(三) 糖是人体组织细胞的重要成分

糖是构成组织结构的重要成分，如核糖、脱氧核糖是核酸的组成成分，蛋白聚糖是结缔组织基质和细胞间质等的重要组成成分；糖与蛋白质或脂类结合形成糖蛋白和糖脂是生物膜的重要组成成分，还参与信息传递。

(四) 转变为其他物质

糖在体内可转变成脂肪而储存；转变成某些氨基酸作为蛋白质合成的原料；还可通过某

些代谢途径产生 NADPH、磷酸核糖等其他代谢途径所需的物质；参与构成免疫球蛋白、部分激素、酶、血型物质及绝大部分凝血因子等生理功能物质。

纤维素——第七营养素

医学证明，食物纤维素是继碳水化合物、脂肪、蛋白质、矿物质、维生素和水六大营养素之后的"第七营养素"，纤维素是维护人体健康必需的营养成分。纤维素属于多糖，由葡萄糖通过 β-1,4-糖苷键相连组成。人体肠道无水解 β-1,4-糖苷键的酶，因此不能水解纤维素。每天摄入一定量薯类等粗粮、水果、海带等含纤维素的食物，能促进肠蠕动，加快粪便的排泄，对预防高血糖、高血脂、结肠癌等疾病具有一定作用。

二、糖代谢概况

糖代谢主要是指葡萄糖在体内的代谢，包括糖的分解代谢与糖的合成代谢及其他代谢途径。食物中的糖类（主要是淀粉和双糖）在小肠消化后主要以葡萄糖的形式吸收入血，在不同组织经特定的葡萄糖转运体转运至细胞内进行代谢。

糖的分解代谢途径有3条：①糖酵解途径：缺氧时葡萄糖分解为乳酸，并产生少量能量；②有氧氧化途径：在供氧充足时，葡萄糖彻底氧化生成二氧化碳和水并释放出大量能量；③磷酸戊糖途径：在一些代谢旺盛的组织，葡萄糖经磷酸戊糖途径生成核糖-5-磷酸和 NADPH。

糖的合成代谢包括糖原合成、糖原分解与糖异生，其代谢与血糖水平有关。血糖充足时，肝、肌等组织将葡萄糖合成糖原储存于细胞内；当血糖水平降低时，肝糖原分解为葡萄糖，非糖物质也可经糖异生作用补充血糖。

此外，在某些细胞，葡萄糖还存在其他代谢途径：如糖醛酸途径、多元醇途径、2,3-二磷酸甘油酸旁路等。

糖代谢概况见图 4-1。

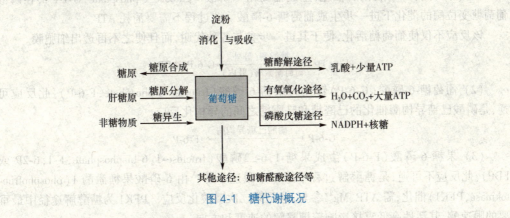

图 4-1　糖代谢概况

第 2 节　糖的分解代谢

一分子葡萄糖在细胞质中可裂解为两分子丙酮酸，是葡萄糖无氧氧化和有氧氧化的共同起始途径，称为糖酵解（glycolysis）。在不能利用氧气或氧气供应不足的部位，人体将丙酮酸在细胞质中还原成乳酸，称为乳酸发酵；在某些植物或微生物，丙酮酸可转变为乙醇和二氧化碳，称为乙醇发酵；氧气供应充足的部位，丙酮酸主要进入线粒体彻底氧化成二氧化碳和水，称为糖的有氧氧化。

考点：糖酵解的概念、细胞定位、反应过程、限速酶和生理意义

一、糖的无氧氧化

葡萄糖或糖原在无氧或缺氧的情况下，分解为乳酸和少量 ATP 的过程称为糖的无氧氧化。此过程与酵母中糖生醇发酵过程相似，故又称为糖酵解。全身各组织细胞均可进行糖的无氧氧化，尤其是皮肤、肌肉组织、红细胞等部位特别旺盛。

（一）糖无氧氧化的两个阶段

根据糖酵解的反应特点，可将其反应过程分为两个阶段。第一阶段为葡萄糖或糖原生成 2 分子丙酮酸；第二阶段为丙酮酸在无氧条件下还原为乳酸，整个反应过程都在细胞液中进行。糖无氧氧化的两个阶段见图 4-2。

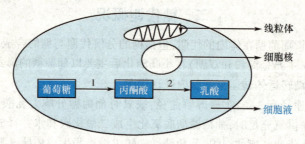

图 4-2　糖无氧氧化的两个阶段

1. **葡萄糖经糖酵解生成 2 分子丙酮酸**　此阶段包括以下 10 步反应。

（1）葡萄糖（G）磷酸化生成葡萄糖-6-磷酸（glucose-6-phosphate，G-6-P）：此反应不可逆，是糖酵解过程中第一个限速步骤。在肝外由己糖激酶（hexokinase，HK）催化，在肝内由葡萄糖激酶催化，由 ATP 提供能量和磷酸基团，葡萄糖磷酸化生成葡萄糖-6-磷酸。

从糖原开始，由磷酸化酶催化，生成葡萄糖-1-磷酸（glucose-1-phosphate，G-1-P），在磷酸葡萄糖变位酶的催化下进一步生成葡萄糖-6-磷酸。此过程不需要消耗 ATP。

该反应不仅使葡萄糖活化，便于其进一步参与各种代谢，而且使之不再透出细胞膜。

$$G+ATP \xrightarrow[\text{葡萄糖激酶（肝内）}]{\text{己糖激酶（肝外）}} G\text{-}6\text{-}P+ADP$$

（2）葡萄糖-6-磷酸（G-6-P）转变为果糖-6-磷酸（fructose-6-phosphate，F-6-P）：此反应可逆，是磷酸己糖异构酶催化的己醛糖和己酮糖之间的异构化反应。

$$G\text{-}6\text{-}P \xleftrightarrow{\text{磷酸己糖异构酶}} F\text{-}6\text{-}P$$

（3）果糖-6-磷酸（F-6-P）生成果糖-1,6-二磷酸（fructose-1,6-bisphosphate，F-1,6-2P 或 FDP）：此反应不可逆，是糖酵解过程中第二个限速步骤。由 6-磷酸果糖激酶 1（phosphofructokinase，PFK1）催化，需 ATP、Mg^{2+} 参与，这是第二次磷酸化反应。PFK1 为糖酵解途径中最重要的限速酶，其活性高低直接影响着糖酵解的速度和方向。

$$F\text{-}6\text{-}P+ATP \xrightarrow{\text{6-磷酸果糖激酶 1}} F\text{-}1,6\text{-}2P+ADP$$

（4）果糖-1,6-二磷酸裂解为两分子磷酸丙糖：此反应可逆，由醛缩酶催化，果糖-1,6-二磷酸裂解生成两个磷酸丙糖分子：即 3-磷酸甘油醛和磷酸二羟丙酮。

$$F\text{-}1,6\text{-}2P \xleftrightarrow{\text{醛缩酶}} 3\text{-磷酸甘油醛}+磷酸二羟丙酮$$

（5）磷酸二羟丙酮转变为 3-磷酸甘油醛：磷酸二羟丙酮和 3-磷酸甘油醛互为同分异构体，在磷酸丙糖异构酶的催化下互相转变。当 3-磷酸甘油醛在糖代谢中氧化分解，磷酸二羟

丙酮迅速转变为3-磷酸甘油醛,继续进行糖酵解。故1分子F-1,6-2P相当于生成了2分子的3-磷酸甘油醛。

$$3\text{-磷酸甘油醛} \underset{}{\overset{\text{磷酸丙糖异构酶}}{\rightleftharpoons}} \text{磷酸二羟丙酮}$$

上述5步反应为耗能阶段,从葡萄糖开始消耗2分子ATP,从糖原开始消耗1分子ATP,之后的5步反应为产能阶段。

(6) 3-磷酸甘油醛氧化生成1,3-二磷酸甘油酸:由3-磷酸甘油醛脱氢酶催化,NAD^+为受氢体,3-磷酸甘油醛的醛基脱氢氧化为羧基,在磷酸存在下,羧基被磷酸化生成含有1个高能磷酸键的1,3-二磷酸甘油酸。这是糖酵解途径中唯一的氧化脱氢反应。

$$3\text{-磷酸甘油醛} + NAD^+ + \text{磷酸} \overset{\text{3-磷酸甘油醛脱氢酶}}{\rightleftharpoons} 1,3\text{-二磷酸甘油酸} + NADH + H^+$$

(7) 1,3-二磷酸甘油酸转变为3-磷酸甘油酸:由磷酸甘油酸激酶催化,1,3-二磷酸甘油酸分子中的高能磷酸键转移给ADP,生成ATP和3-磷酸甘油酸。这是糖酵解过程第一次通过底物水平磷酸化产生ATP的反应。底物水平磷酸化(substrate level phosphorylation)指底物分子中的高能磷酸键直接转移给ADP生成ATP的过程,是体内ATP生成的一种方式。

$$1,3\text{-二磷酸甘油酸} + ADP \overset{\text{磷酸甘油酸激酶}}{\rightleftharpoons} 3\text{-磷酸甘油酸} + ATP$$

(8) 3-磷酸甘油酸转变为2-磷酸甘油酸:由磷酸甘油酸变位酶催化。

$$3\text{-磷酸甘油酸} \overset{\text{磷酸甘油酸变位酶}}{\rightleftharpoons} 2\text{-磷酸甘油酸}$$

(9) 2-磷酸甘油酸脱水生成磷酸烯醇式丙酮酸:2-磷酸甘油酸经烯醇化酶作用脱水,其分子内部能量重新分布,形成含有高能磷酸键的磷酸烯醇式丙酮酸(phosphoenolpyruvate, PEP)。

$$2\text{-磷酸甘油酸} \overset{\text{烯醇化酶}}{\rightleftharpoons} \text{磷酸烯醇式丙酮酸}$$

(10) 磷酸烯醇式丙酮酸生成丙酮酸:此反应不可逆,是糖酵解过程中第三个限速步骤。由丙酮酸激酶(pyruvate kinase, PK)催化,PEP生成不稳定的烯醇式丙酮酸,通过非酶促反应转变为稳定的丙酮酸,同时释放高能磷酸键使ADP生成ATP。这是糖酵解过程中的第二次底物水平磷酸化反应。

$$\text{磷酸烯醇式丙酮酸} + ADP \overset{\text{丙酮酸激酶}}{\longrightarrow} \text{丙酮酸} + ATP$$

上述5步反应中2分子磷酸丙糖经2次底物水平磷酸化转变为2分子丙酮酸,共生成4分子ATP。

2. 丙酮酸还原为乳酸　此反应可逆,在缺氧条件下,乳酸脱氢酶(lactate dehydrogenase, LDH)催化丙酮酸还原成乳酸,所需的2H由$NADH+H^+$提供,后者来自上述第(6)步反应中3-磷酸甘油醛的脱氢反应。乳酸的生成使$NADH+H^+$重新转变为NAD^+,这样使糖酵解在缺氧条件下不断重复进行。

$$\text{丙酮酸} + NADH + H^+ \overset{\text{LDH}}{\rightleftharpoons} \text{乳酸} + NAD^+$$

糖无氧氧化的全部反应过程见图4-3。

(二) 糖酵解反应的特点

(1) 糖酵解反应部位:胞液;反应条件:无氧;反应终产物:乳酸。

(2) 1分子葡萄糖经糖酵解可生成2分子丙酮酸,经两次底物水平磷酸化,产生4分子ATP,减去消耗的2分子ATP,净生成2分子ATP;糖原中的1个葡萄糖单位,经酵解净生成3分子ATP。

(3) 糖酵解的3个关键酶是己糖激酶(葡萄糖激酶)、6-磷酸果糖激酶1、丙酮酸激酶,这3个酶催化的反应不可逆,其活性高低可直接影响糖酵解的速度和方向。

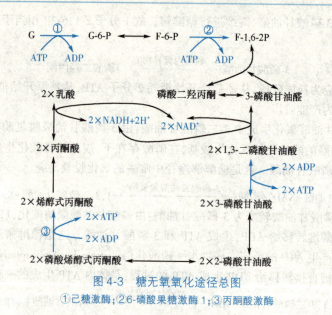

图 4-3 糖无氧氧化途径总图
①己糖激酶；②6-磷酸果糖激酶 1；③丙酮酸激酶

（4）红细胞中的糖酵解存在 2,3-二磷酸甘油酸支路。在红细胞中，1,3-二磷酸甘油酸除可生成 3-磷酸甘油酸外，另一代谢去向是通过磷酸甘油酸变位酶的催化，生成 2,3-二磷酸甘油酸(2,3-bisphosphoglycerate,2,3-BPG)，进而在 2,3-二磷酸甘油酸磷酸酶催化下再生成 3-磷酸甘油酸。此代谢通路称为 2,3-BPG 支路。红细胞内 2,3-BPG 虽然也可提供能量，但主要作用是调节血红蛋白的运氧功能。

（三）糖无氧氧化的生理意义

（1）糖酵解最主要的生理意义在于机体缺氧/供氧不足时迅速提供能量，尤其对心肌和骨骼肌更为重要。在某些病理情况下，如严重贫血、大量失血等长时间缺氧，糖酵解过度，可造成乳酸堆积，发生代谢性酸中毒。

链 接

剧烈运动时为何肌肉酸痛？

肌组织内 ATP 含量很低，仅为 $5\sim7\mu mol/g$ 新鲜组织，当肌收缩时，几秒即可耗竭。此时即使不缺氧，通过葡萄糖的有氧氧化供能时间较长，来不及满足肌肉收缩的需要，而通过糖酵解则可迅速得到 ATP。因此长时间剧烈运动时，肌组织处于相对缺氧状态，糖酵解加强，乳酸产生增多，刺激神经导致酸痛。

（2）成熟的红细胞没有线粒体，不能进行有氧氧化，只能通过糖的无氧氧化提供能量。

（3）糖的无氧氧化是某些组织细胞的主要供能途径，如神经细胞、骨髓、白细胞、肿瘤组织等代谢极为活跃，即使不缺氧，也常由糖酵解提供部分能量。

考点：糖有氧氧化的概念、细胞定位、反应过程、限速酶和生理意义

二、糖的有氧氧化

葡萄糖或糖原在有氧条件下彻底氧化为水和二氧化碳同时释放大量能量的过程，称为糖的有氧氧化(aerobic oxidation)。有氧氧化是糖氧化产能的主要方式，体内大多数组织细胞都能通过此途径获得能量。糖酵解产生的乳酸在有氧时可转变为丙酮酸进行有氧氧化。

（一）有氧氧化的三个阶段

糖的有氧氧化过程可分为三个阶段：第一阶段为葡萄糖或糖原经糖酵解途径转变为丙酮

酸;第二阶段为丙酮酸从细胞液进入线粒体氧化脱羧生成乙酰 CoA;第三阶段为乙酰 CoA 经三羧酸循环和氧化磷酸化,彻底氧化生成 CO_2、H_2O 和 ATP。

糖有氧氧化的三个阶段见图 4-4。

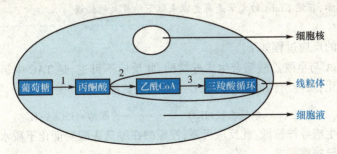

图 4-4　糖有氧氧化的三个阶段

1. **葡萄糖经糖酵解生成丙酮酸**　此反应过程同糖酵解的第一阶段相同,区别在于有氧条件下,3-磷酸甘油醛脱氢产生的 $NADH+H^+$ 进入线粒体,经呼吸链传递给氧生成水,同时释放能量生成 ATP,称为氧化磷酸化。

2. **丙酮酸进入线粒体氧化脱羧生成乙酰 CoA**　此反应不可逆,在细胞液中生成的丙酮酸进入线粒体,经丙酮酸脱氢酶复合体催化脱氢脱羧,并与辅酶 A(CoA)结合生成乙酰 CoA。

$$丙酮酸 + CoA \xrightarrow{丙酮酸脱氢酶复合体} 乙酰\ CoA + CO_2$$

丙酮酸脱氢酶复合体是一个多酶复合体,由 3 种酶、5 种辅助因子和 5 种维生素组成(表 4-1)。在整个反应过程中,中间产物并不离开酶复合体,使反应得以迅速完成。

表 4-1　丙酮酸脱氢酶复合体的组成

酶	辅酶	所含维生素
丙酮酸脱氢酶	TPP	维生素 B_1
二氢硫辛酸乙酰转移酶	二氢硫辛酸 HSCoA	硫辛酸　泛酸
二氢硫辛酸脱氢酶	FAD　NAD^+	维生素 B_2　维生素 PP

 链　接

维生素缺乏会引起糖代谢障碍

丙酮酸脱氢酶系的辅助因子中含有多种维生素,当这些维生素缺乏时,则可引起糖代谢障碍。如维生素 B_1 缺乏时,体内 TPP 不足,丙酮酸氧化脱羧受阻,能量生成减少;丙酮酸及乳酸的堆积则可引起多发性末梢性神经炎(脚气病)。

3. **乙酰 CoA 进入三羧酸循环以及氧化磷酸化生产 ATP**　三羧酸循环(tri-carboxylic acid cycle,TAC)是线粒体内一系列酶促反应构成的循环反应体系,由 Krebs 提出,故又称 Krebs 循环。

TAC 是从乙酰 CoA 和草酰乙酸缩合成含有 3 个羧基的柠檬酸开始,经过 4 次脱氢和 2 次脱羧反应后,重新生成草酰乙酸,再进入下一轮循环,故称为三羧酸循环或柠檬酸循环。

 链　接

Krebs 在代谢研究中的重大发现

H. A. Krebs(1900—1981),内科医生,生物化学家。Krebs 对物质代谢的研究有两个重大发现——柠檬酸循环(三羧酸循环)和尿素循环。其中,三羧酸循环是物质代谢的枢纽,其发现还有个有趣的小故事。

1937 年,Krebs 通过实验发现:一系列有机二羧酸和三羧酸以循环方式存在,可能是肌组织中碳水

化合物氧化的主要途径。他将这一重大发现投稿至 *Nature* 杂志,结果被拒稿,于是改投 *Enzymologia*,两个月后发表。Krebs 因同时发现这两大重要循环,于 1953 年获得诺贝尔生理学奖或医学奖。

后来,他经常用这段拒稿经历鼓励青年学者要坚持自己的学术观点。1988 年,Krebs 逝世 7 年后,*Nature* 杂志公开表示,拒绝 Krebs 的文章是有史以来犯下的最大的错误。

三羧酸循环的反应过程如下。

(1) 乙酰 CoA 与草酰乙酸缩合生成柠檬酸:此反应不可逆,是 TAC 中第一步限速步骤。由柠檬酸合酶催化,反应所需能量由乙酰 CoA 的高能硫酯键水解提供。

$$乙酰\ CoA+草酰乙酸+H_2O \xrightarrow{柠檬酸合酶} 柠檬酸+HSCoA+H^+$$

(2) 柠檬酸生成异柠檬酸:此反应可逆,柠檬酸在顺乌头酸酶催化下脱水生成顺乌头酸,后者再加水生成异柠檬酸。

$$柠檬酸 \xleftrightarrow{顺乌头酸酶} 异柠檬酸$$

(3) 异柠檬酸氧化脱羧生成 α-酮戊二酸:此反应不可逆,是 TAC 中第二步限速步骤。由异柠檬酸脱氢酶催化,异柠檬酸脱氢脱羧生成 α-酮戊二酸,脱下的氢由 NAD^+ 接受。

$$异柠檬酸+NAD^+ \xrightarrow{异柠檬酸脱氢酶} \alpha\text{-}酮戊二酸+NADH+H^++CO_2$$

(4) α-酮戊二酸氧化脱羧生成琥珀酰 CoA:此反应不可逆,是 TAC 中第三步限速步骤。由 α-酮戊二酸脱氢酶复合体催化,α-酮戊二酸经过脱氢、脱羧生成含高能硫酯键的琥珀酰 CoA。其反应过程和机制与丙酮酸氧化脱羧反应类似。

$$NAD^++HSCoA+\alpha\text{-}酮戊二酸 \xrightarrow{\alpha\text{-}酮戊二酸脱氢酶复合体} 琥珀酰\ CoA+NADH+H^++CO_2$$

(5) 琥珀酰 CoA 生成琥珀酸:此步由琥珀酰 CoA 硫激酶催化,此反应是三羧酸循环中唯一以底物水平磷酸化方式生成 ATP 的反应。高能硫酯键的能量转移给 GDP 生成 GTP,后者使 ADP 生成 ATP。

$$琥珀酰\ CoA+GDP+Pi \xleftrightarrow{琥珀酰\ CoA\ 硫激酶} 琥珀酸+GTP+HSCoA$$

(6) 琥珀酸脱氢生成延胡索酸:此步由琥珀酸脱氢酶催化,脱下的氢由 FAD 传递。

$$琥珀酸+FAD \xleftrightarrow{琥珀酸脱氢酶} 延胡索酸+FADH_2$$

(7) 延胡索酸加水生成苹果酸:此步由延胡索酸酶催化。

$$延胡索酸+水 \xrightarrow{延胡索酸酶} 苹果酸$$

(8) 苹果酸脱氢生成草酰乙酸:此步由苹果酸脱氢酶催化,脱下的氢由 NAD^+ 传递,生成的草酰乙酸可再次进入 TAC。

$$苹果酸+NAD^+ \xrightarrow{苹果酸脱氢酶} 草酰乙酸+NADH+H^+$$

糖有氧氧化总过程见图 4-5。

(二) 三羧酸循环的特点

(1) 反应部位:线粒体;反应条件:有氧;反应终产物:CO_2、H_2O 和 ATP;目的:氧化乙酰 CoA,释放 ATP。

(2) 1 分子乙酰 CoA 进入 TAC 共生成 10 分子 ATP,有 4 次脱氢,2 次脱羧,共生成 2 分子 CO_2,3 分子 $NADH+H^+$ 和 1 分子 $FADH_2$,进入氧化呼吸链生成 9 分子 ATP,1 次底物水平磷酸化生成 1 分子 ATP。

(3) TAC 是单向反应体系:柠檬酸合成酶、异柠檬酸脱氢酶、α-酮戊二酸脱氢酶复合体是 TAC 过程的限速酶,所催化反应不可逆。

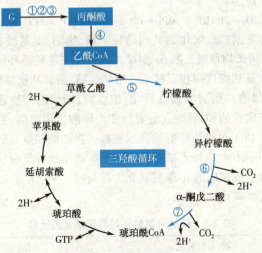

图 4-5 糖有氧氧化总过程

①己糖激酶；②磷酸果糖激酶；③丙酮酸激酶；④丙酮酸脱氢酶复合体；⑤柠檬酸合酶；
⑥异柠檬酸脱氢酶；⑦α-酮戊二酸脱氢酶复合体

(4) TAC 必须不断补充草酰乙酸：草酰乙酸是三羧酸循环的重要启动物质，其主要来自丙酮酸的羧化，也可通过苹果酸脱氢生成。

(5) TAC 与其他代谢途径相联系：如 TAC 中间产物 α-酮戊二酸可转变为谷氨酸、草酰乙酸可转变为天冬氨酸而参与蛋白质合成、琥珀酰辅酶 A 可用于血红素合成等。

(三) 有氧氧化的生理意义

1. 有氧氧化是机体获得能量的主要方式　1 分子葡萄糖经有氧氧化可净生成 30 分子或 32 分子 ATP，是糖酵解产能的 15 倍(或 16 倍)，见表 4-2。

表 4-2　1 分子葡萄糖经有氧氧化生成 ATP 的数目

反应阶段	反应	ATP 数
第一阶段	葡萄糖 → 葡萄糖-6-磷酸	-1
	果糖-6-磷酸 → 果糖-1,6-二磷酸	-1
	3-磷酸甘油醛 × 2 → 1,3-二磷酸甘油酸 × 2	3 或 5*
	1,3-二磷酸甘油酸 × 2 → 3-磷酸甘油酸 × 2	2
	磷酸烯醇式丙酮酸 × 2 → 丙酮酸 × 2	2
第二阶段	丙酮酸 × 2 → 乙酰 CoA × 2	5
第三阶段	异柠檬酸 × 2 → α-酮戊二酸 × 2	5
	α-酮戊二酸 × 2 → 琥珀酰 CoA × 2	5
	琥珀酰 CoA × 2 → 琥珀酸 × 2	2
	琥珀酸 × 2 → 延胡索酸 × 2	3
	苹果酸 × 2 → 草酰乙酸 × 2	5
	由 1 分子葡萄糖净生成	30(或 32)

*产生 ATP 的数目不同取决于 NADH+H^+ 进入线粒体的方式(见生物氧化)。

糖的有氧氧化总反应为：

$$C_6H_{12}O_6 + 30ADP + 30Pi + 6O_2 \rightarrow 30/32ATP + 6CO_2 + 36H_2O$$

2. TAC 是三大营养物质彻底氧化的共同途径 糖、脂肪、氨基酸在体内氧化分解都可产生乙酰 CoA，或 TAC 中间产物草酰乙酸、α-酮戊二酸可经三羧酸循环彻底氧化。

3. TAC 是糖、脂肪、氨基酸代谢相互联系的枢纽 糖、脂肪和氨基酸均可通过三羧酸循环相互转变、相互联系。如糖和脂肪的相互转化：饱食时，糖代谢产物乙酰 CoA 参与脂酸的合成，饥饿时，脂肪分解产成甘油和脂肪酸，前者转变为磷酸二羟丙酮，后者可生产乙酰 CoA，均进入糖代谢；此外，乙酰 CoA 也是胆固醇的合成原料。再如糖和氨基酸的相互转化：糖代谢的中间产物 α-酮戊二酸、丙酮酸、草酰乙酸可分别接受氨基生成谷氨酸、丙氨酸、天冬氨酸，反之这些氨基酸脱氨基又可生成相应的 α-酮酸转化为葡萄糖。

糖的无氧氧化与有氧氧化见表 4-3。

表 4-3 糖的无氧氧化与有氧氧化的比较

	糖的无氧氧化	糖的有氧氧化
反应过程	(1) 葡萄糖→丙酮酸 (2) 丙酮酸→乳酸	(1) 葡萄糖→丙酮酸 (2) 丙酮酸→乙酰 CoA (3) 乙酰 CoA→三羧酸循环
代谢部位	细胞液	细胞液和线粒体
反应条件	无氧	有氧
终产物	乳酸	CO_2 和 H_2O
关键酶	己糖激酶 6-磷酸果糖激酶 丙酮酸激酶	同左三酶，再加丙酮酸脱氢酶复合体、柠檬酸合酶、异柠檬酸脱氢酶、α-酮戊二酸脱氢酶复合体
ATP 生成数	2 分子 ATP	30 或 32 分子 ATP
生成 ATP 的方式	底物水平磷酸化	底物水平磷酸化、氧化磷酸化
主要生理意义	迅速供能，是某些组织细胞的主要供能途径	是机体获得能量的主要方式

三、磷酸戊糖途径

考点： 磷酸戊糖途径的代谢产物，生理意义

磷酸戊糖途径(pentose phosphate pathway)是由葡萄糖-6-磷酸开始，生成具有重要生理功能的核糖-5-磷酸和 NADPH。磷酸戊糖途径是除糖无氧氧化和有氧氧化外的另一条重要途径，在一些代谢较旺盛的组织较活跃，如肝、脂肪组织、泌乳期乳腺、肾上腺皮质、性腺、红细胞等。

(一) 磷酸戊糖途径的两个阶段

磷酸戊糖途径的反应过程可分为以下两个阶段。

1. 磷酸戊糖的生成 为不可逆的氧化反应阶段，1 分子葡萄糖-6-磷酸氧化生成核酮糖-5-磷酸、2 分子 NADPH 和 1 分子 CO_2。核酮糖-5-磷酸由异构酶催化转变为核糖-5-磷酸。

2. 基团转移反应 为可逆的非氧化反应，包括一系列基团转移反应，最终生成糖酵解的中间产物 6-磷酸果糖和 3-磷酸甘油醛。因此磷酸戊糖途径也称磷酸戊糖旁路。

磷酸戊糖途径的总反应可归纳如图 4-6。

(二) 磷酸戊糖途径的特点

(1) 反应部位：细胞液；磷酸戊糖途径无 ATP 生成。

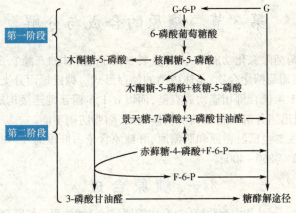

图 4-6 磷酸戊糖途径的总反应

（2）6-磷酸葡萄糖脱氢酶是磷酸戊糖途径中的限速酶。两次脱氢反应均由 $NADP^+$ 作为受氢体，生成 $NADPH+H^+$，一次脱羧生成 1 分子 CO_2。

（3）磷酸戊糖之间的相互转变由相应的异构酶和差向酶催化，这些反应可逆。

（三）磷酸戊糖途径的生理意义

1. 生成核糖-5-磷酸，为核酸合成提供原料　核苷酸的基本组成单位是核糖，核糖由体内磷酸戊糖途径产生，而不依赖于食物摄入。

2. 提供了体内重要供氢体——NADPH，参与多种代谢反应

（1）NADPH 是体内许多合成代谢的供氢体：如胆固醇、脂肪酸、非必需氨基酸等物质的合成，都需要 NADPH 供氢。

（2）NADPH 参与体内羟化反应：如胆固醇转变为胆汁酸、类固醇类激素等生物合成过程中的羟化反应；激素的灭活、药物、毒物等的生物转化过程中的羟化反应。

（3）NADPH 是体内谷胱甘肽（GSH）还原酶的辅酶，可维持还原型 GSH 的正常含量；还原型 GSH 是体内重要的抗氧化剂，保护含巯基的酶和蛋白质免受氧化剂的损害，尤其是对维持红细胞膜完整性和正常生理功能具有重要作用。

葡萄糖-6-磷酸脱氢酶缺陷者，因红细胞不能经磷酸戊糖途径获得足量的 NADPH，不能有效维持 GSH 的还原状态，因而出现红细胞易于破裂，发生溶血性黄疸。患者常在食用蚕豆（强氧化剂）后发病，故称为蚕豆病。

案例 4-1

患儿，男性，1 岁零 8 个月，因血尿 3 天入院。3 天前患儿食新鲜蚕豆后，次日出现发热伴恶心、呕吐，尿液呈浓茶色，面色苍白。

体格检查：体温 38.2℃，脉搏 150 次/分，呼吸 36 次/分，血压 78/60mmHg（1mmHg＝0.133kPa），呼吸急促，神志清晰，精神欠佳，皮肤及巩膜黄染。眼结膜及口唇苍白，心、肺无异常，肝肿大，脾未触及。

实验室检查：红细胞 $1.90\times10^{12}/L$，血红蛋白 52g/L，血清总胆红素 85.1μmol/L，结合胆红素 13.2μmol/L，未结合胆红素 71.6μmol/L，肾功能正常，尿蛋白（++），潜血（+），尿胆红素（-），尿胆素原（+），尿镜下未见红细胞。

问题：1. 该患儿可初步诊断为什么疾病？
　　　2. 请你使用生物化学知识分析该病的发病机制。

第3节 糖原的合成与分解

机体摄入的葡萄糖除氧化功能外,大部分转变为脂肪(甘油三酯),少部分合成糖原。糖原(glycogen)是多聚葡萄糖化合物,是体内糖的储存形式。糖链短而分支多,糖原分子中的 α-葡萄糖单位通过 α-1,4-糖苷键相连构成直链,而以 α-1,6-糖苷键连接构成分支。当机体需要葡萄糖时,糖原可以迅速分解为葡萄糖供机体利用,而脂肪则不能。

人体中的糖原主要包括肝糖原和肌糖原,肝糖原含量占肝重的 6%~8%,70~100g;肌糖原占肌肉总量的 1%~2%,250~400g。

一、糖原合成

考点:糖原合成的概念、限速酶、生理意义

糖原合成(glycogenesis)指由葡萄糖(G)合成糖原(G_{n+1})的过程。糖原合成是把 1 分子葡萄糖(G)转移到较小的糖原(G_n,指含 n 个葡萄糖残基)分子上,使之转变为分子量较大的糖原(G_{n+1},即增加 1 个葡萄糖残基)。糖原合成主要在肝脏和骨骼肌的细胞液中进行,合成过程如下。

(一) 糖原合成反应过程

1. **葡萄糖(G)磷酸化生成葡萄糖-6-磷酸(G-6-P)** 由己糖激酶或葡萄糖激酶催化。

$$G + ATP \xrightarrow[\text{葡萄糖激酶(肝内)}]{\text{己糖激酶(肝外)}} G\text{-}6\text{-}P + ADP$$

2. **葡萄糖-6-磷酸(G-6-P)转变为葡萄糖-1-磷酸(G-1-P)** 由磷酸葡萄糖变位酶催化。

$$G\text{-}6\text{-}P \xrightarrow{\text{磷酸葡萄糖变位酶}} G\text{-}1\text{-}P$$

3. **葡萄糖-1-磷酸(G-1-P)生成尿苷二磷酸葡萄糖(UDPG)** 由 UDPG 焦磷酸化酶催化,尿苷三磷酸(UTP)与葡萄糖-1-磷酸反应生成尿苷二磷酸葡萄糖(UDPG)和焦磷酸(PPi),UDPG 是糖原合成时葡萄糖的活性供体。

$$G\text{-}1\text{-}P + UTP \xrightarrow{\text{UDPG 焦磷酸化酶}} UDPG + PPi$$

4. **合成糖原** UDPG 的葡萄糖基只能与糖原引物相连,不能与游离葡萄糖相连。所谓糖原引物是指细胞内原有的较小的糖原分子。UDPG 的葡萄糖基团在糖原合酶催化下转移到细胞内原有的糖原引物上,以 α-1,4-糖苷键连接,此反应不可逆。每进行一次反应,糖原引物上增加一个葡萄糖残基,使糖原分子不断延长。

$$UDPG + \text{糖原引物} \xrightarrow{\text{糖原合酶}} UDP + \text{糖原}$$

糖原合酶是糖原合成过程的限速酶,只能延长糖链,不能形成分支。当糖链增至 12~18 个葡萄糖基时,分支酶就将末端 6~7 个葡萄糖残基的糖链转移至邻近糖链上,以 α-1,6-糖苷键连接,使合成的糖原链不断产生新的分支。在糖原合酶与分支酶的共同作用下,糖原分子不断增大,分支不断增多。

(二) 糖原合成的特点

(1) 糖原合成需要小分子糖原作为引物。
(2) 糖原合酶为糖原合成的限速酶,其活性受许多因素的调节;分支酶的作用是形成支链。
(3) 糖原合成是耗能过程,在糖原引物上每增加一个葡萄糖单位,需要消耗 2 分子 ATP(葡萄糖磷酸化和 UDPG 的生成)。

(三) 糖原合成的生理意义

糖原合成对于维持血糖浓度具有重要生理意义。当血糖浓度过高时,肌细胞和肝细胞可将葡萄糖合成糖原,防止血糖浓度过高而从尿中排出。

二、糖原分解

糖原分解(glycogenolysis)习惯上指肝糖原分解为葡萄糖的过程。肝糖原能直接分解为葡萄糖,而肌糖原不能直接分解为葡萄糖,主要进行糖酵解。糖原的分解并非是糖原合成的可逆过程。

考点:糖原分解的概念、限速酶、生理意义

(一)糖原分解的反应过程

1. 糖原分解为葡萄糖-1-磷酸(G-1-P) 由磷酸化酶催化。

$$糖原(G_n) \xrightarrow{磷酸化酶} 糖原(G_{n-1}) + G\text{-}1\text{-}P$$

2. 葡萄糖-1-磷酸(G-1-P)转变为葡萄糖-6-磷酸(G-6-P) 由磷酸葡萄糖变位酶催化。

$$G\text{-}1\text{-}P \xleftrightarrow{磷酸葡萄糖变位酶} G\text{-}6\text{-}P$$

3. 葡萄糖-6-磷酸(G-6-P)水解为葡萄糖(G) 由葡萄糖-6-磷酸酶催化6-磷酸葡萄糖水解为葡萄糖。

$$G\text{-}6\text{-}P \xrightarrow{葡萄糖-6-磷酸酶(肝)} G$$

(二)糖原分解的特点

(1)磷酸化酶是糖原分解的限速酶。

(2)肝糖原和肌糖原分解的起始阶段相同,直到生成G-6-P后分道扬镳。

(3)葡萄糖-6-磷酸酶只存在于肝及肾中,肌组织中无此酶,因此在肝内,G-6-P转变为G,以补充血糖,在肌肉中,G-6-P进行糖酵解,为肌肉收缩提供能量。

糖原合成与分解过程见图4-7。

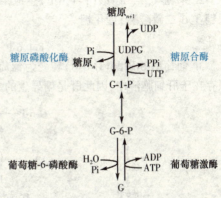

图4-7 糖原合成与分解过程
↓表示糖原分解过程,↑表示糖原合成过程

(三)糖原分解的生理意义

肝糖原是血糖的重要来源,当血糖浓度过低时,肝糖原分解补充血糖,从而有效地维持血糖浓度。肌糖原是肌肉收缩时的能量储备。

三、糖原累积症

糖原累积症(glycogen storage disease)属于遗传性代谢病,由于体内先天性缺乏糖原代谢的酶类,导致某些组织器官中大量糖原堆积。

不同的酶缺陷可导致不同的器官受累,对健康的危害程度也不同。例如,溶酶体的α-葡萄糖苷酶可水解α-1,4-糖苷键和α-1,6-糖苷键,缺乏此酶使所有组织均受损,患者常因心肌受损而猝死。肝糖原磷酸化酶缺陷者,肝糖原沉积导致肝肿大,婴儿仍可成长。葡糖-6-磷酸酶缺陷者,则不能动用肝糖原维持血糖。

第4节 糖 异 生

考点:糖异生的概念、组织细胞定位、限速酶、生理意义

一、糖异生途径

体内糖原储备有限,空腹和饥饿时,若仅靠肝糖原分解10多小时即被耗尽,血糖来源断绝。但事实上即使禁食24小时,血糖仍能保持在正常范围,此时血糖主要来源于非糖物质转

化为葡萄糖或糖原。这种由非糖物质如乳酸、甘油、丙酮酸和生糖氨基酸等生成葡萄糖或糖原的过程称为糖异生(gluconeogenesis)。

糖异生作用的酶主要存在于肝细胞液中,因此肝脏是糖异生的主要器官,其次为肾脏。正常情况下,肾糖异生能力只有肝的1/10,在长期饥饿或酸中毒时,肾糖异生能力增强。

(一) 糖异生途径的反应过程

糖异生途径不完全是糖酵解的逆过程,糖酵解和糖异生的多数过程是可逆的。但糖酵解途径中的三个限速酶催化的反应是不可逆的,其逆反应需要相当大的能量,构成反应"能障"。需由另外一些酶来催化以绕过"能障",才能完成糖异生,即糖异生过程中的限速酶。以丙酮酸为例说明反应过程。

1. 丙酮酸转变成磷酸烯醇式丙酮酸　由丙酮酸羧化酶催化,丙酮酸生成草酰乙酸,然后由磷酸烯醇式丙酮酸羧激酶催化,生成磷酸烯醇式丙酮酸,能量由GTP提供。生成的磷酸烯醇式丙酮酸可继续逆糖无氧酵解直至下一"能障"。

$$\text{丙酮酸} \xrightarrow{\text{丙酮酸羧化酶}} \text{草酰乙酸} \xrightarrow{\text{磷酸烯醇式丙酮酸羧激酶}} \text{磷酸烯醇式丙酮酸}$$

2. 果糖-1,6-二磷酸(F-1,6-P)生成果糖-6-磷酸(F-6-P)　此反应由果糖二磷酸酶(又称果糖-1,6-二磷酸酶)催化糖。

$$\text{F-1,6-P} \xrightarrow{\text{果糖二磷酸酶}} \text{F-6-P}$$

3. 葡萄糖-6-磷酸(G-6-P)转变为葡萄糖(G)　由葡萄糖-6-磷酸酶催化,葡萄糖-6-磷酸酶只存在于肝细胞液中,因此肝是糖异生的主要器官。

$$\text{G-6-P} \xrightarrow{\text{葡萄糖-6-磷酸酶(肝)}} \text{G}$$

糖异生途径见图4-8。

(二) 糖异生途径的特点

1. 糖异生途径的4个关键酶是丙酮酸羧化酶、磷酸烯醇式丙酮酸羧激酶、果糖二磷酸酶、葡萄糖-6-磷酸酶。

2. 肝是糖异生作用的主要器官,当肝功能受损时,人体糖异生作用减弱,血糖降低,肾脏也可进行糖异生作用,其他组织器官不能进行糖异生作用。

二、糖异生途径的生理意义

1. 在空腹或饥饿情况下维持血糖恒定是糖异生最主要的生理意义　对于依赖葡萄糖供能的组织细胞(脑、红细胞等)尤为重要。

2. 糖异生补充肝糖原　糖异生是肝补充或恢复糖原储备的重要途径,这对饥饿后进食更为重要。

3. 糖异生可防止乳酸中毒　乳酸是糖异生的重要原料。剧烈运动时,肌糖原经糖酵解产生大量乳酸,乳酸可经血液运输到肝,通过糖异生作用合成肝糖原或葡萄糖,葡萄糖进入血液又可被肌肉摄取利用,如此形成乳酸循环,又称Cori循环(图4-9)。该循环使乳酸再利用,同时也补充肌肉消耗的糖原,防止了乳酸酸中毒。

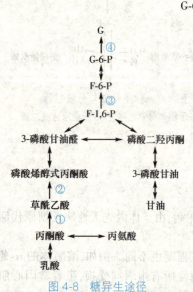

图4-8　糖异生途径
①丙酮酸羧化酶;②磷酸烯醇式丙酮酸羧激酶;③果糖二磷酸酶;④葡萄糖-6-磷酸酶

4. 肾的糖异生有利于调节酸碱平衡　长期饥饿时,肾糖异生作用增强,有利于调节酸碱平衡。由于饥饿产生代谢性酸中毒,使体液pH降低,使糖异生作用增强,使肾小管细胞泌NH_3加

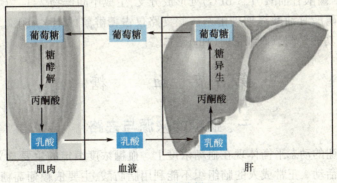

图 4-9　乳酸循环

强,与原尿中的 H^+ 结合,降低原尿 H^+ 浓度,有利于肾排氢保钠,对防止酸中毒有重要意义。

第5节　葡萄糖的其他代谢产物

细胞内葡萄糖除了氧化分解供能、磷酸戊糖途径外,还可生成葡萄糖醛酸、多元醇、2,3-二磷酸甘油酸等代谢产物。

一、糖醛酸途径

糖醛酸途径(glucuronate pathway)在糖代谢中所占比例很小,是指以葡萄糖醛酸为中间产物的葡萄糖代谢途径。首先,葡萄糖-6-磷酸转变为尿苷二磷酸葡萄糖(UDPG),过程同糖原合成。然后由 UDPG 脱氢酶催化,UDPG 氧化生成尿苷二磷酸葡萄糖醛酸(uridine diphosphate glucuronic acid,UDPGA)。后者再转变为木酮糖-5-磷酸,再进入磷酸戊糖途径。糖醛酸途径见图 4-10。

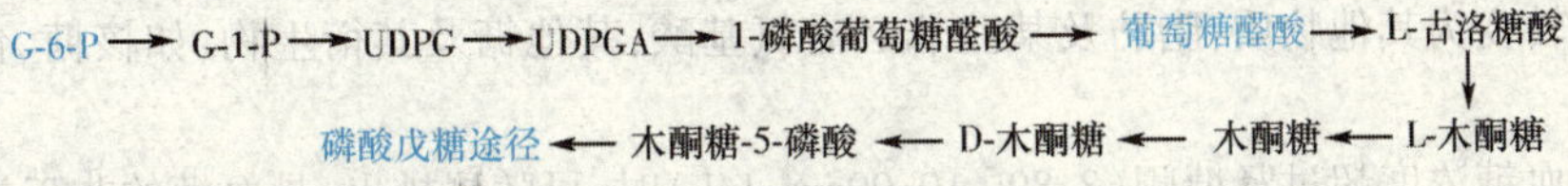

G-6-P → G-1-P → UDPG → UDPGA → 1-磷酸葡萄糖醛酸 → 葡萄糖醛酸 → L-古洛糖酸

磷酸戊糖途径 ← 木酮糖-5-磷酸 ← D-木酮糖 ← 木酮糖 ← L-木酮糖

图 4-10　糖醛酸途径

糖醛酸途径的主要生理意义是生成活化的葡萄糖醛酸——UDPGA,在肝内生物转化过程中参与很多结合反应,如未结合胆红素在肝内与葡萄糖醛酸结合形成结合胆红素。

二、多元醇途径

多元醇途径(polyol pathway)在葡萄糖代谢中所占比例极小,仅限于某些组织,如在肝、脑、肾上腺、眼等,葡萄糖代谢生成一些多元醇,如山梨醇、木糖醇等。

多元醇本身无毒且不易通过细胞膜,具有重要的生理、病理意义。例如,糖尿病患者血糖水平高,透入眼中晶状体的葡萄糖增加从而使山梨醇的生成增多,山梨醇在局部增多使渗透压升高而引起白内障。此外,生精细胞可利用葡萄糖经山梨醇生成果糖,果糖是精子的主要能源,而周围组织主要利用葡萄糖供能,这样就为精子活动提供了充足的能源。

三、2,3-二磷酸甘油酸旁路

红细胞内除糖酵解外,还存在侧支循环——2,3-二磷酸甘油酸旁路(2,3-BPG shunt pathway),即在1,3-二磷酸甘油酸(1,3-BPG)处形成分支,生成中间产物2,3-二磷酸甘油酸(2,3-BPG),再生成3-磷酸甘油酸返回糖酵解。此支路仅占糖酵解的15%~50%。红细胞内2,3-BPG的主要生理功能是调节血红蛋白(Hb)运氧。

第6节 血 糖

一、血糖的来源与去路

考点:血糖的定义、血糖的来源和去路、调节血糖的激素、糖尿病症状

人体内糖代谢的动态平衡体现在血糖浓度上。血糖浓度恒定的主要意义在于维持重要组织细胞的功能活动。正常成人的脑组织不能利用脂肪酸,主要依赖葡萄糖供给能量;红细胞没有线粒体,完全通过糖酵解获得能量;骨髓、神经等组织由于代谢活跃,经常进行糖酵解。因此即使在饥饿情况下,机体也需要消耗一定量的葡萄糖,以维持生命活动。因此血糖浓度的恒定对这些组织细胞非常重要。

血糖(blood sugar)主要是指血液中的葡萄糖。正常人空腹血糖浓度维持在3.89~6.11mmol/L。餐后稍有升高,但2h内便恢复正常,一般不会超过"肾糖阈"(8.89~10.00mmol/L)。血糖浓度的相对恒定依赖其来源与去路的动态平衡,这种平衡需体内多种因素协同作用。

(一)血糖的来源

(1)饱食时,食物中糖的消化吸收是血糖的主要来源。
(2)短期饥饿时,肝糖原分解为葡萄糖,以维持血糖。
(3)长期饥饿时,糖异生作用增强,将大量非糖物质转变为糖,继续维持血糖的正常水平。

(二)血糖的去路

(1)有氧氧化分解,葡萄糖在细胞内氧化分解提供能量,是血糖最主要的去路。
(2)合成糖原储备,在肝和肌组织中合成糖原储存。
(3)转变为其他物质:脂肪及某些非必需氨基酸;其他糖及其衍生物,如核糖、葡萄糖醛酸等。
(4)血糖浓度超过肾糖阈(8.89~10.00mmol/L)时,可随尿排出,是血糖的非正常去路。

当血糖浓度大于8.89~10.00mmol/L,超过肾小管对糖的重吸收能力时形成糖尿,这一血糖水平称为肾糖阈。

血糖的来源与去路见图4-11。

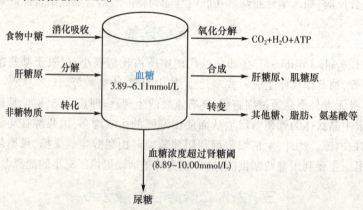

图4-11 血糖的来源与去路

二、血糖水平的调节

正常情况下,在神经、激素和组织器官的共同调节下,血糖来源与去路保持动态平衡,血糖浓度相对恒定。

(一) 器官的调节作用

肝脏、肾脏、肌肉和肠道等均能够调节血糖的浓度,其中,肝脏是调节血糖浓度的主要器官,可通过肝糖原合成、肝糖原分解和糖异生作用调节血糖浓度。因此,肝功能受损时,出现餐前一过性低血糖,餐后一过性高血糖。

(二) 激素的调节作用

血糖的来去平衡主要是激素的调控结果。它们通过调节各种酶的活性,使各代谢途径协调,共同维持血糖浓度的恒定。

对血糖起调节作用的激素有以下两类。

1. 降低血糖的激素　胰岛素(insulin)是体内唯一降低血糖的激素,主要通过减少血糖的来源和增加血糖的去路来降低血糖。

2. 升高血糖的激素　体内多数激素均具有升高血糖的作用,如胰高血糖素、肾上腺素、糖皮质激素、生长激素和甲状腺激素等,主要通过增加血糖的来源,减少血糖的去路来升高血糖。

两类不同作用的激素相互协调,共同调节血糖的正常水平(表4-4)。其中胰岛素和胰高血糖素是调节血糖最主要的两种激素。

表4-4　激素对血糖水平的调节

降低血糖的激素		升高血糖的激素	
胰岛素	1. 促进葡萄糖进入肌肉、脂肪等组织细胞	胰高血糖素	1. 抑制肝糖原合成,促进肝糖原分解
	2. 加速葡萄糖合成糖原		2. 促进糖异生作用
	3. 促进糖的有氧氧化	肾上腺素	1. 促进肝糖原分解
	4. 促进糖转变为脂肪		2. 促进肌糖原酵解
	5. 抑制糖异生作用		3. 促进糖异生作用
		糖皮质激素	1. 促进糖异生作用
			2. 促进肝外组织蛋白质分解,生成氨基酸

(三) 神经系统的调节作用

神经系统对血糖的调节属于整体调节。神经系统通过调节激素的分泌量,从而影响各代谢中酶的活性来调节血糖水平。例如,情绪激动时,交感神经兴奋,肾上腺素分泌增加,促进肝糖原分解、肌糖原酵解和糖异生作用,使血糖升高;当处于静息状态时,迷走神经兴奋,使胰岛素分泌增加,血糖水平降低。

案例 4-2

患者,男性,57岁,两个月前开始口渴多饮,每日饮水量达3600ml,食量增加,多尿、无尿急、尿痛。近半个月上述症状加重,并出现乏力、体质消瘦,神志清楚。

体格检查:体温36.8℃,脉搏90次/分,呼吸22次/分,血压120/80mmHg,心、肺无异常。

实验室检查:尿常规,糖(+),酮体(-),蛋白质(-),尿相对比重1.030。空腹血糖7.2mmol/L。

问题:1. 初步考虑该患者为何种疾病?其诊断依据是什么?

2. 出现糖尿病典型症状的机制是什么?

三、糖代谢异常

多种原因如肝肾功能障碍、内分泌失调、神经系统疾患等均能影响体内糖代谢正常进行，引起高血糖或低血糖。其中，糖代谢紊乱最常见的是糖尿病。

（一）高血糖

空腹血糖浓度高于7.1mmol/L称为高血糖（hyperglycemia）。如血糖浓度过高，超过"肾糖阈"则出现糖尿。引起高血糖和糖尿的原因分为生理性和病理性两大类。

1. 生理性高血糖　一方面情绪激动使交感神经兴奋，肾上腺素分泌增加，均可引起一过性高血糖，甚至糖尿；另一方面一次进食大量的糖或临床上静脉注射葡萄糖速度过快，也可使血糖迅速升高并出现糖尿。

2. 病理性高血糖　在病理情况下，胰岛素分泌障碍或升高血糖的激素分泌亢进均可导致高血糖，以至出现糖尿。临床上最常见的高血糖症是糖尿病。此外，一些内分泌疾病如甲状腺功能亢进、肾上腺皮质功能及髓质功能亢进、腺垂体功能亢进；胰腺肿瘤如胰岛α细胞瘤；颅内压增高；脱水等均可导致血糖增高。

糖尿病（diabetes mellitus）是由于胰岛素分泌不足或作用低下引起的一组代谢性疾病，临床特点是高血糖，典型临床表现为"三多一少"，即多饮、多食、多尿及体重减轻，严重者还出现酮血症和酸中毒、糖尿病视网膜病变、糖尿病肾病等并发症。

 链　接

糖尿病分型

临床上糖尿病分为4型：胰岛素依赖型（1型糖尿病）、非胰岛素依赖型（2型糖尿病）、妊娠糖尿病和特殊类型糖尿病。临床上常见的有1型糖尿病和2型糖尿病。1型糖尿病多发生于青少年，由于自身免疫破坏了胰岛β细胞，引起胰岛素分泌不足所致。2型糖尿病常在40岁以后发病，患者血液中胰岛素水平正常甚至高于正常，主要是由于胰岛素受体缺乏或胰岛素抵抗。

（二）低血糖

对于健康人群，血糖浓度低于2.8mmol/L称为低血糖（hypoglycemia）。引起低血糖的主要原因有：长期饥饿使糖摄入不足或吸收不良；严重肝脏疾病；胰岛β细胞增生或肿瘤；腺垂体功能减退、肾上腺皮质功能减退等内分泌疾病；临床治疗时使用胰岛素过量等。

脑组织主要依靠葡萄糖供能，因此对低血糖非常敏感，当血糖浓度过低时会出现头晕、心悸、饥饿感及出冷汗等症状。血糖浓度继续下降，会严重影响大脑的功能，出现昏迷、抽搐，称为"低血糖昏迷"或"低血糖休克"。如及时给患者静脉注射葡萄糖液，症状会得到缓解。

实验三　血　糖　测　定

一、葡萄糖氧化酶电极测量法

（一）实验目的

1. 了解电流法测定血糖的原理和临床意义。
2. 能正确进行血糖测定的操作。

（二）实验原理

$$葡萄糖 + O_2 + H_2O \xrightarrow{葡萄糖氧化酶} 葡萄糖酸 + H_2O_2$$

$$H_2O_2 + 亚铁氰化钾 \longrightarrow 铁氰化钾 + H_2O + e$$

通过血液中的葡萄糖与试纸中的葡萄糖氧化酶反应产生的电流量测量血糖。

（三）实验材料及方法

1. 实验材料　血糖仪、采血笔、采血针、75%乙醇溶液、废纸杯。
2. 实验方法
（1）打开电源：一部分是直接按电源开机，一部分直接插试纸自动开机。
（2）插入试纸调校正码：手动输入试纸校正码如强生血糖仪；用密码芯片插入机器自动记录试纸校正码，如罗氏活力型血糖仪。显示屏上出现滴血符号后方可滴入适量血液。
（3）准备采血笔和采血针：安装采血针，并将采血笔调到合适刻度，刻度1～5表示采血深度不等，1最浅，5最深，一般调至3。
（4）消毒采血：75%乙醇溶液消毒左手无名指，由内向外消毒2次，待乙醇挥发，用随血糖仪配好的采血笔直接采血，擦去第一滴血，采取第二滴血。
（5）虹吸加样：将完整的一滴血靠近试纸吸血区直接吸进。
（6）显示结果：吸血之后，呈现倒计时，显示测试结果。时间5～30s。
（7）关机：弃去采血针和试纸条，关机。
（8）记录检测结果　血糖测定结果样表（表4-5）。

表4-5　血糖测定结果

采血日期	试纸批号	标本类型	血糖测定结果(mmol/L)	是否正常

注：标本类型：空腹血糖、随机血糖、餐后2h血糖。

（四）临床意义

1. 生理性高血糖　见于饭后1～2h；摄入高糖饮食或注射葡萄糖后，或精神紧张、交感神经兴奋、肾上腺素分泌增加时。
2. 生理性低血糖　见于饥饿或剧烈运动、注射胰岛素或口服降血糖药过量。
3. 病理性高血糖
（1）各型糖尿病，包括1型、2型、妊娠型和特殊类型糖尿病。病理性高血糖常见于胰岛素绝对或相对不足的糖尿病患者。
（2）对抗胰岛素的激素分泌过多：如甲状腺功能亢进、肾上腺皮质功能及髓质功能亢进、腺垂体功能亢进、胰岛α细胞瘤等。
（3）颅内压增高：颅内压增高（如颅外伤、颅内出血、脑膜炎等）刺激血糖中枢，出现高血糖。
（4）脱水引起的高血糖：如呕吐、腹泻和高热等也可使血糖轻度增高。
4. 病理性低血糖
（1）胰岛素分泌过多：由胰岛β细胞增生或胰岛β细胞瘤等引起。
（2）对抗胰岛素的激素分泌不足：如腺垂体功能减退使生长激素分泌减少、肾上腺皮质功能减退使肾上腺皮质激素分泌不足、甲状腺功能减退使甲状腺激素分泌不足等。

(3) 严重肝病:肝脏储存糖原及糖原异生功能下降,肝脏不能有效地调节血糖。

(五) 注意事项

1. 每台仪器与其相对应的试纸条配套使用,测试前应核对、调整血糖仪显示的代码与试纸条包装盒上的代码相一致。

2. 试纸条保存要求:干燥、阴凉、避光、密封。

3. 试纸条保证在有效期内使用。试纸从容器中取出后要在 5min 之内使用完毕,否则因试纸受潮而测量不准的可能性更大。

4. 氧化性物质会干扰实验结果:如不能用碘伏消毒。

5. 操作者的手指不要接触到试纸的检测区。

6. 75% 乙醇溶液消毒采血部位,待干后进行皮肤穿刺;如果乙醇未干,不仅增加疼痛感,而且乙醇能与试纸条上的化学物质发生反应,影响检测结果。

7. 弃去第一滴血液。

8. 采血量适中,形成完整一滴时通过虹吸作用吸入,如血滴过小,未覆盖检测区,使检测结果偏低,血滴过大,溢出测定区。

9. 血滴必须完全吸入试纸条测试区,必要时检查测试条的颜色变化,观看滴血量是否合适。

10. 不要再滴加第二滴血。

【附】 血糖参考范围及医学决定水平

1. 血糖参考范围

空腹血糖:3.9~6.1mmol/L;

餐后 2h 血糖:3.9~7.8 mmol/L;

随机血糖:≤11.1mmol/L。

2. 血糖医学决定水平(表 4-6)

表 4-6 血糖医学决定水平

	血糖浓度(mmol/L)	临床意义
空腹血糖浓度	6.1~7.00	空腹血糖受损
	≥7.0	糖尿病诊断标准
餐后 2h 血糖浓度	7.8~11.1	糖耐量减退
	≥11.1	糖尿病诊断标准
随机血糖浓度	≥11.1	糖尿病诊断标准
	≥33.3	糖尿病非酮症高渗综合征
	≤2.8	考虑低血糖症

二、葡萄糖氧化酶-过氧化物酶法

(一) 实验目的

1. 掌握葡萄糖氧化酶-过氧化物酶法测定血糖的原理和方法。

2. 学会移液器及紫外可见分光光度计的使用。

(二) 实验原理

葡萄糖氧化酶(GOD)催化葡萄糖氧化生成葡萄糖酸和 H_2O_2,H_2O_2 在过氧化物酶(POD)催化下,将无色的色原 4-氨基安替比林和苯酚氧化缩合生成红色的醌类化合物。其颜色深浅在一定范围内与葡萄糖的含量成正比,与同样处理的标准管比较,即可求得标本中葡萄糖浓度。其反应式如下：

$$葡萄糖 + O_2 + H_2O \xrightarrow{GOD} 葡萄糖酸 + H_2O_2$$

$$H_2O_2 + 4\text{-氨基安替比林} + 苯酚 \xrightarrow{POD} 红色醌类化合物$$

（三）实验材料及方法

1. 实验材料

（1）器材：试管、移液器、移液管、紫外可见分光光度计、恒温水浴锅、无菌采血管、75%乙醇溶液、低速离心机。

（2）试剂

1）0.1mol/L pH7.0 磷酸盐缓冲液：取无水磷酸氢二钠 8.67g，无水磷酸二氢钾 5.3g 溶解于约 800ml 蒸馏水中，用 1mol/L 氢氧化钠或盐酸调 pH 至 7.0，然后，用蒸馏水稀释至 1L。

2）酶试剂：取 GOD 1200U（国际单位），POD 1200U，4-氨基安替比林 10mg，叠氮钠 100mg，溶于上述磷酸盐缓冲液约 70ml 中，调 pH 至 7.0，加磷酸盐缓冲液至 100ml。置冰箱保存，至少可稳定 3 个月。

3）酚试剂：称取酚 100mg 溶于 100ml 蒸馏水中（酚在空气中易氧化成红色，可先配成 500g/L 的溶液，储于棕色瓶中，用时稀释）。

4）酶酚混合试剂：临用前取酶试剂和酚试剂等量混合，置冰箱内可存放一个月。

5）12mmol/L 苯甲酸溶液：取苯甲酸 1.4g，加蒸馏水约 900ml，加热助溶，冷却后加蒸馏水至 1L。

6）100mmol/L 葡萄糖标准储存液：取无水葡萄糖置 80℃烤箱内干燥恒重，移至干燥器内冷却后，准确称取 1.802g 用 12mmol/L 苯甲酸溶液溶解，移入 100ml 容量瓶中，再用 12mmol/L 苯甲酸溶液稀释至刻度，混匀，移入棕色瓶中，置冰箱内保存。

7）5mmol/L 葡萄糖标准应用液：准确吸取葡萄糖标准储存液 5.0ml 于 100ml 容量瓶中，用 12mmol/L 苯甲酸溶液稀释至刻度。

2. 实验方法

（1）无菌采血：75%乙醇溶液消毒肘静脉，采集静脉血。

（2）离心取血清：4000 转/分离心 3min，上层即为所需血清。

（3）取试管 3 支，按表 4-7 操作。

表 4-7　GOD-POD 法测定葡萄糖操作表

加入物/ml	空白管/B	标准管/S	测定管/U
血清	—	—	0.02
葡萄糖标准应用液	—	0.02	—
蒸馏水	0.02	—	—
酶酚混合试剂	3.0	3.0	3.0

混匀，置 37℃水浴中保温 15min，分光光度计波长 505nm，空白管调零，分别读取测定管（A_U）和标准管（A_S）的吸光度。

结果计算：
$$血清葡萄糖浓度(mmol/L) = \frac{A_U}{A_S} \times 5mmol/L$$

（四）临床意义

同电流法测定血糖。

(五) 注意事项

1. 血液采集后要求在 30 min 内分离血清,糖酵解在全血中以每小时 7% 进行。

2. 分离血清要求使用未溶血样品,否则测定结果偏大。溶血标本血红蛋白<10g/L,黄疸标本胆红素<342μmol/L,尿素<46.7mmol/L,尿酸<2.95mmol/L,肌酐<4.42mmol/L,三酰甘油<5.6mmol/L 均无明显干扰。

3. 测定结果如超过 20mmol/L,应将标本用生理盐水稀释后再测定,结果乘以稀释倍数。

4. 酶酚混合液一般现用现配。若酶酚混合试剂呈红色,应弃之重配。

5. 因标本和标准液用量少,加量准确度对测定结果影响较大,故加量必须准确。

6. 正确使用比色器皿 手拿比色皿的毛面;比色液应占比色皿的 2/3。

7. 新配制的葡萄糖标准液主要为 α 型,须放置 2h 以上,最好是过夜,待 α 型葡萄糖变旋为 β 型,达到平衡后即可使用。

8. GOD-POD 法的第一步反应特异性高,而由 POD 催化的第二步指示反应是非特异性的,易受标本中尿酸、维生素 C、谷胱甘肽、胆红素等还原物的干扰,这些物质与色素原竞争 H_2O_2,使测定结果偏低。

目标检测

一、选择题

A1 型题

1. 机体的主要能源物质是( )
   A. 脂肪 B. 氨基酸
   C. 蛋白质 D. 糖
   E. 脂肪酸

2. 1 分子的葡萄糖通过无氧酵解可净生成三磷酸腺苷(ATP)数目为( )
   A. 1 个 B. 2 个
   C. 3 个 D. 4 个
   E. 5 个

3. 下列关于糖酵解叙述正确的是( )
   A. 所有反应均可逆
   B. 终产物是丙酮酸
   C. 不消耗 ATP
   D. 途径中催化各反应的酶都存在于细胞液中
   E. 通过氧化磷酸化生成 ATP

4. 成熟红细胞以糖无氧酵解为供能途径主要原因是缺乏( )
   A. 微粒体 B. 线粒体
   C. 氧 D. NADH
   E. 辅酶

5. 三羧酸循环的限速步骤是( )
   A. 己糖激酶催化的反应
   B. 丙酮酸脱氢酶催化的反应
   C. 异柠檬酸脱氢酶催化的反应
   D. 糖原合酶催化的反应
   E. 葡萄糖-6-磷酸酶催化的反应

6. 糖酵解与糖的有氧氧化共同经历了下列哪一阶段的反应( )
   A. 丙酮酸还原为乳酸
   B. 乳酸脱氢氧化为丙酮酸
   C. 丙酮酸氧化脱羧为乙酰 CoA
   D. 乙酰 CoA 氧化为 CO_2 和 H_2O
   E. 酵解途径

7. 提供核糖-5-磷酸的糖代谢途径是( )
   A. 有氧氧化 B. 糖酵解
   C. 糖异生 D. 磷酸戊糖途径
   E. 合成糖原

8. 葡萄糖合成 1 分子糖原需要消耗 ATP 数为( )
   A. 1 个 B. 2 个
   C. 3 个 D. 4 个
   E. 5 个

9. 下列关于糖原的描述错误的是( )
   A. 动物体内糖的储存形式
   B. 可以迅速动用的葡萄糖储备
   C. 葡萄糖合成糖原不需消耗 ATP
   D. 肝糖原是血糖的重要来源
   E. 肌糖原可供肌肉收缩的需要

10. 糖异生的生理意义是( )
    A. 补充血糖的重要来源
    B. 绝大多数细胞获得能量的途径
    C. 机体在缺氧状态获得能量的有效措施

D. 提供NADPH形式的还原力
E. 生成有活性的葡萄糖醛酸
11. 除肝外,体内还能进行糖异生的脏器是( )
 A. 脑　　　　　B. 心
 C. 肾　　　　　D. 脾
 E. 肺
12. 运动后肌肉中产生的乳酸主要去路是( )
 A. 由肾排出
 B. 再合成肌糖原
 C. 由血液运到肝并异生为葡萄糖
 D. 被心肌摄取利用
 E. 被红细胞摄取利用
13. 合成糖原时,葡萄糖的活性供体是( )
 A. 1-磷酸葡萄糖　　B. UDPG
 C. CDP　　　　　　D. UDP
 E. UTPG
14. 肌糖原不能分解葡萄糖是因为肌肉中缺乏( )
 A. 己糖激酶　　　B. 葡萄糖-6-磷酸酶
 C. 葡萄糖激酶　　D. 糖原磷酸化酶
 E. 脱支酶
15. 不能作为糖异生原料的是( )
 A. 乳酸　　　　　B. 丙酮酸
 C. 乙酰CoA　　　D. 生糖氨基酸
 E. 甘油
16. 正常人空腹血糖浓度为( )
 A. 3.89~6.11mmol/L
 B. 2.60~3.10mmol/L
 C. 6.11~8.80mmol/L
 D. 6.11~10.20mmol/L
 E. 8.60~11.8mmol/L
17. 血糖是指( )
 A. 血液中所有糖类物质的总称
 B. 血液中的葡萄糖
 C. 血液中的果糖
 D. 血液中的核酸
 E. 血液中的乳酸
18. 进食后被吸收入血的单糖最主要的去路是( )
 A. 在组织器官中氧化供能
 B. 在肝、肌、脑等组织中合成糖原
 C. 在体内转变为脂肪
 D. 在体内转变为部分氨基酸
 E. 转变为糖蛋白
19. 下列哪个代谢过程不能补充血糖( )
 A. 肌糖原的分解
 B. 肝糖原的分解
 C. 糖异生作用
 D. 食物糖类消化吸收
 E. 乳酸循环
20. 维持血糖恒定的关键器官是( )
 A. 肾脏　　　　　B. 肌肉
 C. 肝脏　　　　　D. 脑组织
 E. 脾脏

B型题
(21~22题共用备选答案)
 A. 细胞液　　　　B. 线粒体
 C. 核糖体　　　　D. 高尔基复合体
 E. 内质网
21. 糖有氧氧化过程中进行三羧酸循环的部位( )
22. 糖酵解的部位( )
(23~27题共用备选答案)
 A. 是机体在缺氧或无氧状态获得能量的有效措施
 B. 5-磷酸核糖,用于核酸的生物合成
 C. 线粒体的氧化呼吸链是ATP合成的主要部位
 D. 是体内糖的储存形式
 E. 生成有活性的葡萄糖醛酸
23. 糖酵解( )
24. 糖有氧氧化( )
25. 磷酸戊糖途径( )
26. 糖醛酸途径( )
27. 糖原的合成途径( )
(28、29题共用备选答案)
 A. 机体在缺氧状态获得能量的有效措施
 B. 绝大多数细胞获得能量的途径
 C. 补充血糖的重要来源
 D. 提供NADPH形式的还原力
 E. 生成有活性的葡萄糖醛酸
28. 糖异生的生理意义是( )
29. 糖酵解的生理意义是( )

二、名词解释
1. 糖酵解　2. 糖的有氧氧化　3. 糖原分解
4. 糖异生　5. 血糖

三、填空题
1. 糖在体内的运输形式是_____,糖的储存形式是_____。
2. 糖的分解代谢途径有3条:①_____;②_____;③_____。
3. 糖酵解反应部位:_____;反应条件:____

_____；反应终产物：_____。

4. 糖酵解的 3 个关键酶是 _____、_____、_____，这 3 个酶催化的反应不可逆，其活性高低可直接影响糖酵解的速度和方向。

5. 三羧酸循环的反应部位：_____；反应条件：_____；反应终产物：_____；TAC 过程的限速酶是 _____、_____、_____，所催化反应不可逆。

6. 丙酮酸脱氢酶系中的 5 种维生素是 _____、_____、_____、_____、_____。

7. 1 分子乙酰 CoA 进入 TAC 共生成 _____ 分子 ATP，有 _____ 次脱氢，_____ 次脱羧，_____ 次底物水平磷酸。

8. 1 分子葡萄糖经糖酵解可净生成 _____ 分子 ATP，糖原中的一个葡萄糖残基经糖酵解可净得 _____ 分子 ATP，1 分子葡萄糖经有氧氧化可净生成 _____ 分子 ATP。

9. 磷酸戊糖途径在 _____ 进行，其产物是 _____ 和 _____。

10. 人体中的糖原主要包括 _____ 和 _____；肌肉组织因缺乏 _____ 酶，所以肌糖原不能分解为葡萄糖。

11. 糖原合成的关键酶是 _____；糖原分解的关键酶是 _____。

12. 糖原合成时葡萄糖的活性供体是 _____。

13. 糖异生的原料有 _____、_____ 和 _____ 等。

14. 血糖主要是指血液中的 _____，正常人空腹血糖浓度维持在 _____。

15. 肝脏通过 _____、_____ 和 _____ 维持血糖浓度。

16. 降低血糖的激素有 _____，升高血糖的激素有 _____、_____ 和 _____ 等。

17. 糖代谢紊乱最常见的是 _____ 糖尿病典型临床表现为"三多一少"，即 _____、_____、_____ 及 _____。

四、简答题

1. 糖酵解有何生理意义？请用所学生化知识说明剧烈运动时肌肉酸痛的原因。
2. 何谓三羧酸循环？其有何特点和生理意义？
3. 试比较糖酵解与糖的有氧氧化的异同。
4. 何谓乳酸循环？有何生理意义？
5. 简述磷酸戊糖途径的生理意义。
6. 血糖有哪些来源与去路？为什么说肝是维持血糖浓度恒定的重要器官？
7. 血糖浓度恒定对机体有何意义？机体如何调节血糖浓度恒定？

（许国莹）

第 5 章 脂 类 代 谢

学习目标

掌握：脂肪动员的概念和限速酶；脂肪酸的 β-氧化；酮体的概念及生理意义；胆固醇的转化；血浆脂蛋白的组成、分类、生理功能。

熟悉：酮体合成和利用的部位。

了解：脂肪酸、胆固醇合成原料和关键酶。

第 1 节 概 述

脂类（lipids）是一类不溶于水而溶于有机溶剂的有机物，包括脂肪（fat）和类脂（lipoid）两大类。脂肪又称为甘油三酯或三酰甘油。类脂包括胆固醇及其酯、磷脂、糖脂等。脂类独立于中心法则之外，不由基因编码，却与人们的健康和疾病有着密切的关系，如高血脂、动脉硬化等心脑血管疾病，脂类代谢日益引起广泛的关注和深入的研究。

一、脂类的化学

（一）脂肪

脂肪由 1 分子甘油和 3 分子脂肪酸酯化形成，故又称三酰甘油或甘油三酯，其中甘油分子比较简单，而自然界却有 40 多种脂肪酸，因此脂肪的理化性质主要取决于脂肪酸的种类和含量，甘油三酯中的 3 分子脂肪酸既可完全相同也可不完全相同。

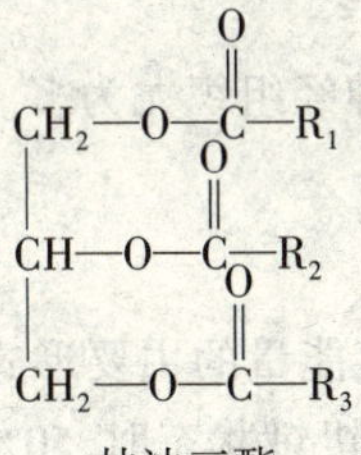

甘油三酯

（二）类脂

1. **胆固醇及其酯** 胆固醇是环戊烷多氢菲的衍生物，在体内以游离胆固醇及其酯的形式存在。

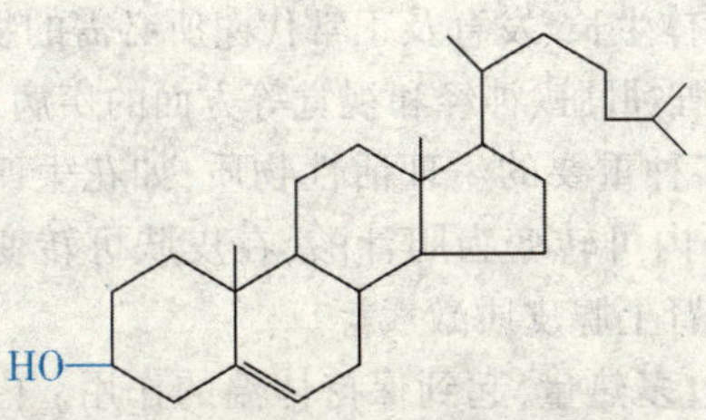

胆固醇 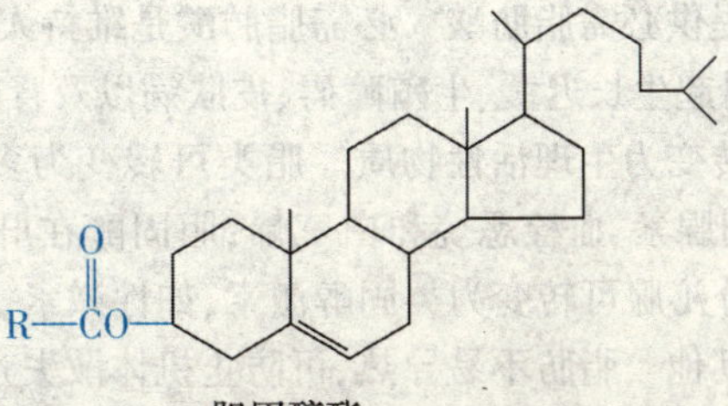　　　　　胆固醇酯

2. 磷脂 磷脂即含有磷酸的脂类，人体中以甘油磷脂为主，其中以卵磷脂(磷脂酰胆碱)、心磷脂(二磷脂酰甘油)和脑磷脂(磷脂酰乙醇胺)最为重要。

$$\begin{array}{l} CH_2-O-C-R_1 \\ \quad\quad\quad\quad\| \\ \quad\quad\quad\quad O \\ CH-O-C-R_2 \\ \quad\quad\quad\| \\ \quad\quad\quad O \\ CH_2-O-P-X \\ \quad\quad\quad\quad| \\ \quad\quad\quad\quad OH \end{array}$$

$X = HO-CH_2CH_2N^+(CH_3)_3$（胆碱）

$X = HO-CH_2CH_2NH_3^+$（乙醇胺）

$X = HO-CH_2-CHCOOH$（丝氨酸）
$\quad\quad\quad\quad\quad\quad |$
$\quad\quad\quad\quad\quad\quad NH_2$

甘油磷脂

(三) 脂肪酸

根据分子中是否存在双键，可分为饱和脂肪酸和不饱和脂肪酸。

饱和脂肪酸的结构通式为 $CH_3(CH_2)_nCOOH$，一般碳链长度在 14~20，多为偶数，其中十六烷酸(软脂酸)和十八烷酸(硬脂酸)是最常见的。

不饱和脂肪酸中，亚油酸($18:2$，$\triangle^{9,12}$)、亚麻酸($18:3$，$\triangle^{9,12,15}$)和花生四烯酸($20:4$，$\triangle^{5,8,11,14}$)为人体自身不能合成，必须由食物提供的脂肪酸，称为必需脂肪酸。

二、脂类的分布与生理功能

(一) 脂类的分布

脂肪主要储存在皮下、大网膜及脏器周围的脂肪组织内。脂肪约占成年人体重的 10%~20%，女性稍多。脂肪含量受营养状况、健康状况、运动强度等因素影响而变化，又称为可变脂。

类脂主要分布于细胞生物膜中，神经组织尤为多。类脂约占体重的 5%，含量稳定，又称为固定脂。

(二) 脂类的生理功能

1. 储能与供能 脂肪是机体储存能量的主要形式，每克脂肪完全氧化所释放的能量是等量糖或蛋白质的两倍。当机体处于饥饿状态时，50% 以上的能量可由储存在脂肪组织(脂库)中的脂肪完全氧化后提供。

2. 维持生物膜的结构与功能 磷脂和胆固醇是生物膜的基本成分，它们与蛋白质、糖类等共同构成了生物膜的脂质双分子层。细胞膜含胆固醇较多，而亚细胞器膜含磷脂较多。类脂对维持生物膜的正常结构与功能具有重要作用。

3. 提供必需脂肪酸 必需脂肪酸是维持人体生长、发育及正常代谢所必需的物质。一旦缺乏可引起生长迟缓、生殖障碍、皮肤病以及肾脏、肝脏、神经和视觉等方面的疾病。

4. 转变为生理活性物质 脂类可转变为多种重要的生理活性物质，如花生四烯酸可衍生为前列腺素、血栓恶烷和白三烯；胆固醇在肝内可转变为胆汁酸，在皮肤可转变为维生素 D，在内分泌腺可转变为类固醇激素，如性激素、肾上腺皮质激素等。

5. 其他 脂肪不易导热，可防止机体散失过多热量，起到保持体温的作用。内脏周围的脂肪则可缓冲外界的机械撞击,起到固定并保护内脏的作用。此外还能促进脂溶性维生素的吸收、转运和储存。

三、脂类的消化吸收

食物中的脂类包括甘油三酯、磷脂、胆固醇等,它们均不溶于水,不能直接被消化酶分解,需先经胆汁酸乳化为细小微团,增加脂类与消化酶的接触面积,以便消化吸收。小肠上段是脂类消化的主要场所,十二指肠下段和空肠上段是脂类吸收的主要场所。

来自胰腺的脂类消化酶包括胰脂酶、辅脂酶、磷脂酶 A_2 和胆固醇酯酶。胰脂酶将甘油三酯分解为甘油一酯和脂肪酸,辅脂酶为胰脂酶的重要辅助因子。磷脂酶 A_2 使磷脂水解为脂肪酸和溶血磷脂。胆固醇酯酶催化胆固醇酯分解为胆固醇和脂肪酸。甘油一酯、脂肪酸及溶血磷脂等促使胆汁酸进一步乳化细小微团,形成体积更小、极性更大、水溶性更强的细小混合微团,进入小肠黏膜细胞。

在小肠黏膜细胞内,由短链(2~4C)和中链(6~10C)脂肪酸构成的甘油三酯在脂肪酶作用下水解为甘油和脂肪酸,经门静脉入血。长链脂肪酸(12~26C)则和甘油一酯在小肠黏膜细胞的内质网上重新合成甘油三酯,再和磷脂、胆固醇等与载脂蛋白结合形成乳糜微粒,经淋巴系统入血。

第2节 甘油三酯的代谢

一、甘油三酯的分解代谢

(一)脂肪动员

甘油三酯的分解代谢从脂肪动员(fat mobilization)开始,是指储存在脂肪细胞(脂库)中的脂肪在脂肪酶的作用下逐步水解,最终释放出游离的甘油和脂肪酸,以供其他组织氧化利用的过程。

考点:脂肪动员的概念和限速酶,脂肪酸的代谢

$$\begin{array}{c} CH_2-O-CO-R_1 \\ | \\ CH-O-CO-R_2 \\ | \\ CH_2-O-CO-R_3 \end{array} \xrightarrow[R_1-COOH]{\text{甘油三酯脂肪酶}} \begin{array}{c} CH_2-OH \\ | \\ CH-O-CO-R_2 \\ | \\ CH_2-O-CO-R_3 \end{array} \xrightarrow[R_3-COOH]{\text{甘油二酯脂肪酶}}$$

甘油三酯　　　　　　　　　　甘油二酯

$$\begin{array}{c} CH_2-OH \\ | \\ CH-O-CO-R_2 \\ | \\ CH_2-OH \end{array} \xrightarrow[R_2-COOH]{\text{甘油一酯脂肪酶}} \begin{array}{c} CH_2-OH \\ | \\ CH-OH \\ | \\ CH_2-OH \end{array}$$

甘油一酯　　　　　　　　　甘油

此过程共有三种脂肪酶参与,其中催化第一步反应的甘油三酯脂肪酶为脂肪动员的关键酶,其活性受多种激素的调节,又称激素敏感脂肪酶。肾上腺素、去甲肾上腺素、胰高血糖素及甲状腺素等激素能够提高甘油三酯脂肪酶的活性,促进脂肪分解,称为脂解激素。而胰岛素、前列腺素 E_2 等激素则会降低甘油三酯脂肪酶的活性,抑制脂肪分解,称为抗脂解激素。

(二)甘油的代谢

脂肪动员产生的甘油经血液运输至肝、肾和小肠等组织。在甘油激酶作用下首先转变为α-磷酸甘油,α-磷酸甘油既可作为甘油三酯的合成原料重新利用,也可经脱氢生成磷酸二羟丙酮。

磷酸二羟丙酮是糖代谢的中间产物,如果循糖代谢分解途径则在有氧时生成 CO_2、H_2O 和大量 ATP,在无氧时生成乳酸和少量 ATP,如果循糖异生作用则转变为葡萄糖或糖原(图 5-1)。

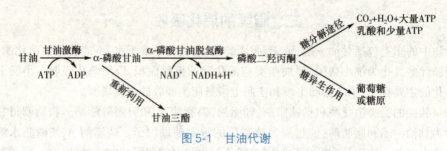

图 5-1　甘油代谢

(三) 脂肪酸的代谢

脂肪完全氧化所释放的能量主要由脂肪酸提供,除大脑外,肝、心肌、骨骼肌等组织均能氧化脂肪酸。在 O_2 充足时,脂肪酸经活化、转移至线粒体、β-氧化和三羧酸循环 4 个阶段可彻底氧化为 CO_2、H_2O,并释放大量 ATP。

1. 脂肪酸活化　脂肪酸活化是指脂肪酸在脂酰 CoA 合成酶催化下生成脂酰辅酶 A 的过程。脂酰 CoA 含高能硫酯键,活性高,水溶性强,大大提高了脂肪酸的代谢活性。

$$RCOOH + HSCoA \xrightarrow[\text{ATP}\quad\text{AMP+PPi}]{\text{脂酰CoA合成酶}\quad Mg^{2+}} RC\overset{O}{\underset{\|}{-}}CoA$$

脂肪酸　　　辅酶A　　　　　　　　脂酰辅酶A

脂肪酸的活化在细胞液中进行,需要辅酶 A 和 Mg^{2+} 参与,生成的焦磷酸(PPi)立即被胞内焦磷酸酶水解为 2 分子磷酸,相当于消耗 2 个高能磷酸键,因此 1 分子脂肪酸活化实际消耗 2 分子 ATP。

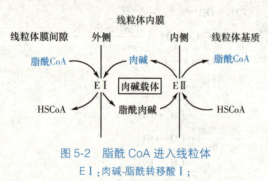

图 5-2　脂酰 CoA 进入线粒体
EⅠ:肉碱-脂酰转移酶Ⅰ;
EⅡ:肉碱-脂酰转移酶Ⅱ

2. 脂酰 CoA 进入线粒体　脂肪酸彻底氧化的酶系在线粒体基质内,因此在细胞液中生成的脂酰 CoA 必须借助特异转运载体——肉碱才能转移至线粒体中。在线粒体外膜上,脂酰 CoA 在肉碱-脂酰转移酶Ⅰ的催化下与肉碱结合生成脂酰肉碱,随后进入线粒体内膜,脂酰肉碱在肉碱-脂酰转移酶Ⅱ作用下释放出肉碱并重新生成脂酰 CoA(图 5-2)。

脂酰 CoA 进入线粒体是脂肪酸氧化限速步骤,关键酶是肉碱-脂酰转移酶Ⅰ。在饥饿、高脂低糖膳食或糖尿病的情况下,因体内糖代谢供能减少,脂肪供能需求增加,肉碱-脂酰转移酶Ⅰ活性增强,促使脂酰 CoA 加速进入线粒体,为脂肪酸的彻底氧化做好准备。

3. β-氧化　脂酰 CoA 在线粒体基质中发生的氧化是从脂酰基的 β 碳原子开始,故称为β-氧化(图 5-3)。每次 β-氧化需要经过脱氢、加水、再脱氢、硫解 4 步反应,生成 1 分子乙酰 CoA 和 1 分子比原来少 2 个碳原子的新脂酰 CoA,如此反复进行 β-氧化,直到脂酰 CoA 完全氧化为乙酰 CoA。

(1) 脱氢:脂酰 CoA 在脂酰 CoA 脱氢酶催化下,在 α 和 β 碳原子之间各脱下 1 个氢原子,

生成 α、β-烯脂酰 CoA。脱下的 2 个氢原子由 FAD 接受生成 FADH$_2$。

（2）加水：α、β-烯脂酰 CoA 经烯脂酰 CoA 水化酶催化加水生成 β-羟脂酰 CoA。

（3）再脱氢：β-羟脂酰 CoA 在 β-羟脂酰 CoA 脱氢酶催化下脱去 β 碳原子上的 2 个氢原子，生成 β-酮脂酰 CoA。脱下的 2 个氢原子由 NAD$^+$ 接受生成 NADH+H$^+$。

（4）硫解：β-酮脂酰 CoA 在 β-酮脂酰 CoA 硫解酶的催化下，加 1 分子 CoA 使碳链在 α 与 β 碳原子间断裂，生成 1 分子乙酰 CoA 和 1 分子比原来少 2 个碳原子的新脂酰 CoA。新脂酰 CoA 再次 β-氧化，直至完全氧化成乙酰 CoA。

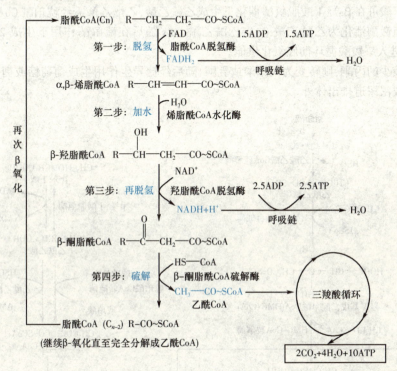

图 5-3　脂肪酸的 β-氧化

4. 乙酰 CoA 彻底氧化　经数次 β-氧化生成的乙酰 CoA 经三羧酸循环最终彻底氧化分解为 CO_2、H_2O 和大量 ATP。

5. 脂肪酸氧化的能量生成　脂肪酸彻底氧化时生成的 ATP 是体内的重要能量来源。以 1 分子 2n 个碳原子的饱和脂肪酸为例，需经 $(n-1)$ 次 β-氧化，生成 $(n-1)$ 分子 FADH$_2$、$(n-1)$ 分子 NADH+H$^+$ 以及 n 分子乙酰 CoA。在 pH7.0、25℃ 的标准条件下，每分子 FADH$_2$ 经呼吸链氧化磷酸化产生 1.5 分子 ATP，每分子 NADH 经呼吸链氧化磷酸化产生 2.5 分子 ATP，每分子乙酰 CoA 经三羧酸循环完全氧化产生 10 分子 ATP。此外，在脂肪酸活化时，需消耗 2 分子 ATP。因此 1 分子 2n 个碳原子的饱和脂肪酸彻底氧化净生成 ATP 的计算公式为：$(n-1)\times 1.5+(n-1)\times 2.5+n\times 10-2$。

（四）酮体的合成和利用

酮体是脂肪酸在肝中 β-氧化生成的部分乙酰 CoA 所合成的中间产物，包括乙酰乙酸（30%）、β-羟丁酸（70%）和丙酮（微量）。

考点：酮体的概念、合成及利用部位及生理意义

1. 肝内生酮　由于肝细胞的线粒体内含有丰富的高活性的酮体合成酶系，所以酮体主要在肝内生成，包括 3 个步骤（图 5-4）。

（1）2分子乙酰 CoA 在乙酰乙酰 CoA 硫解酶催化下缩合为乙酰乙酰 CoA。

（2）乙酰乙酰 CoA 在羟甲基戊二酸单酰 CoA 合成酶作用下再缩合 1 分子乙酰 CoA 生成羟甲基戊二酸单酰 CoA(HMG CoA)，并释放出 1 分子 HSCoA。

（3）羟甲基戊二酸单酰 CoA 在 HMG CoA 裂解酶的催化下，生成乙酰乙酸和乙酰 CoA。乙酰乙酸在 β-羟丁酸脱氢酶催化下还原为 β-羟丁酸，少量乙酰乙酸也可脱羧转变为丙酮。

2. 肝外利用　虽然肝细胞富含酮体合成酶系，却缺乏利用酮体的酶系，所以肝内生成的酮体很快随着血液循环运至肝外组织，如心、肾、脑和骨骼肌等，进行氧化利用（图5-5）。

β-羟丁酸可在 β-羟丁酸脱氢酶催化下生成乙酰乙酸，乙酰乙酸需经琥珀酰 CoA 转硫酶或乙酰乙酸硫激酶活化为乙酰乙酰 CoA，乙酰乙酰 CoA 随后在硫解酶作用下生成 2 分子乙酰 CoA，最终进入三羧酸循环彻底氧化供能。

含量较少的丙酮，则转变为丙酮酸或乳酸，随后经糖异生作用生成葡萄糖或糖原，或者通过呼吸道或泌尿道排出体外。

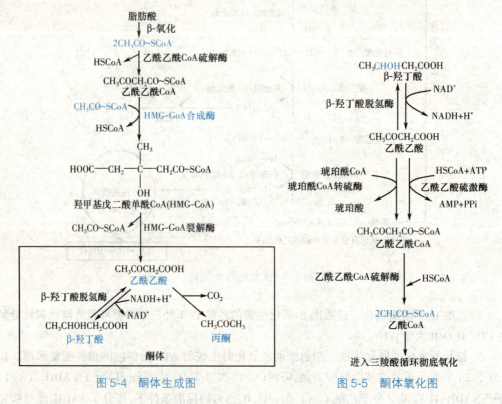

图 5-4　酮体生成图　　　　　图 5-5　酮体氧化图

3. 酮体的意义　酮体分子小，水溶性强，便于经血液运输至肝外组织利用，如心肌和肾皮质利用酮体的能力就大于利用葡萄糖的能力。此外酮体还能通过血脑屏障和肌肉组织的毛细血管壁，是大脑和肌肉组织的重要能源物质。在葡萄糖供给不足或利用障碍时，酮体将替代葡萄糖成为大脑和肌肉的第二能源物质。

因肝外组织利用酮体的能力很强，所以血中酮体含量是很低的，仅为 0.03～0.50mmol/L。长期饥饿或糖尿病时，脂肪动员增强，酮体生成增加，超出了肝外组织的利用能力，血中酮体堆积，造成酮血症。血酮体若超出肾阈值，则会随尿排出，引起酮尿症。乙酰乙酸和 β-羟丁酸均为酸性，在体内大量蓄积会导致酮症酸中毒。丙酮增多时，通过呼吸道排出，可产生"烂苹果"气味。

二、甘油三酯的合成代谢

甘油三酯的合成主要在肝、脂肪组织及小肠中进行,其中肝的合成能力最强。肝内合成的甘油三酯将转运至脂肪组织储存,以供给禁食和饥饿时所需能量。

考点:脂肪酸合成的原料和关键酶

甘油三酯的合成原料是α-磷酸甘油和脂肪酸,需ATP供能,合成过程包括α-磷酸甘油的生成、脂肪酸的合成以及甘油三酯的合成。

(一) α-磷酸甘油的生成

1. 来自糖代谢中间产物磷酸二羟丙酮的还原,这是主要方式。

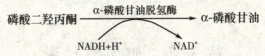

2. 来自肝、肾、小肠细胞内甘油的磷酸化。

(二) 脂肪酸的合成

1. **合成场所** 在肝、肾、脑、肺、乳腺及脂肪等组织的细胞液内都含有脂肪酸合成酶系,肝中活性最高,比脂肪组织大8~9倍,是脂肪酸的主要合成场所。

2. **合成原料** 直接原料为糖代谢产生的乙酰CoA。而乙酰CoA在线粒体内产生,且不能自由穿越线粒体,需要通过柠檬酸-丙酮酸循环才能进入细胞液(图5-6)。

脂肪酸合成还需要NADPH+H$^+$、ATP、HCO$_3^-$(CO$_2$)、Mn^{2+}及生物素等。

3. **合成过程** 脂肪酸合成以软脂酸为主,然后根据机体需要对软脂酸进行改造,包括碳链的延长、缩短和去饱和。

软脂酸的合成过程包括两个阶段。

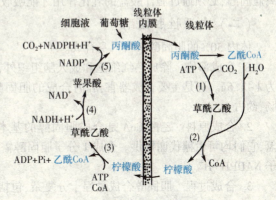

图5-6 柠檬酸-丙酮酸复合体

(1) 乙酰CoA转变为丙二酸单酰CoA:进入细胞液的乙酰CoA在乙酰CoA羧化酶的催化下生成丙二酸单酰CoA,这是脂肪酸合成的限速反应,乙酰CoA羧化酶是脂肪酸合成的关键酶。

$$乙酰CoA+HCO_3^- \xrightarrow[ATP \quad ADP]{乙酰CoA羧化酶} 丙二酸单酰CoA$$

(2) 以丙二酸单酰CoA为原料循环合成软脂酸:以乙酰CoA为起始物循环加成丙二酸单酰CoA,每次延长2个碳原子,重复循环7次,最终生成软脂酸。

$$乙酰CoA+7丙二酸单酰CoA \xrightarrow[14NADPH+14H^+ \quad 14NADP^+]{脂肪酸合成酶系} 软脂酸+8HSCoA+7CO_2+6H_2O$$

（三）甘油三酯的合成

脂肪酸需先经活化生成脂酰CoA，再与α-磷酸甘油合成甘油三酯(图5-7)。

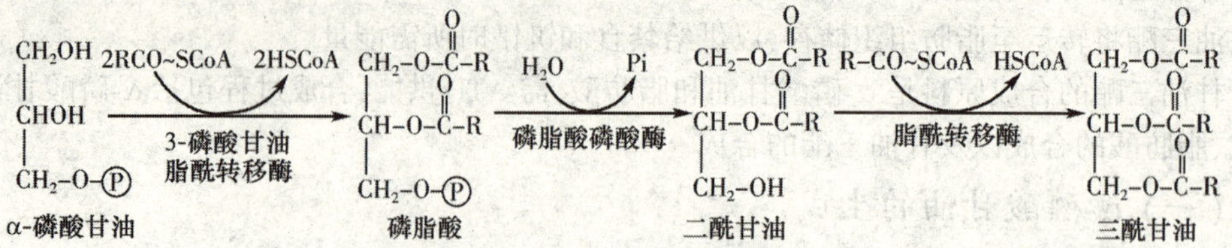

图5-7　甘油三酯的合成过程

第3节　胆固醇代谢

胆固醇在体内的存在形式是游离胆固醇或胆固醇酯，广泛分布于脑、神经、类固醇激素分泌腺、肝、肾、肠等内脏、皮肤和脂肪组织，健康成人体内平均含量为140g。

考点：胆固醇的合成原料和关键酶

一、胆固醇的来源

（一）外源性胆固醇

成人每天可从动物性食品(肉、动物内脏、蛋黄等)中摄取0.4g胆固醇。食物中主要是游离胆固醇，必须通过胆汁酸盐的乳化作用才能吸收。

（二）内源性胆固醇

体内50%的胆固醇来自自身合成。

1. 合成部位　除成熟红细胞和成人脑组织外，全身组织几乎都能合成胆固醇，日合成量为1~1.5g。肝是主要合成器官，肝内合成的胆固醇占自身合成总量的70%~80%，其次是小肠，约占10%。

2. 合成原料　乙酰CoA是合成胆固醇的基本原料，此外还需ATP功能、NADPH+H^+供氢，它们均可由糖代谢提供。合成1分子胆固醇需要18分子乙酰CoA、36分子ATP和16分子NADPH+H^+。

3. 合成过程　胆固醇合成过程十分复杂，包括30步酶促反应，可分为3个阶段(图5-8)。

（1）2分子乙酰CoA合成甲羟戊酸(MVA)：2分子乙酰CoA首先缩合成1分子乙酰乙酰CoA，然后再与1分子乙酰CoA缩合成羟甲基戊二酸单酰CoA(HMG CoA)。HMGCoA又经HMGCoA还原酶催化，由NADPH+H^+供氢，还原生成甲羟戊酸(MVA)。HMGCoA还原酶是胆固醇合成的限速酶。

（2）甲羟戊酸(MVA)转变为鲨烯：首先，MVA(6C)经脱羧、磷酸化生成活泼的异戊烯焦磷酸(5C)和二甲基丙烯焦磷酸(5C)。接着，3分子上述活泼产物缩合为1分子焦磷酸法尼酯(15C)。随后，2分子焦磷酸法尼酯(15C)在鲨烯合酶的催化下缩合、还原成1分子鲨烯(30C)。

（3）鲨烯转变成胆固醇：鲨烯首先与细胞液的固醇载体蛋白(SCP)结合，再经单加氧酶、环化酶的作用生成羊毛固醇，羊毛固醇又经氧化、脱羧、还原反应脱去3个甲基最终生成胆固醇(27C)。细胞内游离的胆固醇可在脂酰CoA胆固醇脂酰转移酶(ACAT)作用下生成胆固醇酯，用于储存。

4. 合成关键酶　HMGCoA还原酶是胆固醇合成的限速酶，主要受以下因素影响。

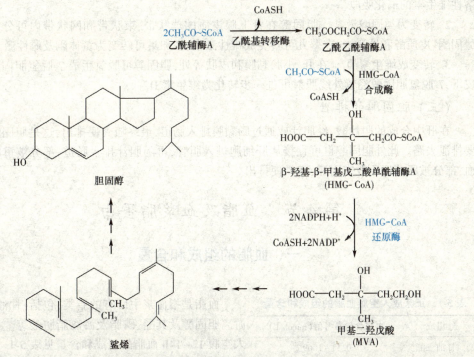

图 5-8　胆固醇的合成过程

(1) 激素:胰岛素和甲状腺素能诱导 HMGCoA 还原酶生成,促进胆固醇合成,同时甲状腺素还能促进胆固醇转变为胆汁酸,帮助脂类消化吸收,所以甲状腺功能亢进者血浆胆固醇含量降低。胰高血糖素和皮质醇则会抑制 HMGCoA 还原酶活性,减少胆固醇合成。

(2) 饮食:饥饿和禁食可抑制肝中胆固醇的合成,因为此时体内 HMGCoA 还原酶活性减少并降低,乙酰 CoA、ATP 和 $NADPH+H^+$ 等原料供给不足。此外长期过多摄取糖和脂肪可增加胆固醇的合成,因为此时体内 HMGCoA 还原酶活性提高,乙酰 CoA、ATP 和 $NADPH+H^+$ 等原料供应充足。

(3) 胆固醇含量:细胞内胆固醇含量升高可抑制 HMGCoA 还原酶,减少体内胆固醇合成。此外胆固醇氧化产物如 7-β-羟胆固醇、25-羟胆固醇等也能对 HMGCoA 还原酶产生较强的抑制作用。

(4) 药物:普伐他汀、赛伐他汀、乐伐他汀等药物是 HMGCoA 还原酶的竞争性抑制剂,可有效降低体内胆固醇含量。

二、胆固醇的去路

胆固醇是人体重要的基本脂,但堆积过多也将对机体造成危害,因此机体维持胆固醇正常去路显得尤为重要。

考点:胆固醇的转化

(一) 构成组织细胞组分

胆固醇是生物膜的重要组分,红细胞等就含有丰富的胆固醇。

(二) 转化为重要生理活性物质

1. **转变为胆汁酸**　胆固醇在肝中转化为胆汁酸是胆固醇在体内的主要代谢去路。正常成人每天合成的 2/5 胆固醇转变为胆汁酸,胆汁酸随胆汁排泄入肠道,促进肠道内脂类及脂溶性维生素的消化吸收。

2. 转变为类固醇激素　胆固醇在肾上腺皮质的球状带、束状带和网状带内可分别合成醛固酮、皮质醇和性激素；在睾丸可转变成雄性激素；在卵巢可转变为黄体酮及雌性激素。

3. 转变成维生素 D_3　在肝、小肠黏膜和皮肤等处，胆固醇可脱氢生成7-脱氢胆固醇。在皮下，7-脱氢胆固醇经紫外线照射可进一步转化为维生素 D_3。

（三）胆固醇的排泄

在肝中合成的胆汁酸，经胆汁或通过肠黏膜排入肠道，最终随粪便排出，这是胆固醇的主要排泄去路。此外胆固醇也可直接从肝细胞进入胆管，再随胆汁排入肠道，部分被重吸收入血，部分被肠菌还原成粪固醇，随粪便排出。

第4节　血脂及血浆脂蛋白

一、血脂的组成和含量

表5-1　正常成人空腹血脂的组成和含量

组成	血浆含量参考值(mmol/L)
甘油三酯	0.11~1.69
总胆固醇	2.59~6.47
游离胆固醇	1.03~1.81
胆固醇酯	1.81~5.17
总磷脂	48.44~80.73
游离脂肪酸	0.20~0.78

血脂是指血浆中所有的脂类，包括：甘油三酯、游离胆固醇及其酯、磷脂及游离脂肪酸等。正常成人空腹12~14h血脂的组成和含量见表5-1。

血脂只占全身脂总量的极少部分，但来自食物的甘油三酯和由肝合成的甘油三酯都必须通过血液运输。同时，血脂含量受性别、年龄、饮食及代谢因素的影响波动范围较大，因此血脂含量可反映体内脂类代谢状况。在临床上，血脂常作为高脂血症、动脉硬化、脂肪肝等疾病的辅助诊断指标，是生化检验的常规项目。

二、血浆脂蛋白

考点：血浆脂蛋白的组成、分类及生理功能

脂类难溶于水，必须与血浆中水溶性很强的蛋白质(载脂蛋白)结合为脂蛋白才能运输。血浆脂蛋白是血脂的运输形式及代谢形式。

（一）血浆脂蛋白的分类

因所含脂类和载脂蛋白不同，所以不同脂蛋白分子的密度、颗粒大小、表面电荷及免疫性等均不一样。常用超速离心法和电泳法将血浆脂蛋白进行分类。

1. 超速离心法　由于脂蛋白中脂类和蛋白质的种类和含量的不同，密度差异较大。将血浆放在一定密度的盐溶液中超速离心，各种脂蛋白因密度不同而沉降或漂浮，按密度由小到大依次为：乳糜微粒(CM)、极低密度脂蛋白(VLDL)、低密度脂蛋白(LDL)和高密度脂蛋白(HDL)。

2. 电泳法　因脂蛋白中载脂蛋白含量和种类的不同，在同一pH溶液中其表面电荷不同，在电场中具有不同的迁移率，由负极到正极依次分为乳糜微粒(CM)、β-脂蛋白、前β-脂蛋白和α-脂蛋白(图5-9)。

（二）血浆脂蛋白的组成

血浆脂蛋白由脂类和载脂蛋白组成，但不同的脂蛋白中脂类和载脂蛋白种类、含量、比例

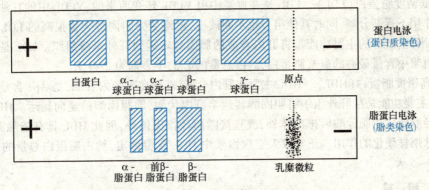

图 5-9　血浆脂蛋白电泳和血清蛋白电泳图谱对照

也不同(表 5-2)。

表 5-2　血浆脂蛋白的分类、性质、组成及主要功能

分类	超速离心法 电泳法	乳糜微粒 (CM)	极低密度脂蛋白(VLDL) 前 β-脂蛋白	低密度脂蛋白(LDL) β-脂蛋白	高密度脂蛋白(HDL) α-脂蛋白
性质	密度	<0.95	0.95~1.006	1.006~1.063	1.063~1.210
	颗粒直径(nm)	80~500	25~80	20~25	5~17
	电泳位置	原点	α$_2$-球蛋白	β-球蛋白	α$_1$-球蛋白
组成(%)	蛋白质	0.5~2	5~10	20~25	50
	甘油三酯	80~95	50~70	10	5
	磷脂	5~7	15	20	25
	胆固醇	1~4	15	40~45	20
合成部位		小肠	肝	血浆	肝、小肠
主要功能		转运外源性甘油三酯	转运内源性甘油三酯	转运内源性胆固醇	从肝外逆向转运胆固醇

1. **脂类**　血浆脂蛋白的脂类包括甘油三酯、磷脂、胆固醇(游离胆固醇和胆固醇酯),它们在血浆脂蛋白的比例和含量各不相同。甘油三酯在乳糜微粒中含量最高,磷脂在高密度脂蛋白中含量最高,胆固醇在低密度脂蛋白中含量最高。

2. **载脂蛋白**　血浆脂蛋白中的蛋白质称为载脂蛋白(apolipoprotein,Apo),包括 A、B、C、D、E 五大类,主要由肝细胞和小肠黏膜细胞合成。每种血浆脂蛋白都含有一种或几种不同种类和数量的 Apo,Apo 不仅能协助脂类运输,还能调节脂类代谢。

(三) 血浆脂蛋白的生理功能

1. **乳糜微粒(CM)**　CM 由小肠黏膜上皮细胞合成,小肠黏膜细胞将食物脂类酯化为甘油三酯,并与磷脂、胆固醇、Apo 等共同合成 CM,随后经淋巴释放入血,所以 CM 的主要功能是从小肠转运外源性甘油三酯供全身组织利用。CM 在体内迅速分解,半衰期只有 5~15min,因此正常人空腹血脂中不含 CM。

2. **极低密度脂蛋白(VLDL)**　VLDL 主要由肝合成,肝细胞利用糖代谢产生的各种原料合成甘油三酯,再与磷脂、胆固醇、Apo 等结合为 VLDL 分泌入血,因此,VLDL 的主要作用是从肝脏转运内源性甘油三酯至全身组织。VLDL 代谢迅速,半衰期为 6~12h,空腹下很难测到。

3. 低密度脂蛋白（LDL）　LDL 是在血浆中由 VLDL 转变而来的，VLDL 中的甘油三酯在血浆酶作用下逐渐分解，同时其他组分也不断改变，最终变为胆固醇含量很高的 LDL 进入血液循环，因此，LDL 的主要功能是将肝内合成的胆固醇转运到肝外全身组织。LDL 是正常成人空腹血浆中含量最高的血浆脂蛋白，约占总量的 2/3，半衰期为 2~4 天。

4. 高密度脂蛋白（HDL）　HDL 主要在肝内合成，部分在小肠内合成，是 Apo 含量最高的脂蛋白，主要功能是从肝外组织将胆固醇转运至肝内代谢，即胆固醇的逆向转运。HDL 中的胆固醇经肝转化为胆汁酸后排出体外，或直接随胆汁排出体外，因此 HDL 具有清除胆固醇，预防动脉粥样硬化的作用。正常成人空腹血浆中 HDL 含量稳定，约占脂蛋白总量的 1/3，半衰期为 3~5 天。

链　接

HDL——"长寿因子"

美国医学专家发现：遗传性高 HDL 家族人群普遍长寿，他们通常远离动脉粥样硬化和心脑血管疾病。因此，HDL 被称为"长寿因子"，当 HDL 水平较高时，血管的清运速度大于沉积速度，新、旧血脂沉积物均被清除，血管洁净、畅通无阻。大量 HDL 进入血管内膜及内皮细胞还能修复破损内膜、恢复血管弹性。世界卫生组织研究证实：每 100ml 血液中的 HDL 升高 1mg，可使由动脉粥样硬化引起的心脑血管疾病的发病率和死亡率降低 3%~4%。

三、高脂血症

空腹血脂水平超过参考值上限即为高脂血症。一般以成人血浆甘油三酯超过 2.26mmol/L，胆固醇超过 6.21mmol/L，儿童胆固醇超过 4.14mmol/L 为临床诊断标准。血脂以血浆脂蛋白形式存在，因此高脂血症相当于高脂蛋白血症，可分为原发性和继发性两大类。原发性高脂蛋白血症部分源自遗传缺陷。继发性高脂蛋白血症继发于糖尿病、肝病、肾病、甲状腺功能减退等疾病。

实验四　肝中酮体的生成作用

（一）实验目的

通过组织对比实验验证肝中酮体的生成作用。

（二）实验原理

动物肝脏内存在酮体生成酶系，故能合成酮体。而肌肉组织中不具酮体生成酶系，不能生成酮体。本实验以丁酸为底物，与新鲜肝匀浆混合保温得到产物酮体。酮体可与含亚硝基铁氰化钠的显色粉作用生成紫红色化合物，而经同样处理的肌肉匀浆则不产生酮体，因此无显色反应。

$$\text{丁酸} \xrightarrow{\text{酮体生成酶系}} \text{酮体} \xrightarrow{\text{显色粉}} \text{紫红色化合物}\quad\text{显色反应}$$

（三）实验材料及方法

1. 试剂

（1）0.9% 氯化钠溶液（生理盐水）。

（2）0.1mol/L 氢氧化钠溶液。

（3）洛克（Locke）溶液：分别称取氯化钠 0.9g、氯化钾 0.042g、氯化钙 0.024g、碳酸氢钠 0.02g、葡萄糖 0.1g，将上述试剂混合溶解于适量蒸馏水中，最后加蒸馏水稀释至 100ml，置冰箱储存备用。

(4) 0.5mol/L 丁酸溶液：称取 44.0g 丁酸并溶解于 0.1mol/L 氢氧化钠溶液中，并用 0.1mol/L 氢氧化钠稀释至 1000ml。

(5) pH7.6 磷酸缓冲液(0.1mol/L)：准确称取 7.74g $Na_2HPO_4 \cdot 2H_2O$ 和 0.897g $NaH_2PO_4 \cdot H_2O$，用蒸馏水稀释至 500ml，精确测定 pH。

(6) 15%三氯醋酸溶液。

(7) 显色粉：亚硝基铁氰化钠 1g，无水碳酸钠 30g，硫酸铵 50g，混合后研成细粉。

2. 器材 试管、试管架、滴管、匀浆器或研钵、恒温水浴箱、离心机或小漏斗、白瓷反应板等。

3. 实验方法

(1) 肝匀浆和肌匀浆的制备：取新鲜猪肝和猪骨骼肌肉，剪碎后用生理盐水浸洗 2~3 次，分别放入匀浆器中，并加入生理盐水(按重量：体积为 1:3)，制备成匀浆。

(2) 取 4 支试管，编号后按表 5-3 操作。

表 5-3 酮体的生成作用操作表

加入物/滴	1 号管	2 号管	3 号管	4 号管
洛克溶液	15	15	15	15
pH7.6 磷酸缓冲液	15	15	15	15
0.5mol/L 丁酸	30	—	30	30
肝匀浆	20	20	—	—
肌匀浆	—	—	—	20
蒸馏水	—	30	20	—

将各管混匀后置于 37℃恒温水浴箱中保温 40~50min。

(3) 取出各管，加 15%三氯醋酸溶液 20 滴，混匀静置 5min。

(4) 在白瓷反应板的 4 个凹槽中各加入显色粉 1 小匙，用干净滴管吸取各管上清液 10~20 滴加入到白瓷反应板的 4 个凹槽中，观察所产生的颜色反应。

(四) 结果与分析

比较 4 支试管的颜色差异，并说明原因。

(五) 思考题

1. 为什么说制备新鲜的肝匀浆是做好本实验的关键？
2. 什么情况下血中酮体含量会升高，甚至导致酮症酸中毒？

目 标 检 测

一、选择题

A1 型题

1. 脂肪在人体的主要功能是( )
   A. 维持体温　　B. 保护内脏
   C. 提供必需脂肪酸　D. 储能供能
   E. 构成生物膜

2. 类脂在人体的主要功能是( )
   A. 储能供能　　B. 构成生物膜
   C. 提供必需脂肪酸　D. 维持体温
   E. 保护内脏

3. 脂肪动员的关键酶是( )
   A. 甘油一酯脂肪酶　B. 甘油二酯脂肪酶
   C. 甘油三酯脂肪酶　D. 胰脂酶
   E. 辅脂酶

4. 激素敏感脂肪酶是指( )
   A. 胰脂酶　　　　B. 辅脂酶

C. 甘油一酯脂肪酶　　D. 甘油二酯脂肪酶
E. 甘油三酯脂肪酶

5. 抑制脂动员的激素为(　　)
   A. 肾上腺皮质激素　　B. 甲状腺激素
   C. 胰岛素　　D. 胰高血糖素
   E. 生长激素

6. 以下哪种情况导致肝内生酮增多(　　)
   A. 高糖饮食　　B. 高蛋白饮食
   C. 肝功能损伤　　D. 严重糖尿病
   E. 剧烈运动

7. 脂酰 CoA 进行 β-氧化的酶促反应顺序为(　　)
   A. 脱氢、硫解、再脱氢、加水
   B. 脱氢、再脱氢、加水、硫解
   C. 脱氢、硫解、加水、再脱氢
   D. 脱氢、加水、再脱氢、硫解
   E. 脱氢、加水、硫解、再脱氢

8. 1mol 硬脂酸(18C)彻底氧化需经几次 β-氧化,生成几分子乙酰 CoA(　　)
   A. 5,6　　B. 6,7
   C. 7,8　　D. 8,9
   E. 9,10

9. 能生成酮体的器官是(　　)
   A. 骨骼肌　　B. 脑
   C. 心　　D. 肺
   E. 肝

10. 脂肪酸生物合成的限速酶是(　　)
    A. 脂酰转移酶
    B. ACP 丙二酸单酰转移酶
    C. β-脂酰转移酶
    D. 软脂酰-ACP 脱酰酶
    E. 乙酰 CoA 羧化酶

11. 下列哪项是脂肪酸合成的供氢体(　　)
    A. $FADH_2$　　B. $FMNH_2$
    C. $NADH+H^+$　　D. $NADPH+H^+$
    E. $CoQH_2$

12. 脂肪酸分解产生的乙酰 CoA 的代谢去路包括(　　)
    A. 合成脂肪酸　　B. 氧化供能
    C. 合成酮体　　D. 合成胆固醇
    E. 以上都是

13. 胆固醇在体内转化生成的物质不包括(　　)
    A. 胆汁酸　　B. 维生素 D
    C. 雄激素　　D. 雌激素
    E. CO_2 及 H_2O

14. 胆固醇的直接合成原料是(　　)
    A. 脂肪酸　　B. 乙酰 CoA
    C. 甘油三酯　　D. 氨基酸
    E. 丙酮酸

15. 胆固醇合成的供氢体是(　　)
    A. $FADH_2$　　B. $FMNH_2$
    C. $NADH+H^+$　　D. $NADPH+H^+$
    E. $CoQH_2$

16. 胆固醇的主要代谢去路是(　　)
    A. 彻底氧化为 CO_2、H_2O 和 ATP
    B. 转变为胆汁酸
    C. 转变为激素
    D. 转变为肾上腺皮质激素
    E. 转变为粪固醇

17. 能预防动脉硬化的脂蛋白是(　　)
    A. CM　　B. LDL
    C. 脂肪酸-白蛋白　　D. VLDL
    E. HDL

18. 转运内源性甘油三酯的脂蛋白是(　　)
    A. CM　　B. LDL
    C. 脂肪酸-白蛋白　　D. VLDL
    E. HDL

19. 转运外源性甘油三酯的脂蛋白是(　　)
    A. CM　　B. β-脂蛋白
    C. 脂肪酸-白蛋白　　D. 前 β-脂蛋白
    E. α-脂蛋白

20. 逆向转运胆固醇的脂蛋白是(　　)
    A. CM　　B. β-脂蛋白
    C. 脂肪酸-白蛋白　　D. 前 β-脂蛋白
    E. α-脂蛋白

二、名词解释

1. 脂类　2. 必需脂肪酸　3. 脂肪动员　4. β-氧化　5. 酮体　6. 血脂

三、填空题

1. 人体内的主要脂类包括_____和_____两大类。
2. 必需脂肪酸包括_____、_____和_____。
3. 脂肪动员的限速酶是_____。
4. 脂肪酸 β-氧化包括 4 步连续反应_____、_____、_____和_____,每次 β-氧化可生成 1 分子_____和 1 分子_____。
5. 酮体的主要生成器官为_____。
6. 酮体包括_____、_____和_____。

7. 甘油三脂合成的原料包括_____和_____。

8. 脂肪酸合成的直接原料是_____，此外还要_____供能、_____供氢，它们主要来自_____代谢。

9. 胆固醇生物合成的限速酶是_____，直接原料是_____，供氢体_____，并且还要_____供能。

10. 超速离心法可将血浆脂蛋白分为：_____、_____、_____和_____。

11. 电泳法可将血浆脂蛋白分为：_____、_____、_____和_____。

12. 正常人空腹下测得的主要血浆脂蛋白是_____和_____，检测不到的血浆脂蛋白是_____和_____。

四、简答题

1. 简述脂类的生理功能。
2. 1分子软脂酸(16C)完全氧化分解可产生多少分子ATP？
3. 简述酮体的代谢特点和生理意义。
4. 简述胆固醇的来源和去路。
5. 简述各种血浆脂蛋白的生理功能。

(诸戌娴)

第 6 章 氨基酸代谢

学习目标

掌握：营养必需氨基酸、蛋白质腐败、肝性脑病概念；氨基酸的脱氨基作用、氨的代谢。
熟悉：蛋白质的营养作用；蛋白质的消化吸收；氨基酸代谢概况。
了解：α-酮酸代谢；个别氨基酸代谢。

氨基酸(amino acid)具有重要的生理功能，既是蛋白质的基本组成单位，又可以转变成核苷酸、某些激素、神经递质等含氮化合物。其代谢有合成代谢与分解代谢。本章重点讨论氨基酸的分解代谢。在体内，氨基酸的分解需要蛋白质来补充，组织的更新也需要食物蛋白质来维持。因此，在讨论氨基酸代谢之前，首先叙述蛋白质的营养作用与蛋白质的消化与吸收。

第 1 节 蛋白质的营养作用

一、蛋白质的重要功能

（一）构成细胞组织的重要成分

蛋白质参与构成各种细胞组织是其最重要的功能。因此，机体必须不断地从膳食中摄取足够量的优质蛋白质，才能维持细胞组织生长、更新和修补的需要。对于处于生长发育时期的儿童及康复期的患者尤为重要。

（二）参与多种重要生理活动

蛋白质具有多种特殊功能，例如酶、某些激素、抗体和某些调节蛋白等。肌肉的收缩、物质的运输、血液的凝固等也均由蛋白质来实现。此外，氨基酸代谢过程还可产生胺类、神经递质、嘌呤和嘧啶等重要含氮化合物。由此可见，蛋白质是整体生命活动的重要物质基础。

（三）氧化供能

正常情况下，成人每日约有 18% 的能量从蛋白质获得。但是，蛋白质的这种功能可由糖和脂肪代替。因此，供能是蛋白质的次要功能。

二、蛋白质的需要量

（一）氮平衡

体内蛋白质的代谢状况可用氮平衡(nitrogen balance)描述，即通过测定氮的摄入量与排出量，间接反映体内蛋白质代谢状况。蛋白质的含氮量平均约为 16%。摄入的氮量主要来源于食物中的蛋白质，主要用于体内蛋白质的合成，而排出的氮量主要来源于粪便和尿液中的含氮化合物，主要是蛋白质在体内分解代谢的终产物。因此，测定摄入食物中的含氮量和排泄物中的含氮量可以间接了解体内蛋白质合成与分解代谢的状况。人体氮平衡有三种情况，即氮的总平衡、氮的正平衡及氮的负平衡。

氮的总平衡，即摄入氮＝排出氮，反映体内蛋白质的合成与分解处于动态平衡，即氮的

"收支"平衡,见于正常成人;氮的正平衡,即摄入氮>排出氮,反映体内蛋白质的合成大于分解,儿童、孕妇及恢复期的患者属于此种情况;氮的负平衡,即摄入氮<排出氮,反映体内蛋白质的合成小于分解,见于饥饿、严重烧伤、出血及消耗性疾病患者。

(二) 生理需要量

根据氮平衡实验计算,当成人食用不含蛋白质的膳食时,大约 8 天之后,每天排出的氮量逐渐趋于恒定,此时,每千克体重每日排出的氮量约为 53mg,故一位 60kg 体重的成人每日蛋白质的最低分解量约为 20g。由于食物蛋白质与人体蛋白质组成的差异,不可能全部被利用,为了维持氮的总平衡,成人每日蛋白质最低生理需要量为 30~50g。要长期保持氮的总平衡,我国营养学会推荐成人每日蛋白质需要量为 80g。

三、蛋白质的营养价值

营养必需氨基酸(nutritionally essential amino acid)指体内需要而又不能自身合成,必须由食物提供的氨基酸有 8 种,包括亮氨酸、异亮氨酸、苏氨酸、缬氨酸、赖氨酸、甲硫氨酸、苯丙氨酸和色氨酸。其余 12 种氨基酸在体内可以合成,不必由食物供给,在营养上称为非必需氨基酸(non-essential amino acid)。精氨酸和组氨酸虽然能够在人体内合成,但合成量不多,若长期供应不足或需要量增加也能造成氮的负平衡。因此,有人将这两种氨基酸也归为营养必需氨基酸。

蛋白质的营养价值(nutrition value)是指食物蛋白质在体内的利用率。蛋白质营养价值的高低主要取决于食物蛋白质中必需氨基酸的种类、数量和比例。一般来说,含必需氨基酸种类多、数量足的蛋白质,其营养价值高;反之营养价值低。由于动物性蛋白质所含必需氨基酸的种类和比例与人体需要相近,故营养价值高。与营养价值较低的蛋白质混合食用,彼此间必需氨基酸可以得到互相补充,从而提高蛋白质的营养价值,这种作用称为食物蛋白质的互补作用。例如谷类蛋白质含赖氨酸较少而含色氨酸较多,而豆类蛋白质含赖氨酸较多而含色氨酸较少,二者混合食用即可提高蛋白质的营养价值。某些疾病情况下,为保证患者氨基酸的需要,可输入氨基酸混合液,以防止病情恶化。

第 2 节 蛋白质的消化、吸收与腐败

一、外源性蛋白质的消化

外源性食物蛋白质消化、吸收是体内氨基酸的主要来源。蛋白质经过消化,一方面消除了蛋白质的抗原性,避免引起过敏和毒性反应;另一方面蛋白质分解为氨基酸有利于机体吸收利用。食物蛋白质的消化起始于胃,但消化的主要部位在小肠。

食物蛋白质进入胃后,在胃液中胃蛋白酶(pepsin)作用下进行消化。该酶由胃蛋白酶原经胃酸激活生成,其最适 pH 为 1.5~2.5,特异性较差,分解产物主要是多肽及少量氨基酸。胃蛋白酶具有凝乳作用,使乳汁中酪蛋白与 Ca^{2+} 凝聚成乳块后在胃中停留时间延长,有利于消化乳汁蛋白质。这一作用对于乳儿尤其重要。

食物在胃内停留时间较短,因此对蛋白质的消化不完全。蛋白质消化的主要部位在小肠。来自胰腺的各种蛋白酶原在十二指肠迅速被肠激酶(entero kinase)激活而发挥消化作用。胰液中的蛋白酶分为内肽酶(endopeptidase)与外肽酶(exopeptidase)。内肽酶包括胰蛋白酶(trypsin)、糜蛋白酶(chymotrypsin)及弹性蛋白酶(elastase),这些酶对不同的氨基酸组成的肽键有一定的特异性,催化蛋白质肽链内的肽键水解,产物为小分子肽类。外肽酶主要有

羧基肽酶(carboxypeptidase)A 和羧基肽酶 B,它们对不同的氨基酸组成的肽键也有一定的特异性。它们催化肽链羧基末端氨基酸残基水解,逐个释放氨基酸。通过上述酶的作用,食物蛋白质及多肽被消化成氨基酸(1/3)和寡肽(2/3)。寡肽(主要是二肽、三肽)经耗能转运体系吸收入小肠黏膜细胞,在氨基肽酶的作用下,从氨基末端逐个水解释放出氨基酸。二肽经二肽酶作用水解为氨基酸。

二、氨基酸的吸收

氨基酸吸收的主要部位在小肠。氨基酸主要通过两种主动耗能方式被吸收。

(一)氨基酸转运载体转运

小肠黏膜细胞膜中氨基酸载体蛋白能与氨基酸及 Na^+ 形成三联体,将氨基酸和 Na^+ 转入细胞,Na^+ 则由钠泵排出细胞外。氨基酸转运载体具有如下特点。

1. **高度特异性** 一种载体只能转运某些特定氨基酸。目前已知人体至少有 4 型氨基酸转运载体:中性氨基酸载体、碱性氨基酸载体、酸性氨基酸载体、亚氨基酸与甘氨酸载体。
2. **饱和性** 载体分子上能与氨基酸结合的位点数有限,因此转运通量就不能无限增加。
3. **竞争性** 当某一种氨基酸浓度增加时,其他氨基酸的转运通量减少。

(二)γ-谷氨酰基循环转运

小肠黏膜细胞、肾小管细胞和脑组织吸收氨基酸通过 γ-谷氨酰基循环(γ-glutamyl cycle)进行。转运的关键酶是依赖位于细胞膜上的 γ-谷氨酰基转移酶。

小肠黏膜细胞上还存在着吸收二肽或三肽的转运体系。此种转运也是一个主动耗能的吸收过程,不同的二肽吸收具有相互竞争作用。

三、蛋白质肠道腐败作用

食物中大约95%的蛋白质被消化吸收,未被吸收的蛋白质、多肽或氨基酸在结肠下部细菌的作用下所发生的分解作用称为蛋白质腐败作用(putrefaction)。除少数产物(如维生素 K、维生素 B_{12}、维生素 B_6、叶酸、生物素及少量脂肪酸等)具有一定营养作用外,大多数是对人体有害的物质,如胺类、氨、酚类、吲哚、硫化氢等。

(一)肠道细菌通过脱羧基作用产生胺类

肠道中未被消化的蛋白质经细菌蛋白酶的作用水解生成氨基酸,氨基酸在细菌氨基酸脱羧酶的作用下,脱去羧基生成有毒的胺类。例如组氨酸、赖氨酸、色氨酸、酪氨酸及苯丙氨酸通过脱羧基作用分别生成组胺、尸胺、色胺、酪胺及苯乙胺。这些腐败产物大多有毒性,例如组胺和尸胺具有降低血压的作用,酪胺具有升高血压的作用。这些有毒物质通常经肝代谢转化为无毒形式排出体外。酪胺和苯乙胺若不能在肝内及时转化,易进入脑组织,分别经 β-羟化酶作用,转化为 β-多巴胺和苯乙醇胺,其结构类似于儿茶酚胺,故称为假神经递质(false neurotransmitter)。假神经递质增多时,可竞争性地干扰儿茶酚胺,阻碍神经冲动传递,使大脑发生异常抑制,这可能是肝性脑病发生的原因之一。

(二)肠道细菌通过脱氨基或尿素酶的作用产生氨

未被吸收的氨基酸在肠道细菌的作用下,通过脱氨基作用生成氨,这是肠道氨的重要来源之一。另一来源是血液中的尿素渗入肠道,经肠菌尿素酶的水解而生成氨。这些氨均可被吸收进入血液,在肝中合成尿素。降低肠道的 pH,可减少氨的吸收。

(三)腐败作用产生其他有害物质

除了胺类和氨以外,通过腐败作用还可产生其他有害物质,例如苯酚、吲哚、甲基吲哚及硫化氢等。

正常情况下,上述有害物质大部分随粪便排出,只有小部分被吸收,经肝的代谢转变而解毒,故不会发生中毒现象。

第3节 氨基酸的一般代谢

一、体内蛋白质的降解

人体蛋白质的合成与降解处于动态平衡。每日成人体内蛋白质有1%~2%被降解,主要是肌肉蛋白,降解所产生的氨基酸70%~80%被重新利用合成新的蛋白质。真核细胞中蛋白质降解主要有两条酶解途径:一是在溶酶体内由组织蛋白酶(cathepsin)催化降解,其特点是:①不依赖ATP;②主要降解外来的蛋白质、膜蛋白质和寿命长的细胞内蛋白质;另一途径是依赖泛素(ubiquitin)的降解过程,即泛素与降解蛋白质先形成共价连接,这种泛素化的蛋白质再在蛋白酶体(proteasome)的作用下完成降解,其特点是:①依赖ATP;②在细胞液中进行;③主要降解异常蛋白质和寿命较短的蛋白质。

二、氨基酸代谢库

食物蛋白质经消化吸收的氨基酸(外源性)与体内组织蛋白质降解产生及合成的非必需氨基酸(内源性)混合在一起,分布在体内各处构成氨基酸代谢库(metabolic pool)。氨基酸不能自由通过细胞膜,故在体内分布不均一,其中肌肉组织中氨基酸最多,占总代谢库的50%以上。代谢库中氨基酸的根本来源是食物蛋白质,最主要的功能是合成组织蛋白质和多肽;分解代谢的主要途径是脱氨基作用(图6-1)。

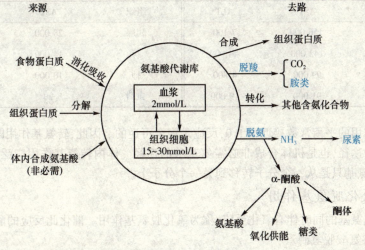

图6-1 体内氨基酸代谢概况

三、氨基酸的脱氨基作用

氨基酸脱去氨基生成酮酸的过程称为氨基酸的脱氨基作用。脱氨基作用方式主要有转氨基、氧化脱氨基、联合脱氨基等。其中联合脱氨基是体内主要的脱氨基途径。

考点:氨基酸的脱氨基方式;转氨酶与肝炎

(一) 转氨基作用

在氨基转移酶(又称转氨酶)催化下 α-氨基酸与 α-酮酸进行氨基和酮基的交换,分别生成相应的 α-酮酸和 α-氨基酸的过程称为转氨基作用(transamination)。氨基转移酶的辅酶为磷酸吡哆醛或磷酸吡哆胺,通过磷酸吡哆醛与磷酸吡哆胺分子互变起着传递氨基的作用。

$$\begin{array}{c} COOH \\ | \\ H-C-NH_2 \\ | \\ R_1 \end{array} + \begin{array}{c} COOH \\ | \\ C=O \\ | \\ R_2 \end{array} \xrightleftharpoons{转氨酶} \begin{array}{c} COOH \\ | \\ C=O \\ | \\ R_1 \end{array} + \begin{array}{c} COOH \\ | \\ H-C-NH_2 \\ | \\ R_2 \end{array}$$

转氨酶的种类多,特异性强,除赖氨酸、脯氨酸和羟脯氨酸外,其余均有相应的氨基转移酶。体内有两种重要的氨基转移酶:一种是丙氨酸氨基转移酶(alanine aminotransferase, ALT),又称谷丙转氨酶(GPT)。ALT 催化反应如下:

$$丙氨酸 + α\text{-}酮戊二酸 \xrightleftharpoons{ALT} 丙酮酸 + 谷氨酸$$

另一种是天冬氨酸氨基转移酶(aspartate aminotransferase, AST),又称谷草转氨酶(GOT)。AST 催化反应如下:

$$天冬氨酸 + α\text{-}酮戊二酸 \xrightleftharpoons{AST} 草酰乙酸 + 谷氨酸$$

转氨酶广泛分布于各种组织细胞中,其中以肝和心肌含量最丰富。不同组织细胞含量有差异(表 6-1)。正常情况下,血清中氨基转移酶的活性较低,只有当组织细胞受损,如细胞膜通透性增加或细胞破坏,大量氨基转移酶释放入血,血清中相应酶活性则明显升高。如急性肝炎时血清 ALT 活性显著升高;心肌梗死时血清 AST 明显升高。因此,测定血清氨基转移酶活性可作为诊断某些疾病和预后测评指标之一。

表 6-1 正常成人组织中 AST 及 ALT 活性(U/g 湿组织)

组织	AST	ALT	组织	AST	ALT
心	156 000	7 100	胰腺	28 000	2 000
肝	142 000	44 000	脾	14 000	1 200
骨骼肌	99 000	4 800	肺	10 000	700
肾	91 000	19 000	血清	20	16

转氨基作用的平衡常数接近于 1.0,反应是完全可逆的。因此,转氨基作用既是体内氨基酸分解代谢的途径,也是机体合成非必需氨基酸的途径。体内转氨基作用广泛,但并没有游离氨生成,其氨基只是从一个分子转移到另一个分子上。

(二) 氧化脱氨基作用

氨基酸脱氨基的同时伴有氧化反应,称为氧化脱氨基作用。催化此反应的酶有氨基酸氧化酶类和 L-谷氨酸脱氢酶。

氨基酸氧化酶属黄酶类,辅基为 FAD。在有氧条件下催化氨基酸氧化脱氨生成 α-酮酸、NH_3 和 H_2O_2。氨基酸氧化酶类在氨基酸脱氨基作用中意义不大。L-谷氨酸脱氢酶为不需氧脱氢酶类,辅酶为 NAD^+ 或 $NADP^+$。肝、肾、脑等组织中广泛存在,活性较强,属立体异构特异性酶类,只能催化 L-谷氨酸氧化脱氨,生成 α-酮戊二酸和 NH_3,并不能催化其他氨基酸脱氨基。

$$L\text{-}谷氨酸 \underset{NAD^+ \quad NADH+H^+}{\xrightleftharpoons{L\text{-}谷氨酸脱氢酶}} 亚谷氨酸 \underset{H_2O \quad H_2O}{\xrightleftharpoons{L\text{-}谷氨酸脱氢酶}} α\text{-}酮戊二酸 + NH_3$$

（三）联合脱氨基作用

联合脱氨基作用是体内氨基酸脱氨基的重要方式。L-氨基酸先与 α-酮戊二酸经转氨基作用生成相应的酮酸及谷氨酸，谷氨酸经 L-谷氨酸脱氢酶作用重新生成 α-酮戊二酸，同时释放游离氨，这种转氨基与氧化脱氨基作用联合进行的脱氨方式，称为联合脱氨基作用（图 6-2）。

图 6-2　联合脱氨基作用

联合脱氨基作用能使大部分氨基酸脱去氨基。但是，在骨骼肌和心肌组织中，L-谷氨酸脱氢酶活性不高，氨基酸以另一种联合方式脱氨基，即嘌呤核苷酸循环（purine nucleotide cycle）（图 6-3）。该循环中，L-氨基酸在相应氨基转移酶催化下，将氨基转移给 α-酮戊二酸生成谷氨酸；谷氨酸在 AST 的催化下，将氨基转移给草酰乙酸生成天冬氨酸；天冬氨酸在腺苷酸代琥珀酸合成酶的催化下，与次黄嘌呤核苷酸（IMP）反应生成腺苷酸代琥珀酸，后者在裂解酶的催化下释放出延胡索酸并生成腺嘌呤核苷酸（AMP），AMP 在腺苷酸脱氢酶的催化下释放出游离氨并转化为 IMP，参与下次循环。该循环为不可逆反应。

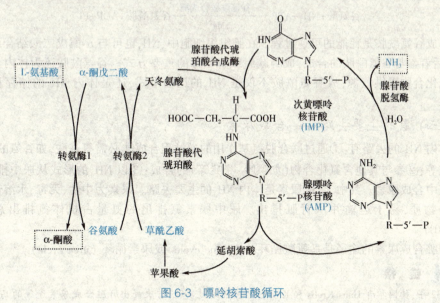

图 6-3　嘌呤核苷酸循环

四、氨的代谢

机体代谢产生的氨及消化道产生的氨进入血液，形成血氨，正常人血氨（NH_3）浓度在 47~65μmol/L。当血氨浓度升高，可引起中枢神经功能紊乱，称为氨中毒。机体通过一系列调节机制，维持血氨浓度在正常水平。

考点：体内氨的来源

（一）体内氨的来源

体内 NH_3 的来源有三大类。

1. 各种含氮化物(氨基酸、胺类、碱基等)在体内分解代谢产生的NH_3。其中氨基酸脱氨基作用产生的NH_3是体内氨的主要来源。

2. 肾远曲小管上皮细胞谷氨酰胺的分解产生的NH_3在某种条件下也可进入血液,成为血NH_3的一种来源。酸性尿有利于肾小管细胞中的氨扩散入尿,而碱性尿则妨碍肾小管细胞中氨的分泌。

3. 肠道食物蛋白质腐败作用产生的NH_3、尿素在肠道细菌作用下分解释放的NH_3及药物在体内所产生的NH_3统称为外源性氨。肠道NH_3的吸收状况与肠道pH有关。当pH低时,NH_3与H^+结合生成NH_4^+不易吸收而随大便排出体外;当pH高时,NH_3吸收增加。

(二) 氨的转运

NH_3是有毒物质,但机体能将有毒的NH_3转变为无毒的丙氨酸和谷氨酰胺两种形式运输。

1. **氨通过丙氨酸-葡萄糖循环从肌肉运向肝脏** 肌肉组织中,葡萄糖酵解产生的丙酮酸经转氨基作用接受其他氨基酸的氨基而生成丙氨酸,再经血液运输到肝脏,丙氨酸在肝脏将氨基转给 α-酮戊二酸生成谷氨酸和丙酮酸。丙酮酸经糖异生作用又可生成葡萄糖,再经血液运回肌肉。这种通过丙氨酸与葡萄糖在肌肉和肝脏中的相互转换作用,实现了NH_3从肌肉组织运至肝脏的循环,称丙氨酸-葡萄糖循环(alanine-glucose cycle)。

2. **氨通过谷氨酰胺从脑和肌肉等组织运向肝脏** 谷氨酰胺既是蛋白质的基本组成单位,又是体内NH_3的重要运输形式。脑、肌肉中产生的NH_3,在谷氨酰胺合成酶催化下结合到谷氨酸分子上,生成谷氨酰胺而进入血液转运。

$$谷氨酸+NH_3+ATP \xrightleftharpoons[Mg^{2+}]{谷氨酰胺合成酶} 谷氨酰胺+ADP+Pi$$

合成谷氨酰胺是耗能的可逆过程。在脑组织细胞中,NH_3也可与 α-酮戊二酸结合形成谷氨酸,后者参与谷氨酰胺的合成,成为脑组织解氨毒的重要方式。谷氨酰胺还为体内合成其他含氮化合物提供氮源,故谷氨酰胺不仅是NH_3的运输形式,还是体内NH_3的储存和解毒方式。

(三) 氨的主要去路——合成尿素

体内NH_3的去路有:①通过联合脱氨基作用的逆过程合成非必需氨基酸,如谷氨酰胺、天冬酰胺等;②参与其他含氮化合物(如嘌呤、嘧啶等)的合成;③以NH_4^+的形式从尿中排出;④在肝脏中合成尿素。其中,合成尿素是体内NH_3的主要去路。尿素为中性、无毒、水溶性强的小分子物质,易于运输并从肾脏排出。尿中尿素氮排出的氮量占机体氮排出总量的80%~90%。

肝脏合成尿素的途径是鸟氨酸循环(ornithine cycle)或尿素循环(urea cycle)。

> **链 接**
>
> 1932年,德国学者 Hans Krebs 和 Kurt Henseleit 通过实验,首次提出肝脏合成尿素途径的鸟氨酸循环,故又名 Krebs-Henseleit 循环。

1. **鸟氨酸循环过程**

(1) 氨基甲酰磷酸的合成:在Mg^{2+}、ATP 及 N-乙酰谷氨酸(N-acetyl glutamic acid, AGA)存在的条件下,肝细胞线粒体内的氨基甲酰磷酸合成酶 I(carbamoyl phosphate synthetase-1, CPS-1)利用NH_3、CO_2、H_2O合成活泼的高能化合物氨基甲酰磷酸。反应为不可逆过程。氨基甲酰磷酸合成酶 I 是变构酶,AGA 为该酶的变构激活剂。

$$NH_3+CO_2+H_2O+2ATP \xrightarrow[AGA, Mg^{2+}]{氨基甲酰磷酸合成酶 I} 氨基甲酰磷酸 + 2ADP + Pi$$

第6章 氨基酸代谢

(2) 瓜氨酸的合成：氨基甲酰磷酸与鸟氨酸在鸟氨酸氨基甲酰转移酶催化下生成瓜氨酸。此反应仍在线粒体中进行，为不可逆反应。

$$鸟氨酸 + 氨基甲酰磷酸 \xrightarrow{鸟氨酸氨基甲酰转移酶} 瓜氨酸 + Pi$$

(3) 精氨酸的合成：线粒体中生成的瓜氨酸进入细胞液。在精氨酸代琥珀酸合成酶的催化下，ATP供能，使瓜氨酸与天冬氨酸反应生成精氨酸代琥珀酸。后者经精氨酸代琥珀酸裂解酶催化裂解成精氨酸及延胡索酸。延胡索酸经加水、脱氢转变成草酰乙酸。草酰乙酸在AST催化下接受谷氨酸分子上的氨基重新生成天冬氨酸，参与下一次循环。由此可知，氨基酸通过转氨基作用，均可以天冬氨酸的形式参与尿素的合成。

$$瓜氨酸 + 天冬氨酸 \xrightarrow[ATP \quad H_2O \quad AMP \quad Pi]{精氨酸代琥珀酸合成酶} 精氨酸代琥珀酸 \xrightarrow{精氨酸代琥珀酸裂解酶} 精氨酸 + 延胡索酸$$

(4) 尿素的生成：细胞液中精氨酸酶催化精氨酸水解生成尿素和鸟氨酸。鸟氨酸通过线粒体内膜上的载体转运再次进入线粒体，进入下一次循环。

$$精氨酸 + H_2O \xrightarrow{精氨酸酶} 鸟氨酸 + 尿素$$

尿素合成的总反应归结为：

$$2NH_3 + CO_2 + 3ATP + 3H_2O \longrightarrow \underset{NH_2}{\overset{NH_2}{C}}{=}O + 2ADP + AMP + 4Pi$$

现将尿素合成的中间步骤及其细胞定位总结于图6-4。

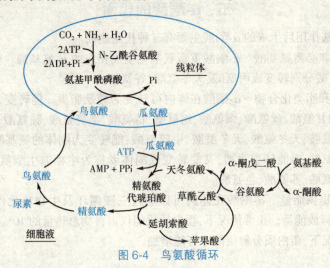

图6-4 鸟氨酸循环

2. 尿素合成的调节

(1) 食物蛋白质的影响：高蛋白质膳食体内尿素合成速度加快，反之，低蛋白膳食尿素合成速度减慢，排出含氮物中尿素比例可下降至60%。

(2) 氨基酸的影响：鸟氨酸循环的中间产物，如鸟氨酸、瓜氨酸、精氨酸的浓度增加时，均可加速尿素的生成速度。

(3) N-乙酰谷氨酸的作用：AGA是氨基甲酰磷酸合成酶I的变构激活剂，可使CPSI的构象改变，暴露酶分子中的某些硫基，增加酶与ATP的亲和力。AGA是由乙酰辅酶A与谷氨酸在 AGA 合成酶催化下生成的。精氨酸又是 AGA 合成酶的激活剂,故精氨酸浓度升高时,尿素生成增加。

(4) 精氨酸代琥珀酸合成酶:鸟氨酸循环中精氨酸代琥珀酸合成酶活性最低,是尿素合成的限速酶,其活性改变将影响尿素合成速度。

(四) 高血氨与肝性脑病

案例 6-1

张某,男,56 岁,肝硬化。某日一次性大量饮酒,并进食过量的肉、蛋、奶等高蛋白食品后,出现呕咖啡色血液 200ml,黑便一次,2h 后昏迷不醒。辅助检查血氨升高。

问题:1. 请解释患者出现的昏迷不醒的原因。
　　　2. 临床上给患者服用谷氨酸盐是何目的?
　　　3. 对患者护理为何用弱酸性透析液作结肠透析,而禁止用碱性肥皂水灌肠?
　　　4. 如何进行健康餐饮指导?

考点: 肝昏迷

正常情况血 NH_3 的来源与去路保持动态平衡,肝脏合成尿素是维持这个平衡的关键。肝功能严重受损时,尿素合成障碍,血 NH_3 浓度增高,称为高血氨(hyperammonemia)。血氨增高时,NH_3 进入脑组织与 α-酮戊二酸结合生成谷氨酸,NH_3 可进一步与谷氨酸结合生成谷氨酰胺,而不致 NH_3 明显增多,但是,α-酮戊二酸消耗过多,干扰了三羧酸循环,脑组织 ATP 生成减少,出现功能障碍导致肝性脑病(肝昏迷)。上述为肝性脑病的"氨中毒学说"。严重肝病患者控制食物蛋白质的摄入,是防治肝性脑病的重要措施之一。

五、α-酮酸的代谢

氨基酸脱氨基作用后生成的 α-酮酸主要有三种代谢途径。

1. 合成营养非必需氨基酸　α-酮酸重新氨基化生成相应的 α-氨基酸。例如,丙酮酸、草酰乙酸、α-酮戊二酸分别转变成丙氨酸、天冬氨酸、谷氨酸。

2. 转变为糖和脂类化合物　α-酮酸在体内可转变为糖及脂类。能转变为糖的氨基酸称为生糖氨基酸,如甘氨酸、丝氨酸、缬氨酸、组氨酸、精氨酸、半胱氨酸、脯氨酸、羟脯氨酸、丙氨酸、谷氨酸、谷氨酰胺、天冬氨酸、天冬酰胺、甲硫氨酸;能转变为酮体的氨基酸称为生酮氨基酸,如亮氨酸、赖氨酸;既能转变为糖,又能转变成酮体者称为生糖兼生酮氨基酸,如异亮氨酸、苯丙氨酸、酪氨酸、苏氨酸、色氨酸。

3. 氧化分解提供能量　α-酮酸在体内可以通过三羧循环及生物氧化作用彻底氧化成 CO_2 及 H_2O,同时释放能量。正常情况下,蛋白质供能仅占食物总热量的 10%~15%,只有在长期饥饿等特殊情况下,蛋白质分解供能才可能增加。

第 4 节　个别氨基酸的代谢

一、氨基酸脱羧基作用

氨基酸脱去羧基生成 CO_2 和胺的过程称为氨基酸脱羧基作用(decarboxylation)。氨基酸脱羧酶催化氨基酸脱羧反应,其辅酶为磷酸吡哆醛。氨基酸脱羧生成的胺在胺氧化酶催化下氧化成醛,醛能进一步氧化成酸,与糖和脂肪的代谢相衔接,避免胺类在体内蓄积。胺氧化酶在肝中活性最强。体内部分氨基酸脱羧生成具有重要生理活性的胺。

（一）组胺

组胺（histamine）是组氨酸在组氨酸脱羧酶的催化下脱羧生成的。组氨酸脱羧酶广泛分布于脑、肺、乳腺、肝、肌肉、胃黏膜、结缔组织等肥大细胞内，这些组织中产生的组胺，主要储存在肥大细胞中。组胺是一种强烈的血管扩张剂，并能增强毛细血管的通透性。创伤性休克、过敏反应或炎症病变部位可因肥大细胞释放大量组胺，引起血管扩张、血压下降及水肿等临床表现。组胺还能刺激胃黏膜细胞分泌胃蛋白酶及胃酸，临床上用于胃的功能检查等研究中。

$$L\text{-组氨酸} \xrightarrow{\text{组氨酸脱羧酶}} \text{组胺} + CO_2$$

（二）γ-氨基丁酸

γ-氨基丁酸（γ-aminobutyric acid，GABA）是由谷氨酸脱羧产生。催化此反应的酶为谷氨酸脱羧酶，该酶在脑、肾组织中活性很高，故脑中 GABA 含量较高。GABA 为抑制性神经递质。临床上服用维生素 B_6，以提高谷氨酸脱羧酶的活性，增加 GABA 的生成，抑制呕吐中枢而达到止吐的疗效。

$$L\text{-谷氨酸} \xrightarrow{\text{谷氨酸脱羧酶}} \gamma\text{-氨基丁酸} + CO_2$$

（三）5-羟色胺

5-羟色胺（5-hydroxytryptamine，5-HT）是色氨酸在色氨酸羟化酶和 5-羟色氨酸脱羧酶的协同作用下产生。5-HT 在大脑皮质和神经轴突中含量很高，作为神经递质，具有抑制作用；对外周血管具有强烈收缩作用。

$$\text{色氨酸} \xrightarrow{\text{色氨酸羟化酶}} 5\text{-羟色氨酸} \xrightarrow{\text{5-羟色氨酸脱羧酶}} 5\text{-羟色胺} + CO_2$$

5-HT 主要在单胺氧化酶的催化下而逐步分解，最终生成 5-羟吲哚乙酸由尿排出。临床研究发现，类癌患者尿中 5-羟吲哚乙酸浓度明显增高，对其进行检测有助于类癌诊断。

二、一碳单位的代谢

（一）一碳单位的概念

一碳单位（one carbon unit）是指某些氨基酸分解代谢过程中产生的只含有一个碳原子的基团，也称为一碳基团。例如：甲基（—CH_3）、甲烯基（—CH_2—，亚甲基）、甲炔基（=CH—，次甲基）、甲酰基（—CHO）及亚氨甲基（—CH=NH）等。一碳单位主要来源于甘氨酸、丝氨酸、组氨酸及色氨酸代谢。一碳单位不能独立存在，必须由载体携带、转运才能参与代谢。

（二）一碳单位的载体

一碳单位的载体为四氢叶酸（tetrahydrofolic acid；FH_4）。FH_4 由叶酸加氢还原而成，结构式如下：

5,6,7,8-四氢叶酸（FH_4）

FH_4 分子上第 5 和 10 位氮（N^5、N^{10}）是携带一碳单位的部位。常见的有 N^5-甲基四氢叶酸（N^5-

$CH_3 \cdot FH_4$)、N^5,N^{10}-甲烯四氢叶酸(N^5,N^{10}-CH_2-FH_4)、N^{10}-甲酰四氢叶酸(N^{10}-CHO·FH_4)等。

$$\underset{\text{(甘氨酸)}}{\underset{|}{\overset{CH_2NH_2}{COOH}}} + FH_4 \xrightarrow[NAD^+ \quad NADH+H^+]{\text{甘氨酸裂解酶}} CO_2 + NH_3 + \underset{(N^5,N^{10}\text{-甲烯四氢叶酸})}{N^5,N^{10}-CH_2-FH_4}$$

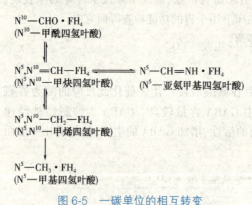

图 6-5 一碳单位的相互转变

(三) 一碳单位的生成及相互转变

FH_4 分子上不同形式的一碳单位中,除 N^5-甲基四氢叶酸外,其余均可在适当条件通过氧化还原反应相互转化(图 6-5)。

(四) 一碳单位代谢的生理意义

一碳单位是机体细胞合成嘌呤及嘧啶的原料之一,在核酸生物合成中具有重要意义。例如 N^{10}—CHO·FH_4、N^5,N^{10}=CH—FH_4 分别提供嘌呤核苷酸的 C_2、C_8;N^5,N^{10}—CH_2—FH_4 提供脱氧胸苷酸的甲基等。FH_4 缺乏时,一碳单位代谢障碍,嘌呤核苷酸和嘧啶核苷酸合成障碍,DNA 和 RNA 生物合成受到影响,导致细胞增殖、分化、成熟受阻,临床典型病例是巨幼红细胞性贫血。

一碳单位代谢联系了氨基酸代谢与核酸代谢。N^5—$CH_3 \cdot FH_4$ 把—CH_3 传递给同型半胱氨酸生成蛋氨酸,后者转化为活性 S-腺苷蛋氨酸,参与体内的多种甲基化反应。

三、含硫氨基酸的代谢

体内含硫氨基酸主要有蛋氨酸(甲硫氨酸)、半胱氨酸和胱氨酸三种。其中蛋氨酸为必需氨基酸,半胱氨酸可由蛋氨酸转化生成,胱氨酸由两个半胱氨酸缩合而成。

(一) 蛋氨酸代谢

蛋氨酸在蛋氨酸腺苷转移酶催化下,接受 ATP 提供的腺苷生成 S-腺苷蛋氨酸(S-adenosyl methionine,SAM)。SAM 为活性蛋氨酸,是体内甲基供体。转甲基酶催化 SAM 为体内甲基化反应提供甲基,同时 SAM 转化为 S-腺苷同型半胱氨酸(S-adenosyl homocysteine,SAH),SAH 在裂解酶作用下脱去腺苷生成同型半胱氨酸。后者在转甲基酶催化下,接受 N^5—$CH_3 \cdot FH_4$ 的甲基再次

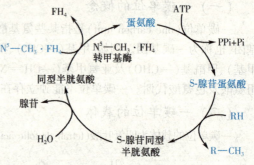

图 6-6 蛋氨酸循环

合成蛋氨酸,构成蛋氨酸循环(methionine cycle)(图 6-6)。SAH 还可经胱硫醚合成酶催化与丝氨酸结合生成胱硫醚,后者分解生成半胱氨酸和 α-酮丁酸,参与生物氧化或糖异生。

蛋氨酸是必需氨基酸。蛋氨酸循环的意义就在于其他氨基酸参与一碳单位代谢,通过 N^5-$CH_3 \cdot FH_4$ 供给甲基合成蛋氨酸,再由 SAM 提供甲基生成重要的生物活性物质,如肾上腺素、肉毒碱、肌酸、胆碱等,在保障甲基化反应不断进行的同时,不减少蛋氨酸的量。

(二) 半胱氨酸与胱氨酸代谢

半胱氨酸与谷氨酸、甘氨酸缩合成谷胱甘肽(GSH)。半胱氨酸经氧化,脱羧生成牛磺酸,

成为结合胆汁酸的重要组成部分。

半胱氨酸含有巯基（—SH），是某些酶的必需基团，对维持酶活性具有重要意义。两分子半胱氨酸缩合形成胱氨酸。胱氨酸含二硫键（—S—S—），对维持蛋白质分子的空间构象具有十分重要的作用。

$$2 \begin{array}{c} CH_2SH \\ CHNH_2 \\ COOH \end{array} \underset{+2H^+}{\overset{-2H^+}{\rightleftharpoons}} \begin{array}{c} CH_2-S-S-CH_2 \\ CHNH_2 \quad\quad CHNH_2 \\ COOH \quad\quad\quad COOH \end{array}$$

　　　　半胱氨酸　　　　　　　　　　　胱氨酸

含硫氨基酸在体内氧化分解产生硫酸根（SO_4^{2-}），其中以半胱氨酸为主。硫酸根经过 ATP 活化生成 3′-磷酸腺苷-5′-磷酸硫酸（3′-ghosphoadenosine-5′-phospho-sulfate，PAPS）。PAPS 化学性质活泼，参与硫酸软骨素及硫酸角质素等分子中硫酸化氨基糖的合成，以及在肝脏生物转化作用中作为硫酸供体参与结合反应。

$$ATP + SO_4^{2-} \xrightarrow{PPi} AMP-SO_3^- \xrightarrow{+ATP} 3'-PO_3H_2-AMP-SO_3^- + ADP$$
　　　　　　　　　　　腺苷-5′-磷酸硫酸　　　　　　PAPS

$$\begin{array}{c} O \\ \| \\ ^-O_3S-O-P-O-CH_2 \quad 腺嘌呤 \\ | \\ OH \\ H_2O_3PO \quad OH \end{array}$$
　　　　　　　　　PAPS 结构

四、芳香氨基酸的代谢

（一）苯丙氨酸代谢

苯丙氨酸是必需氨基酸。正常情况下，苯丙氨酸羟化酶催化大部分苯丙氨酸生成酪氨酸。极少数苯丙氨酸脱氨生成苯丙酮酸。先天性缺乏苯丙氨酸羟化酶的患者，体内苯丙氨酸的脱氨基作用增强，生成大量的苯丙酮酸，引起苯丙酮酸尿症。苯丙酮酸对神经系统有毒性，致儿童神经系统发育障碍。

（二）酪氨酸代谢

酪氨酸在体内可转化为多种物质（图6-7）。

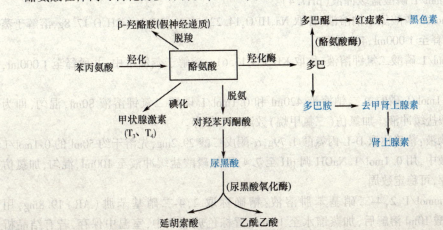

图6-7　酪氨酸代谢

苯丙氨酸和酪氨酸在脑内可产生假性神经递质——苯乙醇胺及 β-羟酪胺。前者由苯丙氨酸产生,后者由酪氨酸产生。假性神经递质能阻碍神经传导。

甲状腺激素是酪氨酸的碘化衍生物。由甲状腺球蛋白分子中的酪氨酸残基碘化生成。甲状腺激素有两种,即 3,5,3′,5′-四碘甲腺原氨酸(甲状腺素,T_4)和 3,5,3′-三碘甲腺原氨酸(T_3)。T_3 的生物活性比 T_4 大 3~8 倍,但含量远比 T_4 少。临床上通过测定 T_3、T_4 的含量了解甲状腺功能状态。合成 T_3、T_4 需要碘为原料,有些地区由于食物中缺碘,可引起地方性甲状腺肿。在食盐中加入一定量的碘化合物如 KI,可以预防这种疾病。

酪氨酸脱氨生成对羟苯丙酮酸,继而转化为尿黑酸,后者经尿黑酸氧化酶催化裂解为延胡索酸和乙酰乙酸。若先天缺乏尿黑酸氧化酶,导致尿黑酸在体内堆积,出现尿黑酸症。

酪氨酸酶催化多巴脱氢生成多巴醌,最终转化为黑色素,成为毛发、皮肤及眼球的色素。先天性缺乏酪氨酸酶,导致白化病。

多巴胺、去甲肾上腺素和肾上腺素三者合称为儿茶酚胺(catecholamine),均为神经递质。酪氨酸羟化酶是儿茶酚胺合成的限速酶。

实验五 血清丙氨酸氨基转移酶(ALT)活性测定(赖氏法)

(一) 实验目的

掌握血清丙氨酸氨基转移酶(ALT)测定(赖氏法)的原理。

熟悉体内氨基酸的氨基移换作用及丙氨酸氨基转移酶(ALT)活性变化的临床意义。

(二) 实验原理

丙氨酸与 α-酮戊二酸在 pH7.4 时,经 ALT 催化进行氨基移换作用,生成丙酮酸和谷氨酸。丙酮酸与 2,4-二硝基苯肼作用,生成丙酮酸-2,4-二硝基苯腙,后者在碱性环境呈棕红色,颜色深浅表示酶活力大小。在波长 505nm 处读取吸光度,即可计算出丙氨酸氨基转移酶的活性。

$$L\text{-丙氨酸} + \alpha\text{-酮戊二酸} \xrightleftharpoons{ALT} \text{丙酮酸} + L\text{-谷氨酸}$$

$$\text{丙酮酸} + 2,4\text{-二硝基苯肼} \xrightleftharpoons{OH^-} \text{丙酮酸-2,4-二硝基苯腙}$$

(三) 实验材料及方法

1. 试剂

(1) 0.1mol/L 磷酸盐缓冲液(pH7.4)

1) 0.1mol/L 磷酸氢二钠溶液:称取 Na_2HPO_4 14.22g 或 $Na_2HPO_4 \cdot 2H_2O$ 17.8g,溶解于蒸馏水中,并稀释至 1 000ml,4℃ 保存。

2) 0.1mol/L 磷酸二氢钾溶液:称取 KH_2PO_4 13.61g,溶解于蒸馏水中,并稀释至 1 000ml,4℃ 保存。

3) 取 0.1mol/L 磷酸氢二钠溶液 420ml 和 0.1mol/L 磷酸二氢钾溶液 80ml,混匀,即为 pH7.4 的磷酸盐缓冲液。加氯仿(三氯甲烷)数滴,4℃ 保存。

(2) 底物液:精确称取 D-L-丙氨酸 1.79g,α-酮戊二酸 29.2mg,先溶于约 50ml 的 0.1mol/L 磷酸盐缓冲液中,用 0.1mol/L NaOH 调 pH 至 7.4,再加磷酸盐缓冲液至 100ml,混匀,加氯仿数滴,4℃ 保存,可稳定数周。

(3) 1.0mmol/L 2,4-二硝基苯肼溶液:精确称取 2,4-二硝基苯肼(AR)19.8mg,用 10mmol/L 盐酸 10ml 溶解后,加蒸馏水至 100ml,置棕色玻璃瓶中,室温中保存,若有结晶析出,应重新配制。

(4) 0.4mol/L NaOH 溶液:称取 NaOH 16.0g 溶解于蒸馏水中,并加蒸馏水至 1 000ml,置塑料试剂瓶中保存。

(5) 2mmol/L 丙酮酸标准液:准确称取丙酮酸钠(AR)22.0mg,用 0.1mol/L pH7.4 磷酸盐缓冲液溶解,转入 100ml 容量瓶中,加 pH7.4 磷酸盐缓冲液至刻度。此溶液应新鲜配制,建议使用质量可靠的市售标准液。

2. 操作步骤

(1) ALT 标准曲线的绘制

1) 按表 6-2 向各管加入相应试剂。

表 6-2　ALT 测定标准曲线绘制操作步骤

加入物/ml	0	1	2	3	4
0.1mol/L 磷酸盐缓冲液	0.1	0.1	0.1	0.1	0.1
2mmol/L 丙酮酸标准液	0	0.05	0.10	0.15	0.20
底物液	0.5	0.45	0.40	0.35	0.30
2,4-二硝基苯肼溶液	0.5	0.5	0.5	0.5	0.5
混匀,置 37℃ 水浴 20min					
0.4mol/L NaOH 溶液	5.0	5.0	5.0	5.0	5.0
相当于酶活性单位(卡门氏单位)	0	28	57	97	150

2) 混匀,放置 5min 后在波长 505nm 处,以蒸馏水调零,读取各管吸光度,各管吸光度减去 "0" 号管吸光度即为该标准管的吸光度值。

3) 以吸光度值为纵坐标,卡门单位为横坐标,各标准管的吸光度值对活性单位作图,即为标准曲线。

(2) 标本的测定:按表 6-3 操作。

表 6-3　ALT 测定(赖氏法)操作步骤

加入物/ml	测定管	对照管
血清	0.1	0.1
底物液	0.5	—
混匀,置 37℃ 水浴保温 30min		
2,4-二硝基苯肼溶液	0.5	0.5
底物液	—	0.5
混匀,置 37℃ 水浴保温 20min		
0.4mol/L NaOH 溶液	5.0	5.0

室温放置 5min,在波长 505nm 处,以蒸馏水调零,读取各管吸光度。

(3) 结果:测定管吸光度减去对照管吸光度的差值为标本的吸光度,用该值在标准曲线上查得 ALT 的卡门单位。

参考范围:5~25 卡门单位。

(四) 临床意义

1. 血清 ALT 活性增高可见于下述疾病　①肝胆疾病:传染性肝炎、肝癌、肝硬化活动期、中毒性肝炎、脂肪肝、胆管炎和胆囊炎等;②心血管疾病:心肌梗死、心肌炎、心力衰竭时的肝脏淤血、脑出血等;③骨骼肌疾病:多发性肌炎、肌营养不良等。

2. 一些药物和毒物可引起 ALT 活性升高　如氯丙嗪、异烟肼、利福平、奎宁、地巴唑、水杨酸制剂、乙醇、铅、汞、四氯化碳、有机磷等。停药后 ALT 活性就可下降。

(五) 注意事项

1. 赖氏法以卡门单位报告结果。卡门单位定义:血清 1ml,反应液总体积 3ml,25℃,波长 340nm,比色杯光径 1.0cm,每分钟吸光度下降 0.001 为一个单位(相当于 0.1608μmol NADH 被氧化)。由于底物 α-酮戊二酸和 2,4-二硝基苯肼浓度不足,以及产物丙酮酸的抑制作用,赖氏法的标准曲线不能延长到 200 卡门单位。

2. 血清中 ALT 活性在室温(25℃)可维持 2 天,在 4℃冰箱可维持 1 周。

3. 正常血清对照管吸光度值接近试剂空白管(以 0.1ml 蒸馏水代替血清,其他步骤同对照管)。测定成批标本一般不需要每份标本都用自身血清作对照管,以试剂空白代替即可。但酶活性超过参考值的标本应进行复检,复检时,应作自身血清的对照管。

4. 严重脂血、黄疸或溶血血清可能引起吸光度增加,这类标本应作血清标本对照管。

5. 当酶活性超过 150 卡门单位时,应用生理盐水作 5~10 倍稀释样本,测定结果乘以稀释倍数。

6. 加入 2,4-二硝基苯肼溶液后,应充分混匀,使反应完全。加入氢氧化钠溶液的速度要一致,减少吸光度管间的差异。

7. α-酮戊二酸和 2,4-二硝基苯肼均为呈色物,称量必须准确,每批试剂空白管的吸光度上下波动应在 0.015 以内,否则应检查试剂及仪器等方面的问题。

8. 成批测定时,各管加入血清后,试管架应在 37℃水浴中,以一定时间间隔向各管加入底物缓冲液,每加入一管后即时混匀。以加入第 1 管开始计时,在准确保证酶促反应时间 30min 后,立即以相同间隔时间加入 2,4-二硝基苯肼溶液,并立即混匀,确保成批测定结果的准确性。

9. 赖氏法重复性差,CV 为 20% 左右;准确性差,线性范围窄,影响实验结果的因素多,且不易控制,系统误差大。

10. 赖氏法操作简便,实验条件要求低,便于基层医院开展。但不是 ALT 测定的理想方法,有条件的实验室应采用速率法测定。

目 标 检 测

一、选择题

A1 型题

1. 除下列哪一种氨基酸外,均为营养必需氨基酸（　　）
   A. 赖氨酸　　　B. 丝氨酸
   C. 苏氨酸　　　D. 色氨酸
   E. 甲硫氨酸

2. 尿素合成的主要器官是（　　）
   A. 肝脏　　　B. 肾脏
   C. 肌肉　　　D. 心脏
   E. 胰腺

3. 蛋白质生理价值大小主要取决于（　　）
   A. 氨基酸的种类
   B. 氨基酸的数量
   C. 必需氨基酸的数量
   D. 必需氨基酸的种类
   E. 必需氨基酸的数量、种类和比例

4. 急性肝炎患者血清中活性显著升高的酶是（　　）
   A. 谷丙转氨酶(GPT)
   B. 谷草转氨酶(GOT)
   C. 乳酸脱氢酶(LDH)
   D. 淀粉酶
   E. 酪氨酸酶

5. 人体内最重要氨基酸的脱氨基方式是(　　)
   A. 转氨基作用
   B. 氧化脱氨基作用
   C. 联合脱氨基作用
   D. 非氧化脱氨基作用
   E. 核苷酸循环脱氨基作用
6. 体内氨的主要来源是(　　)
   A. 体内胺类物质释放的氨
   B. 氨基酸脱氨基作用产生的氨
   C. 蛋白质腐败产生的氨
   D. 尿素分解产生的氨
   E. 肾小管谷氨酰胺分解产生的氨
7. 鸟氨酸循环的作用是(　　)
   A. 鸟氨酸脱氨　B. 鸟氨酸脱羧
   C. 合成鸟氨酸　D. 合成尿素
   E. 合成尿酸
8. 体内转运一碳单位的载体是(　　)
   A. 维生素 B_{12}　B. 叶酸
   C. 四氢叶酸　D. 生物素
   E. 氨基酸
9. 肝性脑病时脑中氨的增加,可以使脑细胞中减少的物质是(　　)
   A. 草酰乙酸　B. 异柠檬酸
   C. 乙酰乙酸　D. 苹果酸
   E. α-酮戊二酸
10. 通过嘌呤核苷酸循环联合脱氨基作用的组织是(　　)
    A. 肝组织　B. 肾脏组织
    C. 脑组织　D. 小肠组织
    E. 心肌

二、名词解释

1. 氮平衡　2. 转氨基作用　3. 必需氨基酸
4. 一碳单位　5. 联合脱氨基作用

三、填空题

1. 氨基酸在体内的主要脱氨基方式是_____。
2. 氨基酸脱氨基后的产物为_____和_____。
3. 下列疾病分别由于缺乏哪种酶所致：白化病缺乏_____、苯丙酮尿酸缺乏_____、尿黑酸病缺乏_____。
4. 儿茶酚胺包括_____、_____和_____三种物质。

四、简答题

1. 试述氨的来源和去路。
2. 体内有哪几种脱氨基方式?
3. 简述尿素合成的意义。

(刘家秀)

第 7 章 核苷酸代谢

学习目标

掌握:核苷酸合成代谢中从头合成途径和补救合成途径的概念。嘌呤核苷酸分解代谢的最终产物。脱氧核苷酸的生成是由二磷酸核苷还原而成的。

熟悉:嘌呤核苷酸和嘧啶核苷酸的从头合成原料、部位、特点及重要的中间代谢物。痛风症发病和治疗的生化机制。

了解:嘌呤核苷酸、嘧啶核苷酸合成和分解代谢的基本过程及主要酶的名称。嘌呤核苷酸和嘧啶核苷酸的抗代谢物在临床医学中的作用及作用机制。

核苷酸是核酸的基本单位,是机体内一类重要的含氮化合物。在人体内核苷酸分布十分广泛并具有多种生物学功能:①作为核酸的合成原料,这也是最主要的功能;②在物质代谢中作为能量载体。如:ATP 就是细胞的主要能量物质;③作为许多物质生物合成的活性中间物。如:UDP 葡萄糖是糖原合成所需的活性物质,CDP 二酰基甘油是磷脂合成所需的活性物质,S-腺苷甲硫氨酸能为某些物质的合成提供活性的甲基;④参与代谢和生理调节作用。如:cAMP 是细胞膜受体激素作用的第二信使;⑤参与辅酶的组成。如:腺苷酸是多种辅酶(NAD$^+$、FAD、CoA 等)的组成成分。

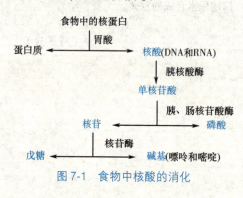

图 7-1 食物中核酸的消化

与氨基酸不同的是,人体内的核苷酸大部分是机体细胞利用氨基酸和葡萄糖等作为原料自身合成,少部分来自食物中的核酸降解。因此它不属于营养必需物质。当人体摄入含有核酸的核蛋白食物后,胃酸能把核蛋白初步分解成核酸和蛋白质。进入小肠,核酸在小肠中各种水解酶的作用下继续水解最终生成磷酸、戊糖和碱基(图 7-1)。

这些消化产物中的磷酸和戊糖可被小肠吸收继续参与体内的代谢,而碱基则大部分分解后被排出体外,很少被人体利用。本章重点讲授人体核苷酸的合成和分解代谢的过程。

第 1 节 核苷酸的合成代谢

核苷酸的合成代谢可分为从头合成途径和补救合成途径。从头合成途径(de novo synthesis)是利用氨基酸、一碳单位、CO_2 和核糖-5-磷酸(糖代谢中的磷酸戊糖途径的产物)等简单物质作为原料,经过一系列的酶促反应,合成嘌呤核苷酸和嘧啶核苷酸的过程。补救合成途径(salvage pathway)是利用体内已有的碱基或核苷为原料,经过简单的反应过程,合成嘌呤核苷酸和嘧啶核苷酸的过程。二者的重要性因组织不同而异,如肝脏主要进行从头合成途径,而脑和骨髓等则主要进行补救合成途径。

一、嘌呤核苷酸的合成代谢

(一) 从头合成途径

嘌呤核苷酸的从头合成是人体内嘌呤核苷酸合成的主要途径。其合成部位主要在肝脏,其次是小肠和胸腺的细胞液中进行的。基本原料是核糖-5-磷酸、氨基酸(包括谷氨酰胺、甘氨酸、天冬氨酸)、一碳单位(N^5,N^{10}-甲炔 FH_4,N^{10}-甲酰 FH_4)和 CO_2 等,它们是嘌呤环合成的各元素来源(图 7-2)。

图 7-2 嘌呤环合成的元素来源

嘌呤核苷酸的从头合成过程主要分为两阶段:首先次黄嘌呤核苷酸(inosine monophosphate, IMP)的合成;然后由 IMP 合成腺嘌呤核苷酸(AMP)和鸟嘌呤核苷酸(GMP)。具体过程如下:

1. IMP 的合成　反应共 11 步(图 7-3)。首先核糖-5′-磷酸(R-5′-P)在酶的作用下生成磷

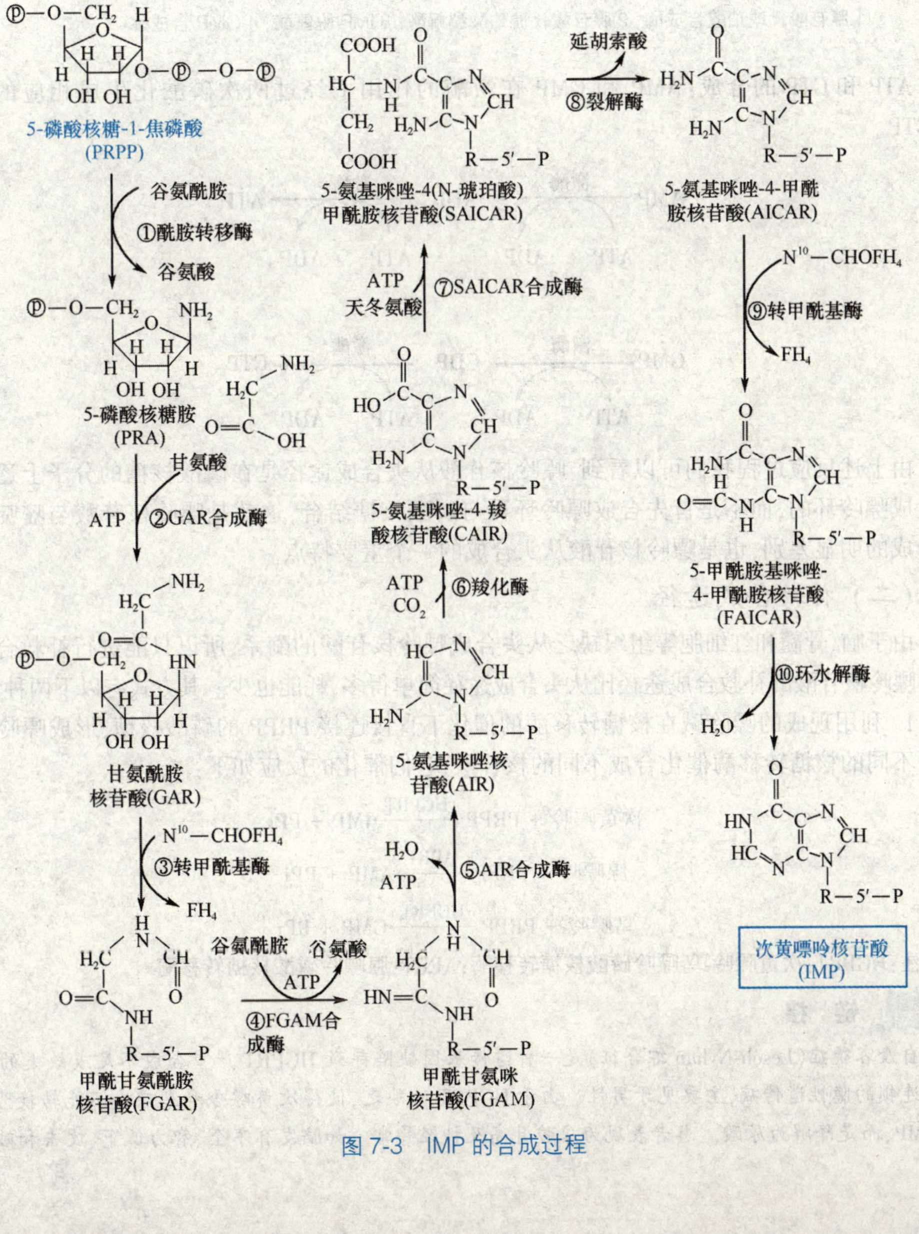

图 7-3　IMP 的合成过程

酸核糖焦磷酸(phosphoribosyl pyrophosphate,PRPP),在此基础上经过一系列的酶促反应,最终生成 IMP。IMP 是嘌呤核苷酸从头合成过程中的重要的中间代谢物。

2. AMP 和 GMP 的合成　AMP 和 GMP 是在 IMP 的基础上合成的(图 7-4)。

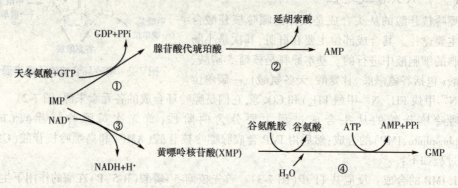

图 7-4　由 IMP 合成 AMP 和 GMP
①腺苷酸代琥珀酸合成酶；②腺苷酸代琥珀酸裂解酶；③IMP 脱氢酶；④GMP 合成酶

ATP 和 GTP 的合成：AMP 和 GMP 在激酶的作用下经过两次磷酸化生成相应的 ATP 和 GTP。

$$AMP \xrightarrow[ATP \quad ADP]{激酶} ADP \xrightarrow[ATP \quad ADP]{激酶} ATP$$

$$GMP \xrightarrow[ATP \quad ADP]{激酶} GDP \xrightarrow[ATP \quad ADP]{激酶} GTP$$

由上述反应过程我们可以看到：嘌呤核苷酸从头合成途径是在磷酸核糖的分子上逐步反应生成嘌呤环的,而不是首先合成嘌呤环再与磷酸核糖结合,这就是嘌呤核苷酸与嘧啶核苷酸合成的明显差别,也是嘌呤核苷酸从头合成的一个重要特点。

(二) 补救合成途径

由于脑、骨髓和红细胞等组织缺乏从头合成嘌呤核苷酸的酶系,所以只能进行补救合成途径。嘌呤核苷酸的补救合成途径比从头合成途径简单得多,耗能也少。其方式有以下两种。

1. 利用现成的嘌呤碱在核糖转移酶的催化下直接连接 PRPP 的磷酸核糖,形成嘌呤核苷酸　不同的核糖转移酶催化合成不同的核苷酸,它们催化的反应如下：

$$次黄嘌呤 + PRPP \xrightarrow{HGPRT} IMP + PPi$$

$$腺嘌呤 + PRPP \xrightarrow{APRT} AMP + PPi$$

$$鸟嘌呤 + PRPP \xrightarrow{HGPRT} GMP + PPi$$

注：HGPRT：次黄嘌呤-鸟嘌呤磷酸核糖转移酶；APRT：腺嘌呤磷酸核糖转移酶

链　接

自毁容貌症(Lesch-Nyhan 综合征)是一种遗传基因缺陷导致 HGPRT 严重合成不足或缺失的 X 染色体连锁的隐性遗传病,主要见于男性。由于 HGPRT 的缺乏,使得次黄嘌呤和鸟嘌呤不能转换为 IMP 和 GMP,而是降解为尿酸。患者表现为尿酸升高及神经异常。如脑发育不全、智力低下、攻击和破坏性行为、常咬伤自己的嘴唇、手和足趾，故称为自毁容貌症。而神经系统症状的机制尚不清楚。

2. 将人体内嘌呤核苷重新利用　如：腺苷激酶直接将腺嘌呤核苷磷酸化生成腺嘌呤核苷酸。反应式如下：

$$腺嘌呤核苷 \xrightarrow[\text{ATP} \quad \text{ADP}]{\text{腺苷激酶}} AMP$$

（三）嘌呤核苷酸的抗代谢物

肿瘤细胞的核酸和蛋白质合成非常旺盛，临床上将嘌呤核苷酸的抗代谢物用来治疗肿瘤。这些抗代谢物是一些嘌呤、氨基酸或叶酸等的类似物，它们主要竞争性地抑制嘌呤核苷酸的正常合成代谢，从而进一步阻止肿瘤细胞中核酸及蛋白质的生物合成。

嘌呤类似物有 6-巯基嘌呤(6-mercaptopurine,6-MP)等。6-MP 的结构与次黄嘌呤很相似，它在体内经磷酸核糖化生成 6-MP 核苷酸后可抑制 IMP 向 AMP 和 GMP 转变，从而减少 DNA 和 RNA 的生物合成。同时，6-MP 还能竞争性地抑制次黄嘌呤-鸟嘌呤磷酸核糖转移酶(hypoxanthine-guanine phosphoribosyl transferase, HGPRT)，阻止嘌呤核苷酸的补救合成途径。

氨基酸类似物有氮杂丝氨酸(azaserine)和 6-重氮-5-氧正亮氨酸(diazonorleucine)等。它们的结构与谷氨酰胺相似(如下)，可干扰谷氨酰胺在嘌呤核苷酸合成中的作用，从而抑制嘌呤核苷酸的合成。

$$H_2NCOCH_2CH_2CHNH_2COOH \quad 谷氨酰胺$$
$$N^+NCH_2COOCH_2CHNH_2COOH \quad 氮杂丝氨酸$$
$$N^+NCH_2COCH_2CH_2CHNH_2COOH \quad 6\text{-重氮-5-氧正亮氨酸}$$

叶酸类似物有氨蝶呤(aminopterin)及甲氨蝶呤(methotrexate,MTX)。它们的结构与四氢叶酸很相似(如下)，能竞争性地抑制二氢叶酸还原酶，阻断 FH_4 的合成，从而抑制嘌呤核苷酸的合成。临床上常用 MTX 治疗白血病。

需要说明的是，上述药物缺乏对肿瘤细胞的特异性，故对增殖速度较旺盛的某些正常组织也有杀伤性，因而具有较大的不良反应。

二、嘧啶核苷酸的合成代谢

(一) 从头合成途径

嘧啶核苷酸的合成主要在肝脏中进行。基本原料是核糖-5-磷酸、氨基酸(包括谷氨酰胺、天冬氨酸)、一碳单位(N^5,N^{10}-甲烯 FH_4)和 CO_2 等。同位素示踪实验证明,嘧啶核苷酸中的嘧啶环的合成原料来源于谷氨酰胺、天冬氨酸和 CO_2(图 7-5)。

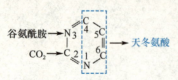

图 7-5 嘧啶环合成的元素来源

与嘌呤核苷酸的从头合成途径不同的是,嘧啶核苷酸是先合成嘧啶环,再与磷酸核糖相连。基本过程也分为两阶段:首先是尿嘧啶核苷酸(UMP)的合成;然后由 UMP 合成三磷酸胞苷(CTP)和脱氧胸腺嘧啶核苷酸(dTMP)。具体过程如下:

1. **UMP 的合成**　与嘌呤核苷酸的从头合成不同,嘧啶核苷酸从头合成始于氨基甲酰磷酸的生成,而后合成嘧啶化合物乳清酸,再与 PRPP 结合成为乳清酸核苷酸,最后脱羧成为 UMP。其他嘧啶核苷酸是由 UMP 转变而来(图 7-6)。

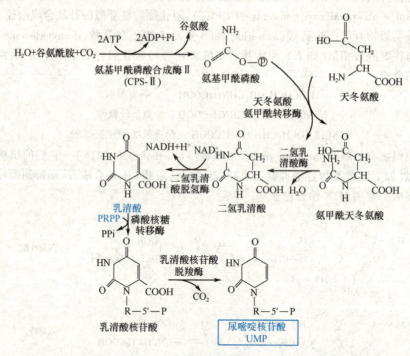

图 7-6 嘧啶核苷酸的从头合成途径

2. **CTP 的合成**　CTP 的合成是通过 UTP 氨基化而完成的。即 UMP 经过两次磷酸化生成 UTP,然后在 CTP 合成酶的催化下消耗一分子 ATP,并从谷氨酰胺接受氨基最终合成 CTP (如下)。

$$UMP \xrightarrow[激酶]{ATP \quad ADP} UDP \xrightarrow[激酶]{ATP \quad ADP} UTP \xrightarrow[CTP合成酶]{ATP \quad ADP}_{谷氨酰胺 \quad 谷氨酸} CTP$$

3. **dTMP 的合成**　与其他的脱氧核苷酸不同的是,只有 dTMP 的合成不能由相应的核糖核苷酸转变过来,而是由脱氧尿嘧啶核苷酸(dUMP)经甲基化(由 N^5,N^{10}-甲烯 FH_4 提供甲基)而生成。dUMP 来自两个途径:①dUDP 的水解;②dCMP 的脱氨基作用,此为主要的来源(图 7-7)。

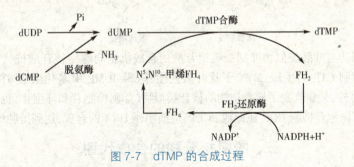

图 7-7　dTMP 的合成过程

dTMP 可继续磷酸化生成 dTDP 和 dTTP(图 7-8)。

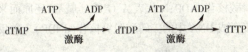

图 7-8　由 dTMP 生成 dTDP 和 dTTP

链　接

乳清酸尿症(orotic aciduria)是一种嘧啶核苷酸从头合成途径酶缺乏的原发性遗传病。此病有两种类型:一种是缺乏乳清酸磷酸核糖转移酶和乳清酸核苷酸脱羧酶,导致乳清酸代谢障碍,不能转变成 UMP,使得乳清酸大量出现在血液和尿液中。患者出生数月内就表现出明显的症状,比如低色素巨幼红细胞性贫血及发育和智力障碍。另一种类型是只缺乏乳清酸核苷酸脱羧酶,尿中既有乳清酸,也有一定量的乳清酸核苷酸。两类患者均易发生感染,临床上给予尿嘧啶核苷治疗。尿嘧啶核苷经磷酸化生成 UMP、UTP,进而反馈性地抑制乳清酸的合成以达到治疗目的。

(二) 补救合成途径

与嘌呤核苷酸合成相似。催化反应的酶是嘧啶磷酸核糖转移酶,该酶不可利用胞嘧啶合成胞苷酸。反应过程如下:

嘧啶 + PRPP $\xrightarrow{\text{嘧啶磷酸核糖转移酶}}$ 嘧啶核苷酸 + PPi

嘧啶核苷 + ATP $\xrightarrow{\text{核苷激酶}}$ 嘧啶核苷酸 + ADP

各种嘧啶核苷也可以在相应的核苷激酶的催化下磷酸化生成嘧啶核苷酸。如在胸苷激酶的作用下脱氧胸腺嘧啶核苷可生成 dTMP,此酶在正常肝组织中活性很低,再生肝中升高,恶性肿瘤中明显升高并与恶性程度相关。

(三) 嘧啶核苷酸的抗代谢物

与嘌呤核苷酸一样,嘧啶核苷酸的抗代谢物也是一些嘌呤、氨基酸或叶酸等类似物。

嘧啶的类似物有 5-氟尿嘧啶(5-fluorouracil,5-FU)。它的结构类似胸腺嘧啶,能在体内转变成一磷酸脱氧氟尿嘧啶核苷(FdUMP)及三磷酸氟尿嘧啶核苷(FUTP)。FdUMP 与 dUMP 结构很相似,竞争性地抑制嘧啶核苷酸从头合成途径中的脱氧胸腺嘧啶核苷酸合成酶(dTMP 合酶),使 dTMP 合成受阻。

FUTP 能以假底物 FUMP 的形式合成异常的 RNA,从而影响 RNA 的结构和功能。

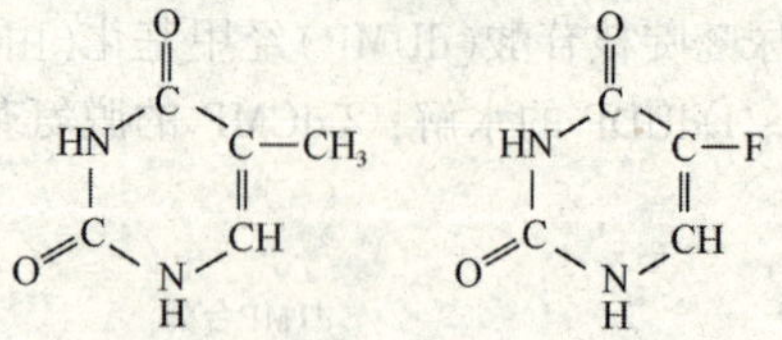

110 生物化学

胸腺嘧啶　　　　氟尿嘧啶

氨基酸类似物与叶酸类似物抑制嘧啶核苷酸的合成机制同嘌呤核苷酸抗代谢物相似。如氮杂丝氨酸可抑制 CTP 的生成；MTX 干扰叶酸代谢，阻碍 dUMP 甲基化生成 dTMP，进而影响 DNA 的合成。另外，某些改变了核糖结构的核苷类似物（如阿糖胞苷和环胞苷）也是重要的抗肿瘤药物。其中阿糖胞苷抑制 CDP 还原成 dCDP，进而阻碍 DNA 的合成，达到抗肿瘤的目的。

三、脱氧核苷酸的合成代谢

以上讨论的是嘌呤核苷酸的合成途径。但 DNA 是由各种脱氧核苷酸组成的，当细胞分裂旺盛时，脱氧核苷酸的需要量明显增加以适应 DNA 的需要。那脱氧核苷酸是从哪来的呢？事实证明，脱氧核苷酸的合成是由二磷酸核苷（NDP，N 代表 A、G、C、U 碱基）还原而来的。二磷酸核苷在核糖核苷酸还原酶的作用下直接合成 DNA 中的二磷酸脱氧核苷（dNDP）。总反应式如下（图 7-9）。

$$NDP \xrightarrow[\text{核糖核苷酸还原酶}]{NADPH+H^+ \quad NADP^+} dNDP + H_2O$$

图 7-9　二磷酸脱氧核苷的合成过程

经过激酶的作用，dNDP 再磷酸化生成相应的三磷酸脱氧核苷（dNTP），而 dNDP 脱磷酸生成相应的脱氧核苷酸（dNMP）。

$$dNDP + ATP \xrightarrow{\text{激酶}} dNTP + ADP$$

$$dNDP + ADP \xrightarrow{\text{激酶}} dNMP + ATP$$

除 dUTP 外，其他均可作为 DNA 合成的原料。但 dTTP 则不能按照上述途径转变过来，它先由 dUMP 甲基化成 dTMP，再连续两次磷酸化而来。

第 2 节　核苷酸的分解代谢

细胞中核苷酸的分解代谢类似于食物中核苷酸的消化过程。首先，细胞中的核苷酸在核苷酸酶的作用下水解生成核苷和磷酸。接着，核苷继续水解，在核苷磷酸化酶的作用下生成核糖-1-磷酸和碱基。碱基最终分解形成小分子物质随尿排出。

考点：嘌呤核苷酸分解代谢的终产物；尿酸与痛风症

一、嘌呤核苷酸的分解代谢

人体细胞内嘌呤核苷酸的分解主要在肝、小肠和肾中进行。因为黄嘌呤氧化酶在这些组织中活性较高。嘌呤核苷酸水解生成的嘌呤碱既可以参加核苷酸的补救合成途径，也可以进一步水解，最终生成尿酸，随尿排出。反应过程简化如图 7-10。脱氧嘌呤核苷也可以经过相同途径进行分解代谢。

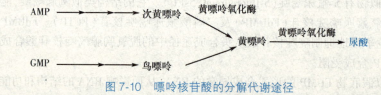

图 7-10　嘌呤核苷酸的分解代谢途径

案例 7-1

李某,男,50岁,2年来因全身关节疼痛伴低热反复就诊,均被诊断为"风湿性关节炎"。经抗风湿和激素用药后疼痛现象稍有好转。一个月前疼痛加剧,因抗风湿效果不佳前来就诊。查体:体温:38.5℃,双足第一跖趾关节红肿有压痛,双踝关节肿胀,右侧比较明显。双侧耳郭触及数个绿豆大小的结节。白细胞:$9×10^9$个/L,血沉:50mm/h。

问题:1. 该患者最可能的诊断是什么?需做什么检查进一步确诊?
     2. 明确诊断后如何治疗?药物的治疗机制是什么?

正常生理情况下,嘌呤的合成和分解处于相对平衡的状态,所以尿酸的生成和排泄也较稳定。正常人血浆中的尿酸含量为120~360μmol/L,以钠盐形式存在,难溶于水。当机体核酸大量分解(白血病、恶性肿瘤等)或食入高嘌呤食物或肾疾病而使尿酸排泄障碍时,血中尿酸含量升高。当血浆中尿酸浓度超过480μmol/L,尿酸盐将过饱和而形成高尿酸盐结晶,并沉积于关节、软组织、软骨及肾脏等处而导致关节炎、软骨结节、尿路结石及肾脏疾病,引起疼痛及功能障碍,称为痛风症(gout)。它是人体嘌呤代谢异常所致的一组综合征,多见于成年男性,发病机制尚未明确,可能与嘌呤核苷酸代谢酶的先天性缺陷有关。临床上常用别嘌呤醇治疗痛风症。治疗机制是:①通过减少尿酸的产生。别嘌呤醇结构与次黄嘌呤结构很相似,它可以竞争性地抑制黄嘌呤氧化酶使尿酸合成减少(图7-11)。而血浆中黄嘌呤和次黄嘌呤的水溶性比尿酸大得多,故不会沉积形成结晶。②抑制嘌呤核苷酸的从头合成途径。别嘌呤能与PRPP反应生成别嘌呤核苷酸,消耗了PRPP;同时别嘌呤核苷酸与IMP结构很相似,能反馈性地抑制嘌呤核苷酸从头合成的酶。这两方面作用均可使嘌呤核苷酸合成减少。

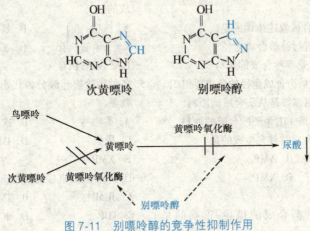

图7-11 别嘌呤醇的竞争性抑制作用

二、嘧啶核苷酸的分解代谢

嘧啶核苷酸的分解代谢途径与嘌呤核苷酸相似。首先通过核苷酸酶和核苷磷酸化酶的作用,除去磷酸和核糖,产生嘧啶碱在肝脏中再进一步分解。胞嘧啶脱氨基生成尿嘧啶,尿嘧啶还原并水解最终生成NH_3、CO_2和β-丙氨酸;胸腺嘧啶则分解成β-氨基异丁酸。它们均可随尿排出或参与三羧酸循环彻底氧化(图7-12)。而与嘌呤碱分解产生尿酸不同的是,嘧啶碱的分解产物均易溶于水。故食入富含DNA的食物或肿瘤患者经放化疗后,尿中的β-氨基异丁酸排出量增多。

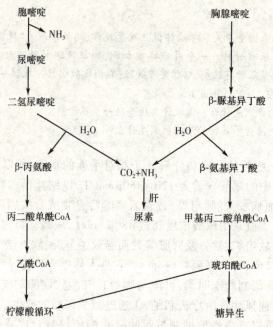

图 7-12 嘧啶碱的分解代谢途径

目标检测

一、选择题

A1 型题

1. 关于嘌呤核苷酸合成叙述错误的是（ ）
   A. 脑、骨髓只能进行补救合成途径
   B. 一碳单位、CO_2 是嘌呤合成的原料
   C. 肝组织是进行从头合成途径的最主要组织
   D. 天冬酰胺、谷氨酰胺是从头合成的原料
   E. 甘氨酸、N^{10}-甲酰 FH_4 是嘌呤合成的原料

2. 嘌呤核苷酸从头合成时首先生成的是（ ）
   A. GMP B. AMP
   C. IMP D. XMP
   E. GTP

3. 下列对嘌呤核苷酸合成的描述，正确的是（ ）
   A. 利用氨基酸、一碳单位和 CO_2 合成嘌呤环，再与核糖-5-磷酸结合而成
   B. 利用天冬氨酸、一碳单位、CO_2 和核糖-5-磷酸为原料直接合成
   C. 嘌呤核苷酸是在磷酸核糖焦磷酸的基础上与氨基酸、CO_2 及一碳单位作用逐步形成的
   D. 在氨基甲酰磷酸的基础上逐步合成
   E. 嘌呤核苷酸是先合成 XMP，再转变为 AMP、GMP

4. 体内脱氧核苷酸是由下列哪种物质直接还原而成的（ ）
   A. 核糖   B. 核糖核苷
   C. 一磷酸核苷 D. 二磷酸核苷
   E. 三磷酸核苷

5. 各种嘌呤核苷酸分解代谢中，其共同的中间产物是（ ）
   A. 黄嘌呤   B. 次黄嘌呤
   C. 尿酸   D. IMP
   E. XMP

6. dTMP 合成的直接前体是（ ）
   A. dUMP   B. TMP
   C. TDP   D. dCDP
   E. dCMP

7. 人体内嘌呤核苷酸分解代谢的主要终产物是（ ）
   A. 尿素   B. 尿酸
   C. 肌酸   D. 尿苷酸
   E. 肌酐

8. 治疗痛风有效的别嘌呤醇可以抑制（ ）
   A. 黄嘌呤氧化酶   B. 腺苷脱氢酶
   C. 尿酸氧化酶   D. 乌嘌呤氧化酶
   E. 以上都不是

9. 嘧啶核苷酸从头合成的特点是( )
   A. 在核糖-5-磷酸上合成碱基
   B. 由FH_4提供一碳单位
   C. 先合成氨基甲酰磷酸
   D. 甘氨酸完整地掺入分子中
   E. 谷氨酸提供氮原子
10. 下列说法不正确的是( )
    A. 嘧啶核苷酸从头合成首先生成的含嘧啶环的化合物是乳清酸
    B. 嘌呤核苷酸从头合成首先生成的嘌呤核苷酸是IMP
    C. PRPP参与嘌呤、嘧啶的从头合成
    D. PRPP参与嘌呤、嘧啶的补救合成
    E. 嘌呤合成主要在肝脏,嘧啶合成主要在小肠黏膜
11. 嘌呤核苷酸和嘧啶核苷酸从头合成的共同原料是( )
    A. 氨基甲酰磷酸 B. 甘氨酸
    C. 天冬酰胺 D. 谷氨酰胺
    E. 核糖-1-磷酸
12. 核酸合成的抗代谢物不包括( )
    A. 6-巯基嘌呤 B. 5-氟尿嘧啶
    C. β-氨基异丁酸 D. 氮杂丝氨酸
    E. 甲氨蝶呤

二、名词解释
1. 从头合成途径 2. 补救合成途径
3. 抗代谢物 4. 痛风症

三、填空题
1. 核苷酸的合成代谢有两个途径,分别是_____和_____。
2. 嘌呤核苷酸从头合成的原料有_____、_____、_____、_____、_____、_____。
3. 嘧啶核苷酸从头合成的原料有_____、_____、_____、_____,合成时先合成_____环,再与_____提供的核糖-5-磷酸结合生成UMP。
4. 体内嘌呤核苷酸首先生成_____,然后再转变成_____和_____。
5. 脱氧核苷酸是在_____水平上由_____催化生成。
6. 人体内嘌呤碱代谢的终产物为_____,它在血浆中含量升高可引起_____;嘧啶碱分解代谢的终产物有_____、_____、_____或_____。

四、简答题
1. 简述核苷酸在体内的主要生理功能。
2. 比较嘌呤核苷酸与嘧啶核苷酸从头合成的异同点(从合成原料、合成过程、合成特点及合成产物等方面进行比较)。

(周 玲)

第 8 章 生物氧化

掌握：生物氧化的概念；氧化磷酸化概念；线粒体内 NADH 氧化呼吸链和 FADH$_2$ 氧化呼吸链中电子传递顺序；P/O 比值的概念；影响氧化磷酸化的因素。

熟悉：生物氧化方式；体内重要的氧化呼吸链；能量的生成和利用、转移和储存。

了解：生物氧化的特点；呼吸链的主要组成成分；氧化与磷酸化的偶联部位；细胞液中 NADH 的氧化方式。

第 1 节 概　述

营养物质(糖、脂肪和蛋白质)在生物体内氧化分解成 H$_2$O 和 CO$_2$，并释放出能量的过程称为生物氧化(biological oxidation)。由于这一过程是在组织细胞内进行，表现为细胞消耗 O$_2$，释放出 CO$_2$，因此生物氧化又称为细胞呼吸。生物氧化的意义在于为机体提供生命活动所需能量。

一、生物氧化的方式

在化学本质上，生物氧化中物质的氧化方式和原理与体外氧化相同，常见的有以下几种类型。

1. **脱氢**　从底物分子中脱下一对氢原子，这对氢原子可以分离为一对质子和一对电子，如：

$$CH_3CH(OH)COOH \longrightarrow CH_3COCOOH + 2H(2H^+ + 2e)$$

有些底物不能直接脱氢，而是先加一分子水再脱氢，如：

$$CH_3CHO + H_2O \longrightarrow CH_3COOH + 2H(2H^+ + 2e)$$

2. **加氧**　向底物分子直接加入氧原子或氧分子，如：

$$RCHO + \frac{1}{2}O_2 \longrightarrow RCOOH$$

3. **失电子**　从底物分子中脱下一个电子，如：

$$Fe^{2+} \longrightarrow Fe^{3+} + e$$

二、生物氧化的特点

考点：生物氧化的特点

生物氧化遵循氧化反应的一般规律，耗氧量、最终产物和释放能量与物质在体外氧化的量均相同，但与体外氧化相比，生物氧化又具有以下特点。

1. **反应条件温和**　反应在 pH 7.35~7.45、37℃ 的细胞内经酶催化逐步进行。
2. **能量逐步释放**　一部分使 ADP 磷酸化，以 ATP 形式储存，供机体生命活动所需；另一部分以热能形式散发，维持体温。
3. **H$_2$O 由代谢物脱下的氢经递氢体或递电子体传递给氧结合生成。**

第8章 生物氧化

4. CO_2通过有机酸脱羧基作用生成。

三、生物氧化的酶类

参与生物氧化还原过程的酶类统称为氧化还原酶。分为以下几类。

1. **氧化酶类** 直接利用氧为受体氢体,产物之一是水或过氧化氢。

$$AH_2 + 1/2\ O_2 \longrightarrow A + H_2O$$

$$AH_2 + O_2 \longrightarrow A + H_2O_2$$

2. **不需氧脱氢酶类** 催化代谢物脱氢且不以氧为受氢体的酶。此类酶的辅酶或辅基包括辅酶Ⅰ(NAD^+)、辅酶Ⅱ($NADP^+$)和黄素核苷酸(FAD、FMN),可接受代谢物脱下的氢生成相应的还原型辅酶或辅基($NADPH+H^+$、$FADH_2$),氢再通过线粒体上的氧化呼吸链与氧结合生成 H_2O 并产生 ATP。

$$异柠檬酸 + NAD^+ \xrightarrow{异柠檬酸脱氢酶} \alpha\text{-酮戊二酸} + NADH+H^+ +CO_2$$

$$琥珀酸 + FAD \xrightarrow{琥珀酸脱氢酶} 延胡索酸 + FADH_2$$

3. **其他酶类** 如加单氧酶。

第2节 生成 ATP 的氧化体系

线粒体是一种普遍存在于真核细胞中的细胞器,是体内生成 ATP 的主要场所,而线粒体也是机体从营养物中获取能量的主要机构,可以将它比作细胞的"动力工厂"。其结构如图 8-1 所示。

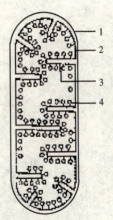

图 8-1 线粒体的结构
1. 外膜;2. 内膜;3. 嵴;4. 基粒

一、呼 吸 链

(一) 呼吸链的概念

线粒体内膜上存在按一定顺序排列着的酶和辅酶,作为递氢体和递电子体,催化代谢物脱下的成对氢($2H \rightleftharpoons 2H^+ + 2e$)逐步传递给 O_2 生成 H_2O,同时释放能量,由于与细胞利用氧相关所以将此传递链称为呼吸链。其中传递氢的酶称为递氢体,传递电子的酶称为递电子体。递氢体和递电子体都起到了传递电子的作用,故呼吸链又称为电子传递链。

(二) 呼吸链的组成

1. **尼克酰胺腺嘌呤二核苷酸(NAD^+)** 又称辅酶Ⅰ,NAD^+是体内大多数脱氢酶的辅酶,NAD^+接受代谢物脱下的氢传递给呼吸链上的另一传递体黄素蛋白,是连接代谢物与呼吸链的环节。NAD^+或$NADP^+$分子中烟酰胺的氮为 5 价,能可逆的接受两个电子还原为 3 价氮。反应时,NAD^+或$NADP^+$中尼克酰胺部分可接受一个氢原子和一个电子,尚有一个质子留在基质中。如图 8-2 所示。

2. **黄素蛋白** 黄素蛋白辅基有两种,黄素单核苷酸(FMN)和黄素腺嘌呤二核苷酸(FAD)两类,二者均含有核黄素。FMN 和 FAD 能进行可逆地加氢和脱氢反应,故黄素蛋白在呼吸链中起递氢体作用。其结构如图 8-3 所示。

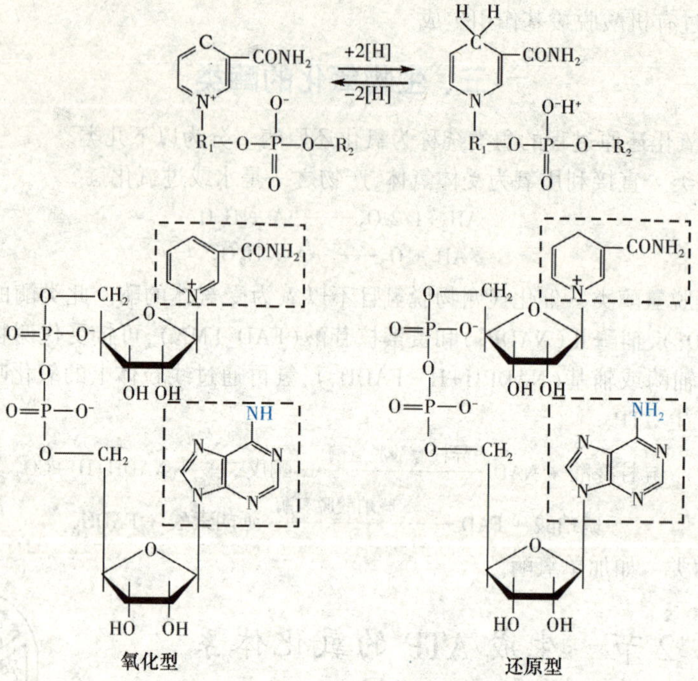

图 8-2 NAD⁺的氧化型与还原型结构式

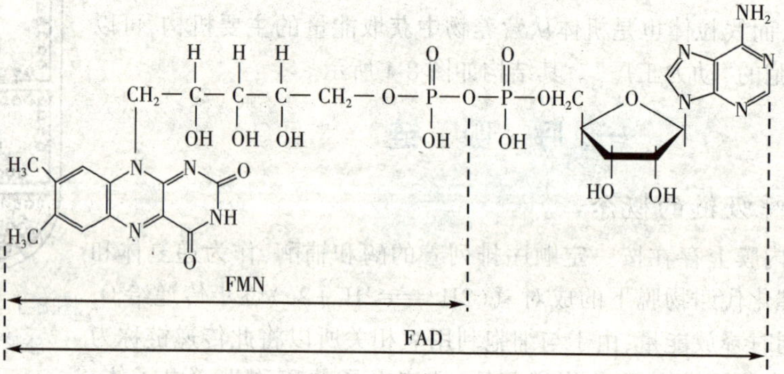

图 8-3 FAD 与 FMN 结构式

FMN 和 FAD 分子中的异咯嗪部分可进行可逆的脱氢或加氢反应,是递氢体。

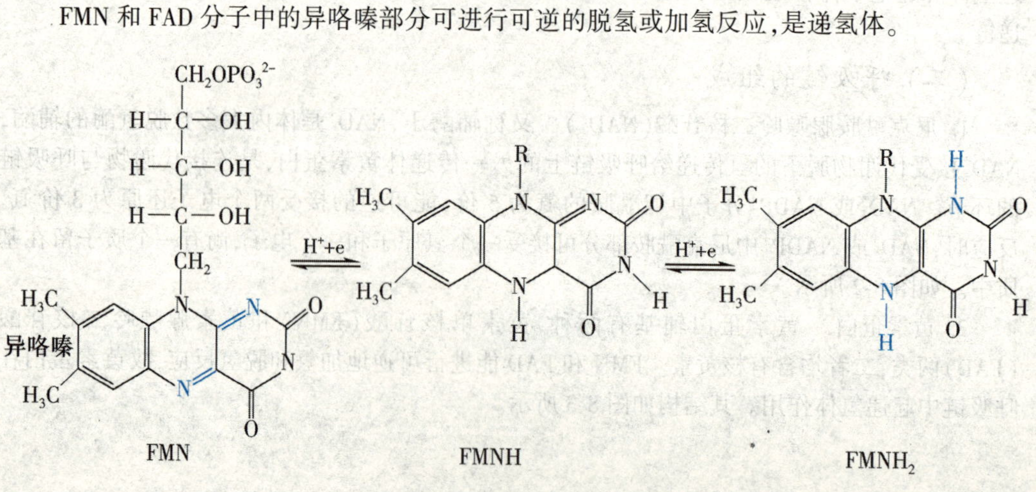

$$FMN(FAD) \underset{-2H^+}{\overset{+2H^+}{\rightleftharpoons}} FMNH_2(FADH_2)$$

3. 铁硫蛋白(Fe-S) 铁硫蛋白种类较多,分子中含等量的非血红素铁原子和硫原子,构成活性中心,称为铁硫中心。铁硫中心的铁能可逆地进行氧化还原反应,每次只能传递一个电子的作用。铁原子除与无机硫原子连接外,还与蛋白质分子中半胱氨酸残基上的巯基硫相连。如图8-4所示。

$$Fe^{2+} \underset{+e}{\overset{-e}{\rightleftharpoons}} Fe^{3+}$$

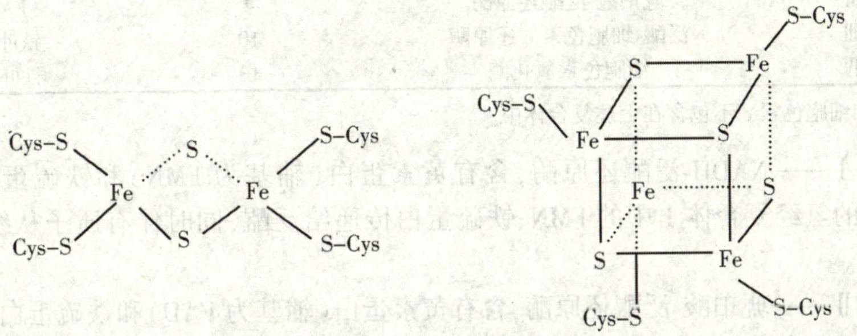

图 8-4 铁硫蛋白结构示意图

在呼吸链中,铁硫蛋白多与黄素蛋白和细胞色素 b 结合成复合物的形式存在。功能是将 $FMNH_2$ 中的 e 传递给泛醌。

4. 泛醌(CoQ) 是一类广泛分布于生物界的脂溶性醌类化合物,是呼吸链中唯一不与蛋白质紧密结合的递氢体。分子内的苯醌结构能进行可逆的加氢和脱氢反应,还原时泛醌先接受一个电子和一个质子还原成半醌,再接受一个电子和一个质子还原成二氢泛醌。CoQ 接受复合体Ⅰ或复合体Ⅱ的氢后将质子释放入线粒体基质中,将电子传递给复合体Ⅲ。所以泛醌既是递氢体也是递电子体。

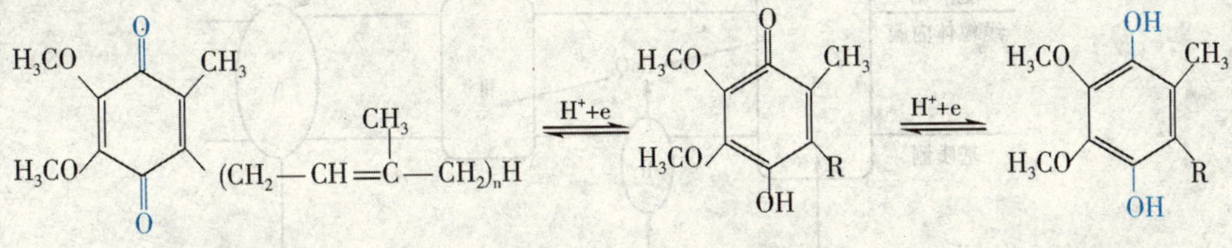

泛醌(氧化型)   半醌   二氢泛醌(还原型)

$$C_oQ \xrightleftharpoons{H^++e} C_oQH \xrightleftharpoons{H^++e} C_oQH_2$$

5. 细胞色素体系(Cyt) 细胞色素是一类以铁卟啉为辅基的酶类,主要功能是将电子从泛醌传递到氧。可分为细胞色素 a、b、c 三大类,每类还可分为若干亚类,呼吸链中的细胞色素有 Cyt b、Cyt c_1、Cyt c、Cyt a、Cyt a_3 等。Cyt a 与 Cyt a_3 很难分开组成复合体 Cyt aa_3,除含铁卟啉外还含有铜原子,是唯一将电子传递给氧的细胞色素,使其激活变成氧离子(O^{2-}),与基质中的 $2H^+$ 结合生成 H_2O,故又将 Cyt aa_3 称为细胞色素氧化酶。细胞色素的主要作用都是传递电子。其中的铁可以得失电子,进行可逆的氧化还原反应,因此是递电子体。细胞色素体系电子传递顺序如图8-5所示。

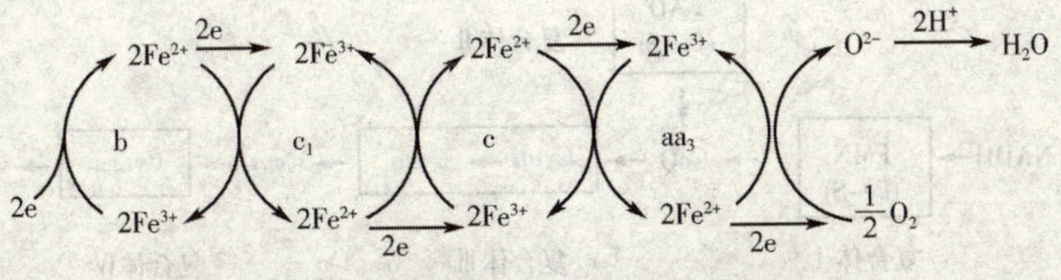

图 8-5 细胞色素体系电子传递顺序

呼吸链中各种递氢体和递电子体大多紧密的镶嵌在线粒体内膜中，经胆酸、脱氧胆碱反复处理线粒体内膜，可将呼吸链分离得到4种具有传递电子活性的复合体（表8-1）。

表8-1 人线粒体呼吸链复合体

复合体	酶名称	多肽链数	辅基
复合体Ⅰ	NADH-泛醌还原酶	39	FMN，Fe-S
复合体Ⅱ	琥珀酸-泛醌还原酶	4	FAD，Fe-S
复合体Ⅲ	泛醌-细胞色素c还原酶	10	铁卟啉，Fe-S
复合体Ⅳ	细胞色素氧化酶	13	铁卟啉，Cu^{2+}

注：泛醌和细胞色素c不包含在上述复合体中。

复合体Ⅰ——NADH-泛醌还原酶，含有黄素蛋白（辅基为FMN）和铁硫蛋白，作用是将NADH脱下的氢经复合体Ⅰ中的FMN、铁硫蛋白传递给泛醌，同时伴有质子从线粒体基质转移到膜间隙。

复合体Ⅱ——琥珀酸-泛醌还原酶，含有黄素蛋白（辅基为FAD）和铁硫蛋白，作用是将电子从琥珀酸传递给泛醌，不伴有质子转移。

复合体Ⅲ——泛醌-细胞色素c还原酶，含有细胞色素b（$Cyt\ b_{562}$，$Cyt\ b_{566}$）、细胞色素c_1及铁硫蛋白，作用是将电子从还原型泛醌传递给细胞色素c，同时将质子从线粒体基质转移到线粒体内膜外。

复合体Ⅳ——细胞色素氧化酶，包括细胞色素a、a_3，功能是将电子从细胞色素c传递给氧，同时伴质子转移。

代谢物氧化后脱下的氢经氧化呼吸链传递到氧，电子将氧原子激活，而游离在线粒体基质中的质子与活化了的氧结合最终生成水。如图8-6所示的呼吸链四个复合体传递顺序结构图。

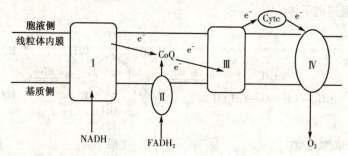

图8-6 呼吸链四个复合体传递顺序结构图

考点：体内重要氧化呼吸链的类型及电子传递顺序

（三）呼吸链的排列顺序

1. 呼吸链组分的排列顺序 在呼吸链中各电子传递体是按一定顺序排列的，根据呼吸链各组分的标准氧化还原电位，由低到高的顺序排列（表8-2），分别以琥珀酸脱氢和NADH+H^+脱氢为例，各电子传递体的排序如图8-7所示。

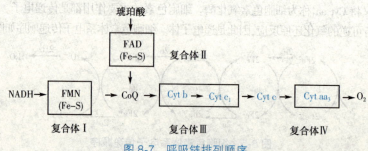

图8-7 呼吸链排列顺序

第8章 生物氧化

表 8-2 呼吸链中各电子传递体的标准氧化还原电位

氧化还原反应	E^0/V
$NAD^+ + 2H^+ + 2e \rightarrow NADH + H^+$	-0.32
$FMN + 2H^+ + 2e \rightarrow FMNH_2$	-0.30
$FAD + 2H^+ + 2e \rightarrow FADH_2$	0.06
$CoQ + 2H^+ + 2e \rightarrow CoQH_2$	0.04
$Cyt\ b(Fe^{3+}) + e \rightarrow Cyt\ b(Fe^{2+})$	0.07
$Cyt\ c_1(Fe^{3+}) + e \rightarrow Cyt\ c_1(Fe^{2+})$	0.22
$Cyt\ c(Fe^{3+}) + e \rightarrow Cyt\ c(Fe^{2+})$	0.25
$Cyt\ a(Fe^{3+}) + e \rightarrow Cyt\ a(Fe^{2+})$	0.29
$Cyt\ a_3(Fe^{3+}) + e \rightarrow Cyt\ a_3(Fe^{2+})$	0.55
$\frac{1}{2}O_2 + 2H^+ + 2e \rightarrow H_2O$	0.82

2. 体内重要氧化呼吸链

（1）NADH 氧化呼吸链：是体内最常见的一条氧化呼吸链，大多代谢物（如丙酮酸、乳酸、苹果酸、异柠檬酸、α-酮戊二酸等）的脱氢酶都是以 NAD^+ 为辅酶，脱下的 $2H^+$ 由 NAD^+ 接受生成 $NADH+H^+$，后者在 NADH 脱氢酶催化下，将脱下的 2H 经复合体Ⅰ（FMN，Fe-S）转递给 CoQ，生成 $CoQH_2$。$CoQH_2$ 在复合体Ⅲ的作用下脱氢，将 2H 分解成 $2H^+$ 和 $2e$，$2H^+$ 游离于基质中，2e 沿着 $Cyt\ b \rightarrow Cyt\ c_1 \rightarrow Cyt\ c \rightarrow Cyt\ aa_3$ 的顺序传递，最后由 $Cyt\ aa_3$ 传递给 O_2，与基质中的 $2H^+$ 结合生成 H_2O（图 8-8）。

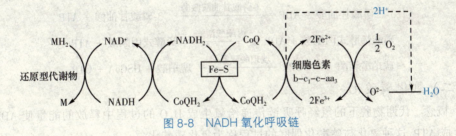

图 8-8 NADH 氧化呼吸链

（2）$FADH_2$ 氧化呼吸链（琥珀酸氧化呼吸链）：代谢物（如琥珀酸、脂酰 C_0A 等）的脱氢酶以 FAD 为辅基的，底物脱下的 $2H^+$ 由 FAD 接受生成 $FADH_2$，$FADH_2$ 将 2H 传递给 CoQ 生成 $CoQH_2$，$CoQH_2$ 以后的传递过程与 NADH 氧化呼吸链完全相同（图 8-9）。

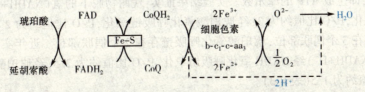

图 8-9 $FADH_2$ 氧化呼吸链

线粒体内重要代谢物的氧化与呼吸链的关系见图 8-10。

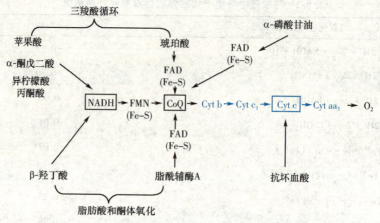

图 8-10　几种重要代谢物氧化时的电子传递链

二、ATP 的生成

生物氧化过程产生 H_2O 和 CO_2，同时释放能量。所释放的能量一部分以热能形式散失，一部分以化学能形式储存于 ATP 和其他高能化合物中。体内 ATP 生成的方式有两种，即底物水平磷酸化和氧化磷酸化。其中以氧化磷酸化为主。

（一）底物水平磷酸化

代谢物由于脱氢或脱水引起分子内部能量重新分布聚集而形成高能磷酸化合物，然后将高能键直接转移给 ADP 生成 ATP 的过程称为底物水平磷酸化。如糖代谢中的三步反应过程可通过底物水平磷酸化产生 ATP：

$$1,3\text{-二磷酸甘油酸} + ADP \xrightarrow{\text{3-磷酸甘油酸激酶}} \text{3-磷酸甘油酸} + ATP$$

$$\text{磷酸烯醇式丙酮酸} + ADP \xrightarrow{\text{丙酮酸激酶}} \text{烯醇式丙酮酸} + ATP$$

$$\text{琥珀酰辅酶A} + GDP \xrightarrow{\text{琥珀酸硫激酶}} \text{琥珀酸} + HSCoA + GTP$$

（二）氧化磷酸化

1. 概念　代谢物脱下的氢经呼吸链传递给氧生成 H_2O 的过程中释放的能量使 ADP 磷酸化生成 ATP，这种氧化与磷酸化偶联的过程称为氧化磷酸化。

2. 氧化磷酸化偶联部位　氧化磷酸化偶联部位即生成 ATP 部位。可通过下述方法及数据来推断氧化磷酸化偶联部位。

（1）P/O 比值：P/O 比值指物质氧化时，每消耗 1mol 氧原子所消耗无机磷的摩尔数（或 ADP 摩尔数），即生成 ATP 的摩尔数。实验结果证实：代谢物脱下的氢（$NADH+H^+$）经 NADH 氧化呼吸链氧化，P/O 比值约为 3；经琥珀酸氧化呼吸链氧化，P/O 比值约为 2。因此 NADH 氧化呼吸链存在 3 个偶联部位，琥珀酸氧化呼吸链存在 2 个偶联部位。近年实验证实，代谢物脱下的氢（$NADH+H^+$）经 NADH 氧化呼吸链氧化，P/O 比值约为 2.5；经琥珀酸氧化呼吸链氧化，P/O 比值约为 1.5（表 8-3）。

第8章 生物氧化

表8-3 线粒体离体实验测得底物 P/O 比值

底物	呼吸链的组成	P/O 比值	生成 ATP 数
β-羟丁酸	$NAD^+ \to FMN \to CoQ \to Cyt(b、c_1、c、aa_3) \to O_2$	2.4~2.8	2.5
琥珀酸	$FAD \to CoQ \to Cyt(b、c_1、c、aa_3) \to O_2$	1.7	1.5
抗坏血酸	$Cyt\ c \to Cyt\ aa_3 \to O_2$	0.88	1
细胞色素 c	$Cyt\ aa_3 \to O_2$	0.61~0.68	1

(2) 计算各阶段自由能变化:氧化还原反应中释放的自由能 $\Delta G^{0'}$ 与电位变化($\Delta E^{0'}$)之间的关系:

$$\Delta G^{0'} = -nF\Delta E^{0'}$$

式中,n 为氧化还原反应中电子转移数目,F 为法拉第常数,$F = 96.5 kJ/(mol \cdot V)$。

已知每产生 1molATP,需要消耗能量 30.5kJ。当释放自由能大于生成 1molATP 所需的能量 (30.5kJ)时,即可判断为氧化磷酸化部位。根据上式计算,电子传递链有三处较大的自由能变化。部位:①在 NADH→CoQ 之间:$\Delta E^{0'} = 0.36V$,相应 $\Delta G^{0'} = -69.5 kJ/mol$;②在 C_oQ 和 Cyt c 之间:$\Delta E^{0'} = 0.21V$,相应 $\Delta G^{0'} = -40.5 kJ/mol$;③在 Cyt aa_3 和 O_2 之间:$\Delta E^{0'} = 0.53V$,相应 $\Delta G^{0'} = -102.3 kJ/mol$。每个氧化磷酸化偶联部位可释放出大于 30.5kJ/mol 的能量,使 ADP 磷酸化生成 ATP。

(三) 影响氧化磷酸化的因素

案例 8-1

患者,女,23岁,主诉发现昏迷半小时,半小时前其母发现患者洗澡晕倒在卫生间内,未见呕吐,房间有煤气气味,既往无病史,无药物过敏史。入院时患者口唇呈樱桃红色,脉快,昏迷,呼之不应。

问题:1. 该患者诊断为什么?
2. 诊断依据和中毒机制是什么?
3. 发现时应采取哪些急救措施?

1. **ADP/ATP 的调节** 氧化磷酸化的速率主要受 ADP 的调节。当机体消耗 ATP 增多时,生成的 ADP 浓度增高,转运进入线粒体可使氧化磷酸化速度加快;而当 ATP 利用减少时,ADP 浓度不足,氧化磷酸化速度减慢。这种调节作用使 ATP 的生成速度适应生理需要。

考点:影响氧化磷酸化的因素

2. **甲状腺激素的调节** 甲状腺素可诱导许多组织(脑组织除外)的细胞膜上 Na^+-K^+-ATP 酶的生成,使 ATP 加速分解为 ADP 和 Pi,ADP 增多加快氧化磷酸化。甲状腺激素(T_3)还可使解偶联蛋白基因表达增加,引起机体耗氧量和产热量均增加。所以甲状腺功能亢进的患者出现基础代谢率高、怕热、易出汗、机体消瘦等症状。

3. **抑制剂** 一些药物和毒物对氧化磷酸化有抑制作用,常见的有呼吸链抑制剂、解偶联剂和氧化磷酸化抑制剂三大类。

(1) 呼吸链抑制剂:此类抑制剂能阻断氧化呼吸链中电子传递的特定部位,使代谢物氧化过程(电子传递)受阻,而偶联的磷酸化也不能正常进行。如异戊巴比妥(麻醉药)、鱼藤酮(杀虫药)、粉蝶霉素 A 等可与复合体 I 中的铁硫蛋白结合,阻断电子由 NADH 向 CoQ 的传递;抗霉素 A 抑制复合体 III 中 Cyt b 与 Cytc, 之间的电子传递;氰化物、CO、叠氮化合物抑制复合体 IV 细胞色素氧化酶和氧之间电子传递(图 8-11)。此类抑制剂抑制了呼吸链的电子传递,从而抑制了细胞呼吸,造成组织严重缺氧,能源断绝,严重者危及生命。

(2) 解偶联剂:不影响呼吸链中氢和电子的传递,只抑制 ADP 磷酸化生成 ATP 的过程。常见的解偶联剂有 2,4-二硝基苯酚、双香豆素、水杨酸等。感冒或某些传染性疾病时,由于病毒或细菌产生一种解偶联剂,使呼吸链释放的能量不能储存于 ATP 分子中,而是较多以热的

考点：氰化物、CO中毒

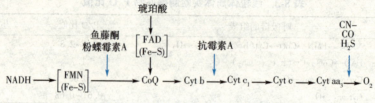

图8-11 呼吸链抑制剂的作用部位

形式散发，以致体温升高。

（3）氧化磷酸化抑制剂：抑制电子传递又抑制ADP磷酸化为ATP。如寡霉素可与寡霉素敏感蛋白结合，阻止质子从F0质子通道回流，抑制磷酸化并间接抑制电子呼吸链传递。

三、能量的储存和利用

糖、脂类、蛋白质在分解代谢过程中释放的能量约有40%以化学能形式储存于ATP中。ATP直接参与细胞中各种能量代谢的转移。

（一）高能键与高能化合物

考点：能量的生成、利用和储存

生物化学中把磷酸化合物水解时释出的能量大于30.5kJ/mol者称为高能化合物，其所含的键称为高能磷酸键（包括磷酸酯键和硫酯键），一般用"~P"表示。ATP是体内重要的高能化合物，其分子中含两个高能磷酸酯键，是生命活动所需能量的直接来源。

（二）能量的储存和利用

1. 能量的利用　人的一切生命活动都需要能量，营养物质（糖、脂肪和蛋白质）在体内必须转化成ATP才能被机体利用。ATP是机体生命活动的直接供能物质。

$$ATP + H_2O \longrightarrow ADP + Pi + 能量$$

2. 能量的转移　ATP是生命活动的直接供能物质，但体内某些合成代谢过程需要其他三磷酸核苷提供能量，如糖原合成需要UTP、磷脂合成需要CTP、蛋白质合成需要GTP。而UTP、CTP、GTP一般不能从物质氧化过程中直接生成，只能从ATP中获得"~P"产生。

$$ATP + UDP \longrightarrow ADP + UTP$$
$$ATP + CDP \longrightarrow ADP + CTP$$
$$ATP + GDP \longrightarrow ADP + GTP$$

3. 能量的储存　ATP是能量的直接利用形式，但不是能量的储存形式。ATP充足时，ATP能将高能磷酸基（~P）转移给肌酸生磷酸肌酸（C~P），作为肌肉和脑组织中能量的一种储存形式，当机体消耗ATP过多而致ADP增多时，磷酸肌酸将~P转移给ADP，生成ATP，供生理活动之用。

$$ATP + 肌酸(C) \xrightleftharpoons{肌酸激酶} ADP + 磷酸肌酸(C \sim P)$$

能量的生成、利用和储存概况见图8-12。

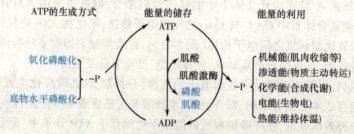

图8-12 能量的生成、利用和储存

四、线粒体外的 NADH 的氧化

线粒体内生成的 NADH 可直接参加氧化磷酸化过程,但在细胞液中生成的 NADH 不能自由透过线粒体内膜,故线粒体外的 NADH 所携带的 $2H^+$ 必须通过某种转运机制才能进入线粒体,然后再经呼吸链进行氧化磷酸化。这种转运机制主要有 α-磷酸甘油穿梭和苹果酸-天冬氨酸穿梭两种形式。

1. α-磷酸甘油穿梭作用　主要存在于脑和骨骼肌中,如图 8-13 所示。

细胞液中的 NADH 在 α-磷酸甘油脱氢酶催化下,使磷酸二羟丙酮还原成 α-磷酸甘油,后者进入线粒体,再经线粒体内膜上 α-磷酸甘油脱氢酶催化,氧化生成磷酸二羟丙酮和 $FADH_2$。磷酸二羟丙酮可穿出线粒体外膜至细胞液,继续进行穿梭,而 $FADH_2$ 则进入 $FADH_2$ 氧化呼吸链,产生 1.5ATP。

2. 苹果酸-天冬氨酸穿梭作用　主要存在于肝脏和心肌等组织中,如图 8-14 所示。

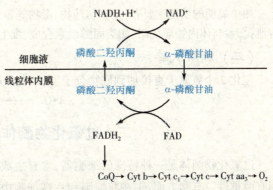

图 8-13　α-磷酸甘油穿梭

细胞液中的 NADH 在苹果酸脱氢酶催化下,使草酰乙酸还原成苹果酸,后者进入线粒体,在苹果酸脱氢酶的作用下重新生成草酰乙酸和 NADH。NADH 进入 NADH 氧化呼吸链,产生 2.5ATP。线粒体内生成的草酰乙酸不能穿过线粒体内膜,与谷氨酸在谷草转氨酶催化下进行转氨基作用,生成天冬氨酸和 α-酮戊二酸,经载体转运至细胞液后,再进行转氨基作用生成草酰乙酸,继续进行穿梭。

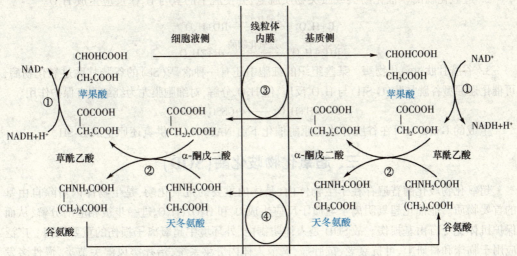

图 8-14　苹果酸-天冬氨酸穿梭
①苹果酸脱氢酶;②谷草转氨酶;③α-酮戊二酸转运蛋白;④酸性氨基酸载体

第 3 节　其他氧化体系

一、微粒体中的氧化酶

微粒体氧化体系存在于细胞膜滑面内质网上。微粒体中存在加氧酶,根据向底物分子中加入氧原子数目的不同分为加单氧酶和加双氧酶。

（一）加单氧酶系

在肝、肾、肠黏膜和肺等组织的微粒体中，由 NADP-细胞色素 P-450 还原酶、细胞色素 P-450、FAD 等组成的复杂酶系。可催化氧分子中的氧原子直接加到底物（RH）分子上使之羟化，另一氧原子与 NADPH+H$^+$ 上的 2 个质子结合生成水。

$$RH+O_2+NADPH+H^+ \longrightarrow ROH+NADP^++H_2O$$

加单氧酶的功能主要有：①参与药物、毒物等非营养物质的转化，使后者水溶性增强有利于排泄；②参与体内物质代谢，如类固醇激素合成、维生素 D_3 的羟化以及胆汁酸、胆色素的合成等。

（二）加双氧酶系

催化 2 个氧原子直接加到底物分子上，如色氨酸加双氧酶、胡萝卜素加双氧酶。

$$A+O_2 \longrightarrow AO_2$$

二、过氧化物酶体中的氧化酶

过氧化物酶体是一种特殊的细胞器，含有生成与分解 H_2O_2 的酶。过氧化氢对机体的作用有两重性。有利方面：①在粒细胞和吞噬细胞中可杀死吞噬的细菌；②在甲状腺中参与酪氨酸碘化反应，使蛋白质碘化，有利于甲状腺素的生成。但生成过多的 H_2O_2 会造成危害：①可使巯基酶和蛋白质氧化失活；②氧化生物膜中的多不饱和脂肪酸，损伤生物膜结构、影响生物膜的功能。过氧化氢酶和过氧化物酶可将 H_2O_2 处理和利用。

1. **过氧化氢酶** 又称触酶，可催化两分子 H_2O_2 反应，生成 H_2O 并释放出 O_2。

$$2H_2O_2 \xrightarrow{\text{过氧化氢酶}} 2H_2O+O_2$$

2. **过氧化物酶** 催化酚类或胺类物质脱氢，并使脱下的氢与 H_2O_2 反应生成 H_2O。

$$R+H_2O_2 \xrightarrow{\text{过氧化物酶}} RO+H_2O$$

$$RH_2+H_2O_2 \xrightarrow{\text{过氧化物酶}} R+2H_2O$$

3. **谷胱甘肽过氧化物酶** 某些组织的细胞中还有一种含硒（Se）的谷胱甘肽过氧化物酶，可催化还原型谷胱甘肽（G-SH）与 H_2O_2 反应，使 H_2O_2 分解，对细胞膜尤为红细胞有保护作用。

$$2G\text{-}SH+H_2O_2 \longrightarrow GSSG+H_2O$$

生成的 GSSG 又可在谷胱甘肽还原酶催化下由 NADPH+H$^+$ 供氢还原生成 G-SH。

三、超氧化物歧化酶（SOD）

超氧化物歧化酶普遍存在于生物体内，是体内重要的抗氧化酶，是生物体内清除自由基的首要物质。能催化超氧阴离子与质子反应生成 O_2 和 H_2O_2，H_2O_2 进一步被相应酶分解，从而保护机体免受自由基损伤。故 SOD 是人体防御内、外环境中超氧离子损伤的重要的酶。广泛应用于临床和科研上，可抗衰老、抗肿瘤，调节人体内分泌系统，治疗类风湿关节炎、慢性多发性关节炎等疾病。

> **链接**
>
> 1938 年，Keilin 和 Marn 等人首次从牛红细胞中分离得到超氧化物歧化酶，当时仅认为是一种蛋白质，直到 1969 年，McCord 和 Fridovoch 等人在研究对黄嘌呤氧化酶时，重新发现这种蛋白，并且发现了它们具有酶的活性，弄清了它催化过氧阴离子的性质，所以正式将其命名为超氧化物歧化酶。临床上，SOD 常用于对自由基继发损伤病情的诊断、自由基清除治疗疗效跟踪和预后判断与评估等。

目标检测

一、选择题

A1 型题

1. 呼吸链存在于（　　）
   A. 细胞膜　　B. 线粒体外膜
   C. 线粒体内膜　　D. 微粒体
   E. 过氧化物酶体

2. 有关生物氧化叙述错误的是（　　）
   A. 在生物体内发生的氧化反应
   B. 生物氧化是一系列酶促反应
   C. 氧化过程中能量逐步释放
   D. 线粒体中的生物氧化可伴有 ATP 生成
   E. 与体外氧化结果相同，但释放的能量不同

3. 下列哪种物质不是 NADH 氧化呼吸链的组分（　　）
   A. FMN　　B. FAD
   C. 泛醌　　D. 铁硫蛋白
   E. 细胞色素 c

4. 呼吸链中细胞色素排列顺序是（　　）
   A. Cyt b→Cyt c→Cyt c_1→Cyt aa_3→O_2
   B. Cyt c→Cyt b→Cyt c_1→Cyt aa_3→O_2
   C. Cyt c_1→Cyt c→Cyt b→Cyt aa_3→O_2
   D. Cyt b→Cyt c_1→Cyt c→Cyt aa_3→O_2
   E. Cyt c→Cyt c_1→Cyt b→Cyt aa_3→O_2

5. ATP 生成的主要方式是（　　）
   A. 肌酸磷酸化　　B. 氧化磷酸化
   C. 糖的磷酸化　　D. 底物水平磷酸化
   E. 有机酸脱羧

6. 有关 NADH 叙述错误的是（　　）
   A. 可在细胞液中形成
   B. 可在线粒体中形成
   C. 在细胞液中氧化生成 ATP
   D. 在线粒体中氧化生成 ATP
   E. 又称还原型辅酶 I

7. 心肌细胞液中的 NADH 进入线粒体主要通过（　　）
   A. α-磷酸甘油穿梭
   B. 肉碱穿梭
   C. 苹果酸-天冬氨酸穿梭
   D. 丙氨酸-葡萄糖循环
   E. 柠檬酸-丙酮酸循环

8. 机体生命活动的能量直接供应者是（　　）
   A. 葡萄糖　　B. 蛋白质
   C. 乙酰辅酶 A　　D. ATP
   E. 脂肪

9. 关于呼吸链叙述错误的是（　　）
   A. 呼吸链中的递氢体同时都是递电子体
   B. 呼吸链中递电子体同时都是递氢体
   C. 呼吸链各组分氧化还原电位由低到高
   D. 线粒体 DNA 突变可影响呼吸链功能
   E. 抑制细胞色素 aa_3 可抑制整个呼吸链

10. 参与呼吸链递电子的金属离子是（　　）
    A. 铁离子　　B. 钴离子
    C. 镁离子　　D. 锌离子
    E. 以上都不是

11. 呼吸链中可被一氧化碳抑制的成分是（　　）
    A. FAD　　B. FMN
    C. 铁硫蛋白　　D. 细胞色素 aa_3
    E. 细胞色素 c

二、名词解释

1. 生物氧化　2. 呼吸链　3. 氧化磷酸化　4. P/O 比值

三、填空题

1. 细胞液中的 $NADH+H^+$ 通过_____和_____两种穿梭机制进入线粒体，并可进入_____氧化呼吸链或_____氧化呼吸链，可分别产生_____分子 ATP 或_____分子 ATP。

2. ATP 生成的主要方式有_____和_____。

3. 细胞液中 α-磷酸甘油脱氢酶的辅酶是_____，线粒体中 α-磷酸甘油脱氢酶的辅基是_____。

4. 呼吸链中未参与形成复合体的两种游离成分是_____和_____。

四、简答题

1. 试比较生物氧化与体外物质氧化的异同。
2. 描述 NADH 氧化呼吸链和琥珀酸氧化呼吸链的组成、排列顺序及氧化磷酸化的偶联部位。
3. 试述影响氧化磷酸化的因素。
4. 试述体内的能量生成、储存和利用。

（郑　佳）

第 9 章 物质代谢的联系与调节

 学习目标

掌握：细胞内酶的隔离分布；细胞水平的调节；关键酶的概念和催化反应的特点；变构调节、变构酶、变构效应剂的概念；变构调节的生理意义；化学修饰调节的概念及主要方式。

熟悉：物质代谢的相互联系；酶含量的调节；变构调节的机制；化学修饰调节的特点。

了解：激素水平代谢调节；整体水平代谢调节。

生命体都是由糖类、脂类、蛋白质和核酸四类生物大分子物质以及一些小分子物质构成的，因此物质代谢是生物体的一个重要的基本特征，也是机体一切生命活动的能量源泉。前面我们已经分别讲述了糖类、脂类、蛋白质和核酸等物质的代谢过程及其在代谢过程中的能量变化，虽然这些物质化学性质不同，功能各异，但是它们在生物体内的代谢之间有着广泛的联系，形成体内复杂的代谢网络。这种代谢网络在一些调节机制的调控下有条不紊的进行着，使机体能够适应各种内、外环境的变化，完成各种生理功能。一旦调节机制发生异常，就会引起代谢紊乱而导致疾病。

第 1 节 物质代谢的特点

一、整 体 性

体内各种物质的代谢不是彼此孤立的，而是彼此相互联系，相互转变，或相互依存，构成统一的整体。例如进食后，摄取到体内的葡萄糖增加。此时，糖原合成加强，而糖原分解抑制；同时，糖的分解代谢加强，一方面，释放能量增多，以保证糖原、脂肪、磷脂、胆固醇、蛋白质等物质合成的能量需要；另一方面，糖分解代谢的一些中间产物，经过各自不同的代谢转变成脂肪、胆固醇、磷脂及非必需氨基酸等。在由糖转变成脂类、非必需氨基酸的同时，脂肪动员和蛋白质的分解就受到抑制。

二、可 调 节 性

正常情况下，机体物质代谢能适应内外环境不断地变化，有条不紊地进行，是由于机体存在精细的调节机制。使各种物质代谢的强度，方向和速度能适应内外环境的不断变化，保持机体内环境的相对恒定及动态平衡，保证机体各项生命活动的正常进行。

三、ATP 是机体能量利用的共同形式

一切生命活动需要能量，能量的直接利用形式是 ATP。糖、脂和蛋白质在体内氧化分解时释放的能量很大部分以高能磷酸键形式储存于 ATP 中，需要时，ATP 水解释放出能量，供各种生命活动的需要。各种生物合成，肌肉收缩，物质的主动转运，生物电，乃至体温的维持均可直接利用 ATP。

第2节 物质代谢的联系

一、在能量上的相互联系

作为能源物质,糖类、脂类及蛋白质均可在体内氧化供能。尽管三大营养物质在体内氧化分解的代谢途径各不相同,但乙酰 CoA 是它们代谢共同的中间产物,三羧酸循环和氧化磷酸化是它们代谢的共同途径,而且都能生成可利用的化学能 ATP。从能量供给的角度来看,三大营养物质的利用可相互替代。一般情况下,机体利用能源物质的次序是糖(或糖原)、脂肪和蛋白质(主要为肌肉蛋白),糖是机体主要供能物质(占总热量 50%~70%),脂肪是机体储能的主要形式(肥胖者可多达 30%~40%)。机体以糖、脂供能为主,能节约蛋白质的消耗,因为蛋白质是组织细胞的重要结构成分。由于糖、脂、蛋白质分解代谢有共同的代谢途径,限制了进入该代谢途径的代谢物的总量,因而各营养物质的氧化分解又相互制约,并根据机体的不同状态来调整各营养物质氧化分解的代谢速度以适应机体的需要。若任一种供能物质的分解代谢增强,通常能通过代谢调节抑制和节约其他供能物质的降解,如在正常情况下,机体主要依赖葡萄糖氧化供能,而脂肪动员及蛋白质分解往往受到抑制;在饥饿状态时,由于糖供应不足,则需动员脂肪或动用蛋白质而获得能量。

二、糖、脂及蛋白质代谢之间的相互联系

体内糖、脂及蛋白质的代谢是相互影响,相互转化的,其中三羧酸循环不仅是三大营养物质代谢的共同途径,也是三大营养物质相互联系、相互转变的枢纽。同时,一种代谢途径的改变必然影响其他代谢途径的相应变化,如当糖代谢失调时会立即影响到脂类代谢和蛋白质代谢。

考点: 三大营养物质的相互转换

(一) 糖代谢与脂类代谢的相互联系

案例 9-1

患者,女,19 岁。由于体重超重 30kg 而求医。到医院化验血脂,其结果如下:甘油三酯:9.34mmol/L,总胆固醇:6.75mmol/L,高密度脂蛋白胆固醇:0.55mmol/L,低密度脂蛋白:1.95mmol/L。身体无其他明显疾病,患者平时饮食喜爱糖果、甜品和软饮料。食物中脂肪摄取量一般。初步诊断:肥胖症。

问题:1. 如果膳食中以糖果为主时,体内怎样能形成过量的甘油三酯?
2. 从生化角度解释高糖膳食与高胆固醇之间的关系。

---

1. 糖可以转变为脂类

(1) 糖可以转变为脂肪:当糖供给充足,摄入糖量超过体内能量消耗时,除合成少量糖原储存在肝脏和肌肉外,糖可大量转变为脂肪储存起来,导致发胖。因为在糖的糖酵解、三羧酸循环、磷酸戊糖途径等代谢途径中,产生的中间代谢产物,可以为脂肪的合成提供原料,如:磷酸二羟丙酮还原生成磷酸甘油;另一中间产物乙酰 CoA 先转变成丙二酰 CoA 后转化成长链脂肪酸等。

(2) 糖可以转变为胆固醇,也能为磷脂合成提供原料:糖有氧氧化途径中产生的乙酰 CoA 和磷酸戊糖途径中生成的 NADPH+H^+,为胆固醇的合成提供了原料。当进食高糖膳食后,血糖升高时,胰岛素分泌增加,糖的分解加强,为合成胆固醇提供更多的乙酰 CoA 和 NADPH+H^+,这正是高糖膳食后,不仅脂肪合成增加,而且胆固醇合成也增加的原因。甘油磷脂的合成需要甘油、脂肪酸,鞘磷脂的合成也需要脂肪酸。甘油和脂肪酸可由糖代谢转变,

所以糖为磷脂合成提供了原料。

2. 脂类部分成分可转变为糖

（1）脂肪中的甘油可以转变为糖，但脂肪酸不能转变为糖：脂肪中的甘油可在肝、肾、肠等组织中可被甘油激酶催化生成α-磷酸甘油，再转变成磷酸二羟丙酮，然后转变为糖。由于丙酮酸转变为乙酰 CoA 的反应不可逆，所以脂肪酸经 β-氧化生成的乙酰 CoA 不能逆转生成丙酮酸，因而脂肪酸不能转变为糖。因为甘油在脂肪中所占的比例较小，因此脂肪转变为糖较少。

（2）胆固醇不能转变为糖，磷酸甘油磷脂中的甘油部分可以转变成糖。

（二）糖代谢与蛋白质代谢的相互联系

1. 糖可以转变为非必需氨基酸　糖经酵解途径产生的磷酸烯醇式丙酮酸和丙酮酸，以及丙酮酸脱羧后经三羧酸循环形成的α-酮戊二酸、草酰乙酸，都可以作为合成各种氨基酸的碳链结构，通过氨基化或转氨基作用形成相应的氨基酸，进而用于合成蛋白质。例如丙酮酸、α-酮戊二酸和草酰乙酸均可通过氨基化或转氨基作用，分别形成丙氨酸、谷氨酸和天冬氨酸。但是必需氨基酸，包括赖氨酸、色氨酸、甲硫氨酸、苯丙氨酸、亮氨酸、苏氨酸、异亮氨酸、缬氨酸 8 种，则必须由食物提供，所以食物中的糖不能替代蛋白质。此外，由糖分解产生的能量，也可供氨基酸和蛋白质合成之用。

2. 大部分氨基酸可转变成糖　组成蛋白质的 20 种氨基酸，除亮氨酸和赖氨酸（生酮氨基酸）外，均可通过脱氨基作用生成相应的α-酮酸，而这些α-酮酸均可为或转化为糖代谢的中间产物，可通过三羧酸循环部分途径及糖异生作用转变为糖。

三、脂类代谢与蛋白质代谢的相互联系

1. 脂肪不易转化为氨基酸　脂肪分解产生甘油和脂肪酸，甘油可转变为丙酮酸，再转变为草酰乙酸及α-酮戊二酸，然后接受氨基而转变为丙氨酸、天冬氨酸及谷氨酸。脂肪酸可以通过 β-氧化生成乙酰 CoA，然后进入三羧酸循环，可产生α-酮戊二酸和草酰乙酸，进而通过转氨作用生成相应的谷氨酸和天冬氨酸，从而与氨基酸代谢相联系。但这种脂肪酸合成氨基酸碳架结构的可能性是受一定限制的，一般来说，人体不易利用脂肪酸合成氨基酸。

2. 氨基酸可以转变为脂类　氨基酸分解后均可以生成乙酰 CoA，后者经还原缩合反应可合成脂肪酸进而合成脂肪。乙酰 CoA 还可以合成胆固醇以满足机体的需要。另外，丝氨酸在脱去羧基后形成乙醇胺，乙醇胺经甲基化可形成胆碱，丝氨酸、乙醇胺和胆碱都是合成磷脂的原料。

四、核酸代谢与糖、脂类和蛋白质代谢的相互联系

核酸是遗传物质，在机体的遗传、变异及蛋白质合成中起着决定性的作用。一方面，虽然核酸不是重要的碳源、氮源和能源，但核酸控制着蛋白质的合成，影响细胞的成分和代谢类型。许多游离核苷酸在代谢中起着重要的作用。如 ATP 是能量生成、利用和储存的中心物质，UTP 参与糖原的合成，CTP 参与卵磷脂的合成，GTP 供给蛋白质肽链合成时所需的部分能量。核苷酸的一些衍生物也具有重要的生理功能，如辅酶 A、NAD^+、$NADP^+$、FAD 等。另一方面，核酸或核苷酸本身的合成，又受到其他物质特别是蛋白质的影响。如甘氨酸、天冬氨酸、谷氨酰胺及一碳单位（是由部分氨基酸代谢产生的）是核苷酸合成的原料，参与嘌呤和嘧啶环的合成；核苷酸合成需要酶和多种蛋白因子的参与；合成核苷酸所需的磷酸核糖来自糖代谢中的磷酸戊糖途径等。

总的来说，糖、脂肪、蛋白质和核酸等物质在代谢过程中都是彼此影响、相互转化和密切

相关的(图9-1)。

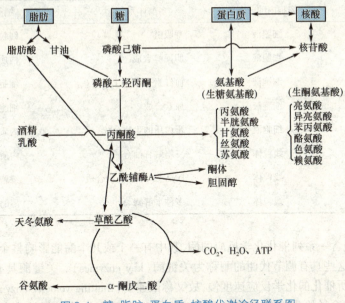

图9-1 糖、脂肪、蛋白质、核酸代谢途径联系图

第3节 物质代谢的调节

代谢调节(metabolic regulation),是生物在长期进化过程中,为适应环境需要而形成的一种生理功能。体内的代谢过程尽管错综复杂,但却有条不紊地进行,其原因在于机体存在着多层次严密的调节机制,以适应体内外环境的不断变化,保持机体内环境的相对恒定及动态平衡。进化程度越高的生物其代谢调节越复杂、越精确、越完善。人体内的代谢调节可分为三个水平:细胞水平、激素水平和在神经系统控制下的整体水平的调节。其中,细胞水平的调节是基础,激素水平和整体水平的调节都是通过细胞水平的调节来实现的。

一、细胞水平的调节

细胞水平的调节实际上就是酶的调节,这是单细胞生物主要的调节方式,是生物体最原始和最基本的调节方式,这也是一切代谢调节的基础,包括细胞内酶的区域化分布、酶结构的调节和酶量的调节。

(一)细胞内酶的区域化分布

细胞是生物体结构和功能的基本单位。细胞内存在由膜系统分开的区域,使各类反应在细胞中有各自的空间分布,称为区域化。代谢上相关的酶常常组成一个多酶体系或多酶复合体,分布在细胞的某一特定区域,执行着特定的代谢功能,这就使得有关代谢途径只能分别在细胞不同区域内进行,不致使各种代谢途径互相干扰。例如糖酵解、糖异生、脂肪酸合成的酶系主要存在于细胞液中;三羧酸循环、脂肪酸β-氧化、氧化磷酸化的酶系主要存在于线粒体中;核酸合成的酶系大部分在细胞核中(表9-1)。

表 9-1　主要代谢途径(多酶体系)在细胞内的分布

多酶体系	细胞内的分布	多酶体系	细胞内的分布
糖酵解	细胞液	呼吸链	线粒体
磷酸戊糖途径	细胞液	胆固醇合成	内质网,细胞液
糖原合成	细胞液	血红素合成	细胞液,线粒体
脂肪酸的合成	细胞液	尿素合成	细胞液,线粒体
糖异生	细胞液	蛋白质的生物合成	内质网,细胞液
三羧酸循环	线粒体	三脂酰甘油合成	内质网
氧化磷酸化	线粒体	DNA 及 RNA 生物合成	细胞核
脂肪酸 β-氧化	线粒体	多种水解酶	溶酶体

考点：关键酶　　代谢途径包含一系列催化化学反应的酶,其中有一个或几个酶能影响整个代谢途径的反应速度和方向,这些具有调节代谢的酶称为关键酶(key enzymes)。关键酶具有下述特点：①酶活性较低,其所催化的化学反应速度慢,故又称限速酶(limiting velocity enzymes),它的活性能决定整个代谢途径的总速度；②催化单向反应或非平衡反应,它的活性决定整个途径的方向；③酶活性可受多种代谢物或效应剂的调节,是细胞水平代谢调节的作用点；④关键酶往往处于代谢途径的起始点或分支处。因此,调节某些关键酶的活性是细胞代谢调节的重要方式。表 9-2 列出了一些主要代谢途径的关键酶。

表 9-2　主要代谢途径的关键酶

代谢途径	关键酶
糖酵解	己糖激酶、磷酸果糖激酶、丙酮酸激酶
三羧酸循环	柠檬酸合酶、异柠檬酸脱氢酶、α-酮戊二酸脱氢酶复合体
糖原合成	糖原合酶
糖原分解	磷酸化酶
脂肪酸的合成	乙酰辅酶 A 羧化酶
糖异生	丙酮酸羧化酶、磷酸烯醇式丙酮酸羧激酶、果糖二磷酸酶、葡萄糖-6-磷酸酶
胆固醇合成	HMG-CoA 还原酶
尿素合成	精氨酸代琥珀酸合酶

　　细胞水平的代谢调节主要是通过对关键酶活性的调节实现的,而酶活性调节主要是通过改变现有的酶的结构与含量。故关键酶的调节方式可分两类：一类是通过改变酶的分子结构而改变细胞现有酶的活性来调节酶促反应的速度,如酶的"变构调节"与"化学修饰调节"。这种调节一般在数秒或数分钟内即可完成,是一种快速调节。另一类是改变酶的含量,即调节酶蛋白的合成或降解来改变细胞内酶的含量,从而调节酶促反应速度。这种调节一般需要数小时才能完成,因此是一种迟缓调节。

(二) 酶结构的调节

1. 变构调节

（1）变构调节的概念：某些小分子化合物能与酶分子活性中心以外的某一部位特异地非共价可逆结合，引起酶蛋白分子的构象发生改变，从而改变酶的催化活性，这种调节称为变构调节或别构调节（allosteric regulation）。被调节的酶称为变构酶或别构酶（allosteric enzyme），使酶发生变构效应的物质，称为变构效应剂，能引起酶活性增加的为变构激活剂，引起酶活性降低的称为变构抑制剂。变构调节在生物界普遍存在，代谢途径中的关键酶大多数是变构酶。表9-3列出某些代谢途径中的变构酶及其变构效应剂。

考点：变构调节

表9-3 某些代谢途径中的变构酶及其变构效应剂

代谢途径	变构酶	变构激活剂	变构抑制剂
糖酵解	己糖激酶	AMP,ADP,Pi	葡萄糖-6-磷酸
	磷酸果糖激酶-1	果糖-1,6-二磷酸	ATP,柠檬酸,异柠檬酸
	丙酮酸激酶	AMP,果糖-2,6-二磷酸	ATP,乙酰辅酶A
糖原分解	糖原磷酸化酶b	AMP,Pi	ATP,葡萄糖,葡萄糖-6-磷酸
三羧酸循环	柠檬酸合成酶	AMP,ADP	ATP,NADH,脂酰辅酶A
	异柠檬酸脱氢酶	AMP,ADP	ATP
糖异生	丙酮酸羧化酶	ATP,乙酰辅酶A	AMP
	果糖二磷酸酶	ATP	AMP,果糖-6-磷酸
脂肪酸合成	乙酰辅酶A羧化酶	柠檬酸,异柠檬酸	长链脂酰辅酶A
氨基酸代谢	谷氨酸脱氢酶	ADP	GTP,ATP,NADH

（2）变构调节的机制：变构酶一般是由两个以上亚基组成的具有四级结构的聚合体，有与底物结合并起催化作用的催化亚基和与变构效应剂结合的调节亚基。变构效应剂通过非共价键与调节亚基结合，引起酶分子构象改变，从而影响酶与底物的结合，使酶的活性受抑制或激活。变构效应剂多为代谢物，如酶的底物、代谢途径的终产物或其他小分子代谢物。它们在细胞内浓度的改变能灵敏地反映代谢途径的强度和能量供求情况，通过对变构酶的调节，使代谢的速度、强度和方向恰到好处。如ATP可变构抑制分解产能代谢中的关键酶的活性，而ADP、AMP则变构激活这些酶，使体内的能量代谢体现出"最经济原则"。

（3）变构调节的生理意义：变构调节是细胞水平调节中一种常见的快速调节。一方面，变构酶的底物、产物或其他小分子代谢物可作为变构剂，能灵敏地反应代谢途径的强度和能量供求情况，从而快速及时地对变构酶进行调节；另一方面，每种变构酶都有变构激活和变构抑制两种调节方式，能保证代谢物或能量不会产生过多造成浪费，也不会产生太少而满足不了机体的生理需要。

2. 化学（共价）修饰调节

（1）化学（共价）修饰调节的概念：酶蛋白肽链上的某些基团可在另一种酶的催化下，与某些化学基团发生可逆地共价结合从而引起酶的活性改变，这种调节称为酶的化学修饰（chemical modification）或共价修饰（covalent modification）。酶的化学修饰主要有磷酸化与脱磷酸、乙酰化与脱乙酰基、甲基化与脱甲基、腺苷化与脱腺苷。其中以磷酸化与脱磷酸最为常见和重要（表9-4）。

表 9-4　某些代谢途径中限速酶的化学修饰

代谢途径	限速酶	化学修饰类型	活性改变
糖酵解	丙酮酸激酶	磷酸化/脱磷酸化	抑制/激活
糖有氧氧化	丙酮酸脱氢酶	磷酸化/脱磷酸化	抑制/激活
糖原合成	糖原合酶	磷酸化/脱磷酸化	抑制/激活
糖原分解	磷酸化酶	磷酸化/脱磷酸化	激活/抑制
	磷酸化酶 b 激酶	磷酸化/脱磷酸化	激活/抑制
糖异生	果糖二磷酸酶	磷酸化/脱磷酸化	激活/抑制

　　酶蛋白分子中带羟基的氨基酸(丝氨酸、苏氨酸及酪氨酸)残基是磷酸化修饰的位点。酶蛋白的磷酸化是在蛋白激酶的催化下,由 ATP 提供磷酸基和能量完成的,而脱磷酸则是由磷蛋白磷酸酶催化的水解反应(图 9-2)。

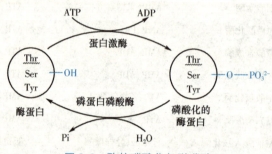

图 9-2　酶的磷酸化与脱磷酸

链　接

　　1992年度的诺贝尔生理学或医学奖授予了 E. Fischer 和 E. Krebs。他们的重大成就是发现可逆性的蛋白质磷酸化过程是生物的自身调节机制,细胞内物质的不平衡可导致疾病的发生。他们第一次提纯了磷酸酯酶,可以使一种酶去磷酸化,进而再激活一系列生化反应。他们的发现使蛋白质可逆磷酸化及其有关的第二信使调控、蛋白激酶和磷酸酯酶的研究成为当代生物化学和医学研究的一个最活跃、最吸引人的研究领域之一,对现代生物化学和现代医学具有重要意义。

　　(2) 化学(共价)修饰调节的特点:①被共价修饰的酶有两种形式的互变:即有活性(或高活性)与无活性(或低活性)两种形式,分别在两种不同的酶催化下,发生共价修饰,互相转变;②具有级联放大效应:酶的共价修饰是酶促反应,可以多级联合进行,因而呈现逐级放大效应;③是酶活性调节的经济有效的方式:磷酸化与脱磷酸是最常见的共价修饰调节,酶蛋白的每个磷酸化位点在磷酸化时虽需要消耗 1 分子 ATP,但这比合成酶蛋白所消耗的 ATP 要少得多,且作用迅速,又有放大效应,因此,是体内调节酶活性的经济有效的方式。

　　(3) 化学(共价)修饰调节的生理意义:受化学修饰的酶只需要通过比较简单的修饰作用,其活性即有巨大变化,既节约又快速敏感。

　　应当指出,变构调节与化学修饰调节只是酶催化效率调节的两种不同方式,而对于某一具体酶而言,它可同时受这两种方式的调节。例如磷酸化酶既可受 AMP 和 Pi 的变构激活和 ATP 与 G-6-P 的变构抑制,又可通过磷酸化酶 b 激酶的磷酸化共价修饰而激活,或受磷蛋白磷酸酶的脱磷酸作用而失活。

(三) 酶含量的调节

通过改变酶的合成或降解以调节细胞内酶的含量,从而调节物质代谢的速度和强度。由于酶的合成、降解所需时间较长,消耗 ATP 较多,涉及基因表达调控,常需数小时甚至数日才能实现,故酶量调节属迟缓调节,但作用较为持久。

1. 酶蛋白合成的诱导与阻遏 酶的底物、产物、激素或药物等均可影响酶的合成。酶蛋白合成的调节包括诱导和阻遏两方面。能加速酶合成的物质称为酶的诱导剂,减少酶合成的物质称为酶的阻遏剂。酶的诱导剂或阻遏剂是在酶蛋白生物合成的转录或翻译过程中发挥作用,以影响转录较常见。通常底物多为诱导剂,产物多为阻遏剂。而激素和药物也是常见的诱导剂。

2. 酶蛋白降解 改变酶蛋白分子降解速度也能调节细胞内酶的含量。细胞蛋白水解酶主要存在于溶酶体中,故凡能改变蛋白水解酶活性或影响蛋白水解酶从溶酶体释放速度的因素,都可影响酶蛋白的降解速度。

二、激素水平的调节

通过激素来调控物质代谢是高等动物体内代谢调节的重要方式。激素作用有较高的组织特异性和效应特异性。激素与靶细胞上的特异受体结合,引起细胞内信号转导,最终表现为一系列的生物学效应,对机体的物质代谢、生长发育、各种功能活动以及维持内环境稳态等方面都发挥着重要而广泛的作用。

按激素受体在细胞的部位不同,可将激素分为两大类:一类是膜受体激素,这类激素在细胞膜与受体结合后,将信息传递到细胞内,通过变构调节、化学修饰来调节相关酶的活性从而调节代谢,也可对基因表达进行调控。一类是细胞内受体激素,这类激素与细胞内受体结合,通过影响基因转录而对细胞代谢进行调节。

三、整体水平的代谢调节

代谢的整体水平调节是指机体内各细胞、组织、器官之间的代谢不是孤立的、个别进行的,而是通过一定的调节方式使其相互联系、相互协调和相互制约的,由此构成了一个统一的整体。整体水平调节主要通过神经-体液途径对代谢过程进行调节,以维持机体内环境的相对稳定。

整体调节在饥饿和应激状态时表现尤为明显。如果 24h 以上未进食,肝糖原耗竭,血糖降低。这种变化的信息即可引起生物体内胰岛素分泌减少,胰高血糖素分泌增加,三大能源物质的代谢产生一系列改变:肝、肾糖异生明显增强,组织对葡萄糖的利用减少。脂肪动员增加,酮体生成增多,脑组织利用酮体增加。肌肉蛋白质分解加强,既可供能,又能提供糖异生的原料。总之,三大物质代谢相辅相成,共同维持生命活动。

当机体受到创伤、剧痛、缺氧、寒冷、中毒、感染及强烈的情绪刺激等"紧张状态"时称为应激。此时交感神经兴奋,肾上腺髓质和皮质激素分泌增多,胰高血糖素分泌增加,胰岛素分泌减少,又引起一系列代谢改变。如血糖升高,脂肪动员增强,蛋白质分解加强等。显然,这对于保证大脑、各组织及红细胞的供能有重要意义。

目标检测

一、选择题

A1型题

1. 下列描述体内物质代谢的特点，错误的是（　　）
   A. 各种物质在代谢过程中是相互联系的
   B. 内源性和外源性物质在体内共同参与代谢
   C. 体内各种物质的分解、合成和转变维持着动态平衡
   D. 物质的代谢速度和方向决定于生理状态的需要
   E. 进入人体的能源物质超过需要，即被氧化分解

2. 糖、脂肪、氨基酸三者代谢的交叉点是（　　）
   A. 丙酮酸　　　　　B. 琥珀酸
   C. 延胡索酸　　　　D. 乙酰辅酶A
   E. 磷酸烯醇式丙酮酸

3. 细胞质中不能进行的反应过程是（　　）
   A. 糖原合成和分解
   B. 磷酸戊糖途径
   C. 脂肪酸的 β-氧化
   D. 脂肪酸的合成
   E. 糖酵解途径

4. 关于变构效应剂与酶结合的叙述正确的是（　　）
   A. 与酶活性中心底物结合部位结合
   B. 与酶活性中心催化基团结合
   C. 与调节亚基或调节部位结合
   D. 与酶活性中心外任何部位结合
   E. 通过共价键与酶结合

5. 关于酶化学修饰调节叙述不正确的是（　　）
   A. 酶一般都有低（无）活性或高（有）活性两种形式
   B. 就是指磷酸化或脱磷酸
   C. 酶的这两种活性形式需不同酶催化才能互变
   D. 一般有级联放大效应
   E. 催化互变反应的酶本身还受激素等因素的调节

6. 关于关键酶的叙述错误的是（　　）
   A. 关键酶常位于代谢途径的第一步反应
   B. 关键酶在代谢途径中活性最高，所以才对整个代谢途径的流量起决定作用
   C. 受激素调节的酶常是关键酶
   D. 关键酶常是变构酶
   E. 关键酶常催化单向反应或非平衡反应

7. 关于变构调节叙述有误的是（　　）
   A. 变构效应剂与酶共价结合
   B. 变构效应剂与酶活性中心外特定部位结合
   C. 代谢终产物往往是关键酶的变构抑制剂
   D. 变构调节属细胞水平快速调节
   E. 变构调节机制是变构效应剂引起酶分子构象发生改变

8. 饥饿可使肝内哪一条代谢途径增强（　　）
   A. 糖原合成
   B. 糖酵解途径
   C. 糖异生
   D. 磷酸戊糖途径
   E. 脂肪合成

9. 关于糖、脂类代谢中间联系的叙述，错误的是（　　）
   A. 糖、脂肪分解都生成乙酰辅酶A
   B. 摄入的过多脂肪可转化为糖原储存
   C. 脂肪氧化增加可减少糖类的氧化消耗
   D. 糖、脂肪不易转化成蛋白质
   E. 糖和脂肪是正常体内重要能源物质

10. 酶的磷酸化修饰多发生于下列哪种氨基酸的—R基团（　　）
    A. 半胱氨酸的巯基
    B. 组氨酸咪唑基
    C. 谷氨酸的羧基
    D. 赖氨酸的氨基
    E. 丝氨酸的羟基

二、名词解释

1. 细胞水平代谢调节　2. 关键酶　3. 变构调节
4. 变构酶　5. 变构效应剂　6. 化学修饰调节

三、填空题

1. 对于高等生物而言，物质代谢调节可分为三级水平，包括＿＿＿＿、＿＿＿＿及＿＿＿＿的调节。

2. 细胞水平的调节主要通过改变关键酶＿＿＿＿或＿＿＿＿以影响酶的活性，从而对物质代谢进行调节。

3. 物质代谢的特点有＿＿＿＿、＿＿＿＿和＿＿＿＿。

4. 改变酶结构的快速调节,主要包括_____与_____。

5. 酶含量的调节主要通过改变酶_____或_____以调节细胞内酶的含量,从而调节代谢的速度和强度。

6. 化学修饰调节的方式有_____、_____、_____、_____,最常见的方式是_____。

7. 关键酶所催化的反应具有下述特点:催化反应的速度_____,因此又称限速酶;催化_____,因此它的活性决定整个代谢途径的方向;这类酶常受多种效应剂的调节。

8. 当体内葡萄糖有富余时,糖在体内很容易转变为脂,因为糖分解产生的_____可作为合成脂肪酸的原料,磷酸戊糖途径产生的_____可为脂酸合成提供还原当量。

9. 按激素受体在细胞的部位不同,可将激素分为_____激素和_____激素两大类。

四、简答题

1. 比较酶的变构调节与化学修饰调节的异同。
2. 简述人体在长期饥饿状态下,物质代谢有何变化。
3. 糖、脂、蛋白质在机体内是否可以相互转变?简要说明可转变的途径及不能转变的原因。

(张 凌)

第 10 章 遗传信息的传递

学习目标

掌握：复制、转录和翻译的概念及其主要原料和酶，遗传信息传递的基本过程和特点。

熟悉：基因组、转录组、蛋白组的概念，DNA 的修复种类和修复的意义，蛋白质合成与医学的关系。

了解：癌基因和抑癌基因的概念，癌基因和抑癌基因在肿瘤发生发展过程中的作用。

DNA 是遗传的主要物质，遗传信息以碱基排列顺序的方式储藏在 DNA 分子上，DNA 上有功能的遗传信息片段称为基因（gene），而基因则是遗传的基本单位；一个细胞或一种生物的整套遗传物质则称为基因组（genome），它既包括有编码的遗传信息片段，也包含了大量的无编码的遗传信息片段。基因组学（genomics）与基因组不同，基因组学是通过研究生物基因组和如何利用基因，试图解决生物和医学领域的重大问题。

基因组 DNA 通过复制把遗传信息由亲代传递给子代，通过转录将遗传信息传递到 RNA 分子上，后者指导蛋白质的生物合成，这一过程称为遗传信息的传递，遗传信息传递遵循中心法则。20 世纪 70 年代 Temin 和 Baltimore 分别从致癌 RNA 病毒中发现反转录酶，以 RNA 为模板指导 DNA 的合成，遗传信息的传递方向和上述转录过程相反，故称为反转录，并发现某些病毒中的 RNA 也可以进行复制，这样就对中心法则提出了补充和修正，修正与补充后的中心法则如图 10-1 所示。

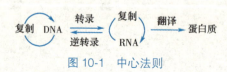

图 10-1 中心法则

DNA 为主导的中心法则是单向的信息流，体现了遗传的保守性；补充修正后的中心法则，使 RNA 也处于中心地位，预示着 RNA 可能有更广泛的功能。

第 1 节 DNA 生物合成

一、DNA 复制的基本方式与体系

考点：DNA 复制的概念与方式，DNA 聚合酶 I 和 DNA 聚合酶 III 的功能，冈崎片段的概念

生物体内或细胞内进行的 DNA 合成主要包括 DNA 复制、DNA 修复合成和反转录合成 DNA 等过程。DNA 复制（DNA replication）是指以 DNA 为模板合成 DNA 的过程，是基因组的复制过程。在这个过程中，亲代 DNA 作为合成模板，按照碱基配对原则合成子代分子，其化学本质是酶促脱氧核苷酸聚合反应。DNA 的忠实复制以碱基配对规律为分子基础，酶促修复系统可以校正复制中可能出现的错误。原核生物和真核生物 DNA 复制的规律和过程非常相似，但具体细节上有许多差别，真核生物 DNA 复制过程和参与的分子更为复杂和精致。

(一) 复制的方式

DNA 复制的主要方式包括：半保留复制和半不连续复制。

1. 半保留复制 DNA 生物合成的半保留复制规律是遗传信息传递机制的重要发现之一。在复制时，一条亲代双链 DNA 解开为两股单链，各自作为模板，依据碱基配对规律，各自合成序列互补的子链 DNA，新合成的两条子代双链 DNA 中均保留了亲代一条链，这种复制方式称为 DNA 半保留复制（DNA semi-conservative replication）。

1958 年，M. Meselson 和 F. W. Stahl 用实验证实自然界的 DNA 复制方式是半保留式的（图 10-2）。他们利用细菌能够以 NH_4Cl 为氮源合成 DNA 的特性，将细菌在含 $^{15}NH_4Cl$ 的培养液中培养若干代（每一代约 20min），此时细菌 DNA 全部是含 ^{15}N 的"重"DNA；再将细菌放回普通的 $^{14}NH_4Cl$ 培养液中培养，新合成的 DNA 则有 ^{14}N 的掺入；提取不同培养代数的细菌 DNA 做密度梯度离心分析，因 ^{15}N-DNA 和 ^{14}N-DNA 的密度不同，DNA 因此形成不同的致密带。结果表明，细菌在重培养基中生长繁殖时合成的 ^{15}N-DNA 是 1 条高密度带；转入普通培养基培养 1 代后得到 1 条中密度带，提示其为 ^{15}N-DNA 链与 ^{14}N-DNA 链的杂交分子；在第二代时可见中密度和低密度 2 条带，表明它们分别为 ^{15}N-DNA 链/^{14}N-DNA 链、^{14}N-DNA 链/^{14}N-DNA 链的组成的分子。随着在普通培养基中培养代数的增加，低密度带增强，而中密度带保持不变。这一实验结果证明，亲代 DNA 复制后，是以半保留形式存在于子代 DNA 分子中的。

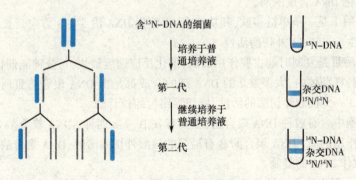

图 10-2 半保留复制

半保留复制规律的阐明，对于理解 DNA 的功能和物种的延续性有重大意义。依据半保留复制的方式，子代 DNA 中保留了亲代的全部遗传信息，亲代与子代 DNA 之间碱基序列的高度一致。

2. 半不连续复制 DNA 双螺旋结构的特征之一是两条链的反向平行，DNA 合成酶只能催化 DNA 链从 $5'→3'$ 方向的合成，故子链沿着模板复制时，只能从 $5'→3'$ 方向延伸。在同一个复制叉上，解链方向只有一个，此时一条子链的合成方向与解链方向相同，可以边解链，边合成新链。然而，另一条链的复制方向则与解链方向相反，如果等待 DNA 全部解链再开始合成，这样的等待在细胞内显然是不现实的。

1968 年，冈崎（R. Okazaki）用电子显微镜结合放射自显影技术观察到，复制过程中会出现一些较短的新 DNA 片段，后人证实这些片段只出现于同一复制叉的一股链上。由此提出，子代 DNA 合成是以半不连续的方式完成的，从而克服 DNA 空间结构对 DNA 新链合成的制约（图 10-3）。

在 DNA 复制过程中，沿着解链方向生成的子链 DNA 的合成是连续进行的，这股链称为前导链；另一股链因为复制方向与解链方向相反，不能连续延长，只能随着模板链的解开，逐

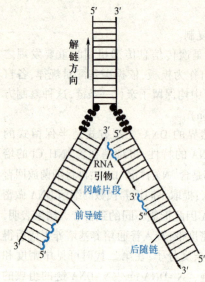

图 10-3 半不连续复制

段地从 5′→3′生成引物并复制子链。DNA 这种一条链连续复制,另一条链边解链边分段复制的方式称为半不连续复制(semidiscontinuous replication)。模板被打开一段,起始合成一段子链;再打开一段,再起始合成另一段子链,这一不连续复制的链称为后随链。在引物生成和子链延长上,后随链都比前导链迟一些,两条互补链的合成是不对称的。沿着后随链的模板链分段合成的新 DNA 片段被命名为冈崎片段(Okazaki fragments)。

(二) 复制的体系

复制是在酶催化下的脱氧核苷酸聚合过程,除了需要 DNA 模板和脱氧核苷酸外,还需要多种酶和蛋白质因子参与。

1. DNA 聚合酶　DNA 聚合酶又称 DNA 指导的 DNA 聚合酶(DNA directed DNA polymerase,DDDP)。在大肠杆菌提取液中发现了三种 DNA 聚合酶,分别称为 DNA 聚合酶Ⅰ、Ⅱ、Ⅲ。它们都是以 DNA 为模板催化 DNA 合成的酶。

DNA 聚合酶Ⅰ是一条单链多肽,其功能有:①催化 DNA 沿 5′→3′方向延长。②具有 3′→5′外切酶的活性。③5′→3′外切酶活性。

DNA 聚合酶Ⅲ是复制时起主要作用的酶,催化反应速度最快,每分钟能催化 9000 个核苷酸聚合。在大肠杆菌体内,大多数新的 DNA 链的合成都是由 DNA 聚合酶Ⅲ所催化的。DNA 聚合酶Ⅲ也有 3′→5′核酸外切酶的活性,能切除错配的核苷酸。

在真核细胞中含有数种 DNA 聚合酶,主要有 α、β、γ、δ 四种,DNA 聚合酶 α 和 δ 是 DNA 复制时起主要作用的酶,DNA 聚合酶 β 有最强的核酸外切酶活性,DNA 聚合酶 γ 存在于线粒体内,参与线粒体 DNA 的复制。

2. 引物酶　引物酶是一种特殊的 RNA 聚合酶。在 DNA 复制过程中,需要合成一小段 RNA 作为引物,此 RNA 引物的碱基与 DNA 模板是互补的,引物酶即催化引物的合成。

3. 解旋和解链酶类　细胞内 DNA 复制时必须先解开 DNA 的超螺旋与双螺旋结构。解链酶、拓扑异构酶、单链结合蛋白可完成该作用。

4. DNA 连接酶　催化以氢键结合于模板 DNA 链的两个 DNA 片段连接起来,但并没有连接单独存在的 DNA 单链的作用。DNA 连接酶不但是 DNA 复制所必需的,而且也是在 DNA 损伤的修复及重组 DNA 中不可缺少的酶。

(三) 复制的过程

原核生物染色体 DNA 和质粒等都是共价环状闭合的 DNA 分子,复制过程具有共同的特点,但并非绝对相同,下面以大肠杆菌 DNA 复制为例,介绍原核生物 DNA 复制的过程和特点。

1. 起始　DNA 复制的起始先要解开 DNA 双螺旋,这主要靠解链酶和拓扑异构酶使 DNA 先解开一段双链,形成复制点,由于每个复制点的形状像一个叉子,故称复制叉(replication fork)。由于单链结合蛋白的结合,引物酶以解开 DNA 双链的一段 DNA 为模板,以核苷三磷酸为底物,按 5′→3′方向合成一小段 RNA 引物(5~100 个核苷酸)。引物 3′-OH 末端就是合成新的 DNA 的起点。

2. 延伸 在 RNA 引物的 3′-OH 末端,DNA 聚合酶Ⅲ催化四种脱氧核苷三磷酸,分别以 DNA 的两条链为模板,同时合成两条新的 DNA 链。由于 DNA 分子的两条链是反向平行的,而新链的合成方向必须按 5′→3′方向进行,因此,新合成的链中有一条链合成方向与复制叉前进方向一致,故合成能顺利的连续进行,此链称为前导链;而另一条链合成方向与复制叉前进方向相反,合成速度慢于前导链,故而称为后随链。后随链的冈崎片段延长至一定长度,直到前一个 RNA 引物的 5′-末端为止,然后在 DNA 聚合酶Ⅰ的作用下,水解除去 RNA 引物,并依据模板的碱基顺序,填补降解引物后留下的空隙。

3. 终止 复制叉中,前导链可以不断地延长,后随链是分为冈崎片段来延长的。在 DNA 聚合酶Ⅰ的作用下,冈崎片段的引物被切除,并由 DNA 聚合酶Ⅰ催化填补空隙,此时第一个片段的 3′-OH 端和第二个片段的 5′-P 端仍是游离的,DNA 连接酶在这个复制的最后阶段起作用,把片段之间所剩的小缺口通过生成磷酸二酯键而接合起来,成为真正连续的子链(图 10-4)。

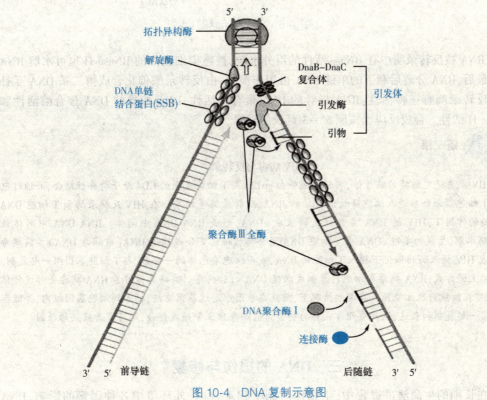

图 10-4 DNA 复制示意图

二、反 转 录

RNA 病毒的基因组是 RNA 而不是 DNA,其复制方式是反转录(reverse transcription),因此也称为反转录病毒。反转录是指以 RNA 为模板合成 DNA 的过程,反转录的信息流动方向(RNA→DNA)与转录过程(DNA→RNA)相反,是一种特殊的复制方式。1970 年,H. Temin 和 D. Bahimore 分别从 RNA 病毒中发现能催化以 RNA 为模板合成双链 DNA 的酶,称为反转录酶,全称是依赖 RNA 的 DNA 聚合酶(RNA dependent DNA polymerase,RDDP)。

考点:反转录的概念,反转录酶的功能及反转录的过程

从单链 RNA 到双链 DNA 的生成可分为三步(图 10-5):首先是反转录酶以病毒基因组 RNA 为模板,催化 dNTP 聚合生成 DNA 互补链,产物是 RNA/DNA 杂化双链。其次,杂化双链

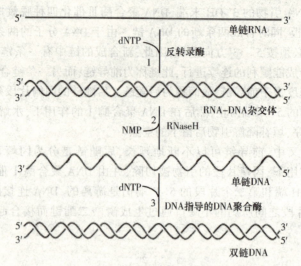

图 10-5 反转录示意图

中的 RNA 被反转录酶中有 RNase 活性的组分水解,被感染细胞内的 RNase H 也可水解 RNA 链。最后,RNA 分解后剩下的单链 DNA 再用作模板,由反转录酶催化合成第二条 DNA 互补链。反转录酶有三种活性:RNA 指导的 DNA 聚合酶活性、DNA 指导的 DNA 聚合酶活性和 RNase H 活性。合成反应也按照 5′→3′延长的规律。

 链 接

HIV 病毒与反转录

HIV 病毒是艾滋病的病原体,其借助膜蛋白 gp120 与 T 细胞表面的 CD4 分子特异性结合,并通过包膜与 T 细胞膜融合后进入细胞释放出 HIV 的 RNA、反转录酶等物质。在 HIV 反转录酶和 T 细胞 DNA 聚合酶的作用下,HIV 的 RNA 首先被反转录成 cDNA,形成 RNA-DNA 中间体。RNA-DNA 中间体被 RNA 酶水解,生成的单链 cDNA 在 T 细胞 DNA 聚合酶的催化下合成双链 DNA(前病毒 DNA)。前病毒 DNA 在 HIV 插入酶的催化下插入 T 细胞的 DNA,成为细胞染色体的一部分,与 T 细胞基因组一起复制。

按上述方式,RNA 病毒在细胞内复制成双链 DNA 的前病毒。前病毒保留了 RNA 病毒全部遗传信息,并可在细胞内独立繁殖。在某些情况下,前病毒基因组通过基因重组,插入到细胞基因组内,并随宿主基因一起复制和表达,这种重组方式称为整合。前病毒独立繁殖或整合,都可成为致病的原因。

三、DNA 的损伤与修复

考点:DNA 损伤的概念及诱发因素的分类

在长期的生命演进过程中,生物体时刻受到来自内、外环境中各种因素的影响,DNA 的改变不可避免,各种体内外因素所导致的 DNA 组成与结构的变化称为 DNA 损伤(DNA damage)。DNA 损伤的诱发因素众多,一般可分为体内因素与体外因素,后者包括辐射、化学毒物、药物、病毒感染、植物以及微生物的代谢产物等。值得注意的是,体内因素与体外因素的作用,有时是不能截然分开的,许多体外因素是通过诱发体内因素,引发 DNA 损伤。然而,不同因素所引发的 DNA 损伤的机制往往是不相同的。

(一)DNA 损伤的诱发因素

1. 体内因素

(1) DNA 复制错误:在 DNA 复制过程中,碱基的异构互变、4 种 dNTP 之间浓度的不平衡等均可能引起碱基的错配,即产生非 Watson-Crick 碱基对。尽管绝大多数错配的碱基会被

DNA 聚合酶的校对功能所纠正,但依然不可避免地有极少数的错配被保留下来,DNA 复制的错配率约 $1/10^{10}$。

(2) DNA 自身的不稳定性:DNA 自身的不稳定性是 DNA 自发性损伤中最频繁和最重要的因素。当 DNA 受热或所处环境的 pH 发生改变时,DNA 分子上连接碱基和核糖之间的糖苷键可自发发生水解,导致碱基的丢失或脱落,其中以脱嘌呤最为普遍。另外,含有氨基的碱基还可能自发脱氨基反应,转变为另一种碱基,即碱基的转变,如 C 转变为 U,A 转变为 I(次黄嘌呤)等。

(3) 机体代谢过程中产生的活性氧:机体代谢过程中产生的活性氧(ROS)可以直接作用于碱基,如修饰鸟嘌呤,产生 8-羟基脱氧鸟嘌呤等。

此外,复制错误还表现为片段的缺失或插入。特别是 DNA 上的短片段重复序列,在真核细胞染色体上广泛分布,导致 DNA 复制系统工作时可能出现"打滑"现象,使得新生成的 DNA 上的重复序列复制数发生变化。DNA 重复片段在长度方面有高度多态性,在遗传性疾病的研究中有重大价值。亨廷顿病(Huntington's disease HD)、脆性 X 综合征(fragile X syndrome)、肌强直性营养不良(myotonic dystrophy)等神经退行性疾病均属于此类。

2. 体外因素　某些物理及化学因素,如紫外线、电离辐射、化学诱变剂等,都能使 DNA 在复制过程中发生突变,其实质就是 DNA 分子上碱基改变造成 DNA 结构和功能的破坏。主要机制如下:

(1) 紫外线:照射引起 DNA 分子中相邻的胸腺嘧啶碱基之间形成二聚体,从而使 DNA 的复制和转录受到阻碍。

(2) 化学诱变剂:例如碱基的类似物 5-溴尿嘧啶和 2-氨基嘌呤可掺入到 DNA 分子中,并引起特异的碱基转换突变,干扰 DNA 的复制。

(3) 抗生素及其类似物:如放线菌素 D、阿霉素等,能嵌入 DNA 双螺旋的碱基对之间干扰 DNA 的复制及转录。

此外还有脱氨基物质、烷化剂、亚硝酸盐等均可阻碍 DNA 的正常复制和转录。

(二) DNA 损伤的修复

1. 光修复　可见光能激活光复活酶,催化胸腺嘧啶二聚体分解为单体。光复活酶几乎存在于所有的生物细胞中(图 10-6)。

2. 切除修复　是人体细胞内 DNA 的主要修复机制,需要特异的核酸内切酶、DNA 聚合酶 I 和 DNA 连接酶等参与。其作用机制如图 10-7 所示。

3. 重组修复　当 DNA 损伤范围较大,复制时损伤部位不能作为模板指导子链的合成,即在子链上形成缺口。这时可以通过重组作用,将另一股正常的母链填补到该缺口,而正常母链上又出现了缺口,但因有正常子链作为模板可在 DNA 聚合酶 I 和连接酶的作用下,使母链完全复原。

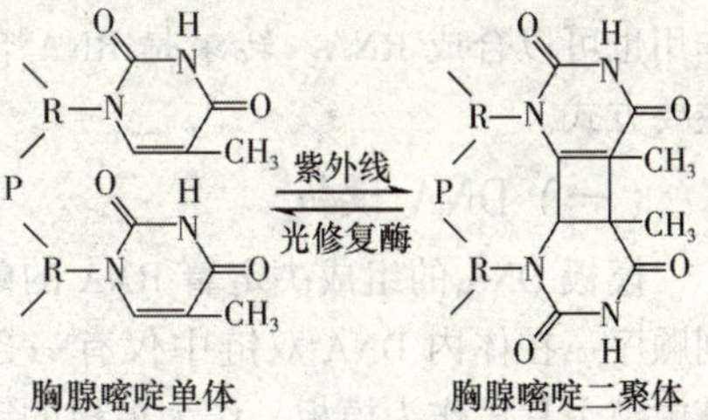

图 10-6　嘧啶二聚体与光修复

4. SOS 修复　在原核细胞中,当 DNA 严重损伤时,RecA 蛋白被激活,促发 LexA 的自水解酶活性,当 LexA 阻遏蛋白因水解而从 RecA 基因,以及"SOS"相关的可诱导基因的操纵序列上解离下来后,一系列原本受 LexA 抑制的基因得以表达,参与 SOS 修复活动。需要指出的是,SOS 反应诱导的产物可参与重组修复、切除修复、错配修复等各种途径的修复过程。

DNA 分子结构的任何异常改变都可看做是 DNA 损伤。生物体内有修复系统可使受损伤的 DNA 得以修复,以保持机体的正常功能和遗传的稳定性。如果损伤未能修复,可以导致生物体某些功能的缺失或死亡,也可以通过 DNA 的复制将变异传给子代 DNA,造成基因突变。基因突变在物种的变异和进化上有十分重要的意义,基因突变也是分子病和细胞癌变的重要原因。

第 2 节 RNA 的生物合成(转录)

生物体以 DNA 为模板合成 RNA 的过程称为转录(transcription)。通过转录,生物体的遗传信息由 DNA 传递给 RNA。生物体的生命单元(通常是一种细胞)所能转录出的全部 RNA 则称为转录组(transcriptome),而研究生物细胞中转录组的发生和变化规律的科学就称为转录组学(transcriptomics)。

DNA 分子上的遗传信息是决定蛋白质氨基酸顺序的原始模板,通过转录产生的 mRNA 是蛋白质合成的直接模板,指导合成 mRNA 的 DNA 区段称为结构基因,转录的产物还有 tRNA 和 rRNA,它们不是翻译的模板,但参与蛋白质的合成。

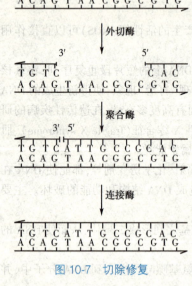

图 10-7 切除修复

转录与复制有相似之处,如合成方向都是 5′→3′,核苷酸都以磷酸二酯键连接,但仍有不同。主要区别如表 10-1 所示。

考点:转录的概念,DNA复制与转录的区别,转录的方式与RNA 聚合酶σ亚基的功能

一、转录的模板和酶

转录是遗传信息表达的第一步。生物界中绝大多数生物是以 DNA 为模板,在 RNA 聚合酶催化下,以四种核苷酸为原料转录合成 RNA。少数生物以 RNA 为模板,通过复制作用也可以合成 RNA。转录是 RNA 合成的主要方式。

(一) DNA 模板

模板 DNA 的组成决定着 RNA 的碱基排列顺序。在体内 DNA 双链中仅有一条链或

表 10-1 DNA 复制与转录的区别

	复制	转录
模板	DNA 中的两条链	DNA 中的模板链
原料	四种 dNTP	四种 NTP
聚合酶	DNA 聚合酶	RNA 聚合酶
碱基配对	A-T,G-C	A-U,T-A,G-C
引物	需要,RNA 引物	不需要
产物	子代双链 DNA	mRNA,tRNA,rRNA
方式	半保留复制 半不连续复制	不对称转录

其中某个片段作为模板。作为模板的链称为模板链,与模板互补的链称为编码链。

(二) RNA 聚合酶

RNA 聚合酶又称为 DNA 指导的 RNA 聚合酶(DNA directed RNA polymerase,DDRP),原核细胞只有一种 RNA 聚合酶,由 4 种亚基(β′、β、α₂、σ)组成全酶。σ 亚基功能是辨认起始点,脱离了 σ 亚基的剩余部分 β′、β、α₂ 称为核心酶。

真核细胞 RNA 聚合酶有三种,分别为 RNA 聚合酶 I、II、III,它们专一地转录不同的基因,产生不同的产物。

二、转录的过程

(一) 起始阶段

转录是在 DNA 模板的特殊部位开始的,此部位称为启动子,位于转录起始点上游。σ 亚基无催化作用,与模板 DNA 启动子结合,能识别转录起始位点。当 RNA 聚合酶滑动到起始位点后,RNA 聚合酶与模板之间形成疏松复合物。进入互补的第一、第二个三磷酸核苷,在 RNA 聚合酶的催化下形成 3′,5′-磷酸二酯键,同时释放出焦磷酸,通常 RNA 链由 ATP 或 GTP 起始,所以 ATP 或 GTP 就成为 RNA 链的 5′-端。

(二) 延长阶段

当第一个 3′,5′-磷酸二酯键形成时,σ 因子便脱落下来。RNA 链的延伸即完全由核心酶催化。核心酶沿 DNA 模板链的 3′→5′方向移动,按碱基配对原则合成 RNA 链,RNA 链的延伸是按 5′→3′方向进行的。在转录过程中,核心酶沿 DNA 模板链的 3′→5′方向推进,待转录的 DNA 双螺旋循序松解,转录完毕的 DNA 双链又形成螺旋结构。同时,在 DNA 模板链上正在延伸的 RNA 链从 5′-末端开始逐步地从 DNA 模板链上游离出来(图 10-8)。

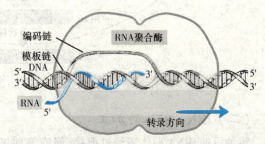

图 10-8 RNA 聚合酶沿 DNA 模板链移动合成 RNA

(三) 终止阶段

待核心酶沿模板 3′→5′方向滑行到终止信号时,转录即告终止。原核生物转录终止有两种类型:一种是不依赖 ρ 因子的终止,由于终止区域富含 CG 碱基重复序列,使新合成的 RNA 链形成发夹样结构,阻止 RNA 聚合酶的滑动,RNA 链的延伸即终止;另一类是依赖 ρ 因子的转录终止,ρ 因子进入终止区域,能与 RNA 链结合,它能利用 ATP 水解释放的能量使 RNA 链释放。转录终止后,核心酶从 DNA 模板上脱落下来,与 σ 因子结合重新形成全酶,开始一条新的 RNA 链合成。

三、转录后的加工和修饰

原核生物除 tRNA 外,RNA 分子从基因模板转录后就可以转运到核糖体上参与蛋白质的合成。真核生物则不同,几乎所有 RNA 转录的初级产物都需经过一系列加工后才成为有生物活性的 RNA 分子。这一变化称转录后的加工,加工过程包括链的断裂、拼接和化学修饰。

考点: 真核生物 mRNA 前体的加工

(一) mRNA 前体的加工

真核生物 mRNA 的前体是核不均一 RNA(hnRNA),转录后加工包括对其 5′-端和 3′-端的首尾修饰以及对 hnRNA 的剪接等。

1. **首、尾的修饰** 真核生物 mRNA 的 3′-末端加"帽"是在核内进行的,通过鸟苷酸转移酶作用连接鸟苷酸,再进行甲基化修饰,形成 5′m^{7}GpppG"帽子"结构(图 10-9)。mRNA 3′-末端的多聚腺苷酸(polyA)也是转录后加上去的,先由特异的核酸外切酶切去 3′-末端一些核苷酸,然后在核内多聚腺苷酸聚合酶催化下,在 3′-端形成为 30~200 个 A 的 polyA。

2. **hnRNA 的剪接** 哺乳动物细胞核内的 hnRNA 分子中的核苷酸序列有 50%~75% 不出现在细胞质的 mRNA 分子中,此部分插入序列无表达活性,称为内含子,在转录后加工中被切除;有表达活性的结构基因序列称为外显子,在转录加工中相关的外显子拼接起来,成为具有翻译功能的模板。

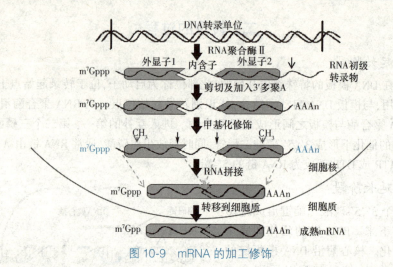

图10-9 mRNA的加工修饰

（二）tRNA前体的加工

转录后的tRNA前体需经过剪接、修饰等加工过程才能成熟，成为具有特定生物活性的tRNA。其加工过程主要有以下步骤：①剪切：分别在5'-端和3'-端切去一定的核苷酸序列以及tRNA反密码环的部分插入序列；②甲基化反应：A→A^m，G→G^m；③还原反应：尿嘧啶(U)还原为二氢尿嘧啶(DHU)；④脱氨基反应：腺嘌呤(A)→次黄嘌呤(I)；⑤碱基转位反应：U→Ψ（假尿嘧啶核苷酸）；⑥3'-端切去多余碱基后，加上CCA-OH，形成tRNA柄部结构。

（三）rRNA前体的加工

真核细胞中rRNA前体为45S rRNA，经加工生成28S rRNA、18S rRNA与5.8S rRNA。它们在原始转录中的相对位置是28S rRNA位于3'-末端，18S rRNA靠近5'-末端，5.8S rRNA位于二者之间。另外，由RNA聚合酶Ⅲ催化合成的5S rRNA，经过修饰与28S rRNA和5.8S rRNA及有关蛋白质一起，装配成核糖体的大亚基；而18S rRNA与有关蛋白质一起，装配成核糖体的小亚基。然后，通过核孔转移到细胞质中，作为蛋白质合成的场所，参与蛋白质的合成。

第3节 蛋白质的生物合成（翻译）

生物体的生命活动几乎都是通过蛋白质来实现的。蛋白质生物合成的过程，就是DNA通过RNA到蛋白质分子之间遗传信息传递的过程，是生物体遗传特征到生命活动特征表现的过程。遗传信息储存于DNA分子，通过转录合成mRNA，以mRNA为模板合成蛋白质的过程称为蛋白质生物合成，又称为翻译（translation）。细胞、组织或机体在特定时间和空间所合成的全部蛋白质则称为蛋白质组（proteome）。

一、蛋白质生物合成体系

考点：翻译的概念，密码子的概念及其特点，起始密码子和终止密码子

（一）RNA在蛋白质生物合成中的作用

1. mRNA 是结构基因的转录产物，含有DNA的遗传信息，是合成蛋白质的直接模板。mRNA分子沿5'→3'方向，从AUG开始，每三个核苷酸为一组，形成的三联体称为密码子（codon），这些密码子不仅分别代表20种氨基酸，其中一些密码子还具有翻译启动或终止的作

用。遗传密码共64个(表10-2),具有以下特点。

(1) 简并性:即一个氨基酸具有两种以上的密码子,称为密码的简并性。

(2) 连续性:mRNA分子中含有密码子的区域称为阅读框,其5′-端是一个起始密码,阅读方向从5′-端起点开始,连续不断地向3′-端阅读,直至终止密码出现,如mRNA链上插入一个碱基或删去一个碱基,就会导致读码错误,由此引起的突变称移码突变。

(3) 摆动性:密码子与反密码子的配对有时会出现不遵守碱基配对原则的现象,称为遗传密码的摆动性。该现象常见于密码子的第三位碱基与反密码子的第一位碱基虽不严格互补,也能相互辨认。

(4) 通用性:目前这套密码,基本上通用于生物界所有物种。近十年研究表明,在线粒体和叶绿体中的密码与"通用密码"有一些差别。

表10-2 遗传密码子表

第一个碱基(5′端)	第二个碱基				第三个碱基(3′端)
	U	C	A	G	
U	苯丙氨酸	丝氨酸	酪氨酸	半胱氨酸	U
	苯丙氨酸	丝氨酸	酪氨酸	半胱氨酸	C
	亮氨酸	丝氨酸	终止子	终止子	A
	亮氨酸	丝氨酸	终止子	色氨酸	G
C	亮氨酸	脯氨酸	组氨酸	精氨酸	U
	亮氨酸	脯氨酸	组氨酸	精氨酸	C
	亮氨酸	脯氨酸	谷氨酰胺	精氨酸	A
	亮氨酸	脯氨酸	谷氨酰胺	精氨酸	G
A	异亮氨酸	苏氨酸	天冬酰胺	丝氨酸	U
	异亮氨酸	苏氨酸	天冬酰胺	丝氨酸	C
	异亮氨酸	苏氨酸	赖氨酸	精氨酸	A
	蛋氨酸(起始密码)	苏氨酸	赖氨酸	精氨酸	G
G	缬氨酸	丙氨酸	天冬氨酸	甘氨酸	U
	缬氨酸	丙氨酸	天冬氨酸	甘氨酸	C
	缬氨酸	丙氨酸	谷氨酸	甘氨酸	A
	缬氨酸	丙氨酸	谷氨酸	甘氨酸	G

注:AUG位于mRNA启动部位时为启动信号,真核生物中此密码子代表蛋氨酸,原核生物中代表甲酰蛋氨酸。

2. tRNA 是一类分子较小的RNA,内含稀有碱基较多,是转运氨基酸的工具,tRNA分子的反密码环上的反密码子与mRNA上的密码子配对,tRNA的3′-末端CCA—OH是氨基酸的结合位点,一种氨基酸可以和2~6种tRNA特异结合,所以tRNA可以通过反密码子准确地按照mRNA密码子顺序,使所携带的氨基酸"对号入座",密码子与反密码子配对时方向相反,如果都按5′→3′方向排序,则反密码子的第一个核苷酸与mRNA密码子的第三个核苷酸配对。

3. rRNA 分子与多种蛋白质共同构成核糖体的30S小亚基和50S大亚基,大小亚基组成的70S核糖体是蛋白质生物合成的场所。小亚基有结合模板mRNA的功能,核糖体能沿着mRNA5′→3′方向阅读遗传密码;大亚基有转肽酶活性,大亚基上还有结合氨基酰-tRNA的部位(A 位)和结合肽酰-tRNA 的部位(P 位),核糖体的这些功能使其在蛋白质合成过程中起了"装配机器"的作用。

(二) 蛋白质合成酶系

在蛋白质生物合成过程中起主要作用的酶有:

1. 氨基酰-tRNA 合成酶　在 ATP 的存在下,催化氨基酸活化,以便与 tRNA 结合,生成氨基酰-tRNA。此酶的特异性很高,每一种酶只催化一种特定的氨基酸与其相应的 tRNA 结合。细胞液中存在有 20 种以上的氨基酰-tRNA 合成酶。

2. 转肽酶　存在于核糖体大亚基上,是组成核糖体的蛋白质成分之一,作用是使"P 位"上肽酰-tRNA 的肽酰基转移至"A 位"氨基酰-tRNA 的氨基上,使酰基与氨基结合形成肽键,使合成的肽链延长。

3. 转位酶　此酶活性存在于延长因子 EF-G,在其作用下核糖体向 mRNA 的 3′-端移动相当于一个密码子的距离,使下一个密码子定位于 A 位。

(三) 其他因子

在蛋白质合成的各阶段还有多种重要的因子参与反应:

1. 其他蛋白质因子　如起始因子(IF)、延长因子(EF)、终止因子或释放因子(RF)。
2. Mg^{2+}、K^+ 等无机离子。
3. ATP、GTP 等供能物质。

二、蛋白质生物合成的过程

(一) 氨基酸的活化与转运

在蛋白质分子中,氨基酸通过氨基与羧基互相连接形成肽键,但氨基与羧基的反应性不强,必须经过活化才能彼此相连。氨基酸与 tRNA 结合为氨基酰-tRNA 的过程称为氨基酸的活化。这一反应是由氨基酰-tRNA 合成酶催化的,并由 ATP 供给能量。其反应如下:

$$\text{氨基酸} + \text{tRNA} + \text{ATP} \xrightarrow{\text{氨基酰 tRNA 合成酶}} \text{氨基酰-tRNA} + \text{AMP} + \text{PPi}$$

tRNA 的 3′-末端 CCA-OH 是氨基酸的结合位点。氨基酸与 tRNA 3′-末端游离的-OH 以酯键相结合形成的氨基酰-tRNA,即为活化型的氨基酸。

(二) 核糖体循环(翻译过程)

多肽链的合成是蛋白质合成的中心环节。这一阶段就是将 mRNA 所携带的遗传密码按一定顺序逐个翻译成氨基酸,并形成肽链的过程,因此常将这一阶段称为"翻译"过程。该过程从核糖体大、小亚基在 mRNA 上聚合开始,至核糖体解聚为两个亚基离开 mRNA 而告终;解聚后的大、小亚基又可重新聚合,开始另一条肽链的合成。因此,又将翻译过程称为核糖体循环。

一条多肽链在核糖体上的酶促合成是一个连续的过程,为了叙述方便,通常分起始、延伸和终止三个阶段来讨论,以下是原核生物的翻译过程。

1. 起始阶段　首先形成由核糖体的大小亚基、mRNA 与甲酰蛋氨酰-tRNA(fMet-tRNA^{fMet})共同构成的起始复合物,形成过程需

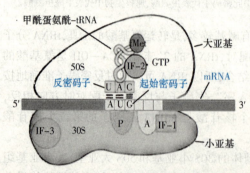

图 10-10　翻译起始复合物

起始因子(IF-1、IF-2、IF-3)以及 GTP 与 Mg^{2+} 的参与(图 10-10)。

起始阶段最重要的是让 fMet-tRNA^{fMet} 准确地结合在 mRNA 分子的起始密码子 AUG 上。在形成的起始复合体中,mRNA 结合于小亚基上,且起始密码子 AUG 正位于小亚基上。借反密码子 UAC 结合于起始密码子 AUG 上的 fMet-tRNA^{fMet} 正处于大亚基的 P 位(肽位)上。A 位(氨基酰位)的小亚基上是 mRNA 链上的第二个密码子,该位置还空着,这样就为肽链的延伸做好了准备。

2. 延伸阶段　在起始复合体的基础上,各种氨基酰-tRNA 按 mRNA 上密码子的顺序在核糖体上一一对号入座,由 tRNA 带到核糖体上的氨基酰依次以肽键相连接,直到新生肽链达到应有的长度为止。新生肽链每增长一个氨基酸单位将消耗 2 分子 GTP,经过进位、成肽和转位三步反应完成(图 10-11)。

(1)进位:按照 mRNA 链上位于核糖体 A 位的密码子,氨基酰-tRNA 对号入座,并通过反密码子结合在 mRNA 位于 A 位密码子上。刚进位的这个氨基酰-tRNA 正好位于大亚基的 A 位上。这一反应由蛋白质性质的延伸因子 1(elongation factor 1,EF1)催化,由 GTP 供能,Mg^{2+} 为辅助因子。

(2)成肽:大亚基上有转肽酶存在,在该酶的催化下,P 位上的肽酰-tRNA 的肽酰基(第一次延伸反应为蛋氨酰基)转移到 A 位上氨基酰-tRNA 的氨基酰基的氨基上形成肽键,并使新生肽链延长一个氨基酸单位,该反应需要 Mg^{2+} 及 K^+。

(3)转位:在蛋白质性质的延伸因子 2(EF2)催化下,核糖体沿 mRNA 的 3′-末端移动一个密码子的距离。此时,原位于 P 位的密码子离开了 P 位,结合于该位密码子上的空载 tRNA 也离开了核糖体;原位于 A 位上的密码子连同结合于其上的肽酰-tRNA 一起进入 P 位;而与之相邻的下一个密码子进入 A 位,为另一个氨基酰-tRNA 进位准备了条件。转位消耗的能量由 GTP 供给,并需要 Mg^{2+} 参与。

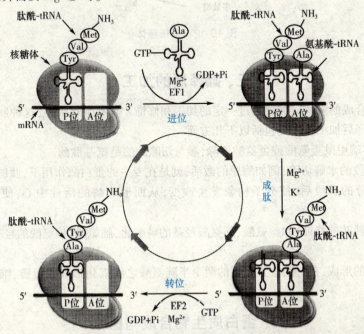

图 10-11　翻译延伸示意图

新生肽链每增加一个氨基酸单位都需经过上述三步反应,由氨基酸活化算起,新生肽链每增长一个氨基酸单位要消耗四个高能磷酸键。由上述反应可见,肽链由氨基末端向羧基末端增长,核糖体沿 mRNA 链从 5′→3′滑动,这正是 mRNA 上密码子的阅读方向。多肽链合成的速度很快,据估算,每秒可翻译约 40 个密码子,即每秒可以使肽链延长 40 个左右氨基酸残基。

3. 终止阶段 当肽链合成至 A 位上出现终止信号(UAA,UAG,UGA)时,只有释放因子(RF)能辨认终止密码,进入 A 位。RF 的结合可诱导转肽酶变构,使 P 位上的肽链被水解释放下来,然后由 GTP 供能使 tRNA 及 RF 释出,核糖体与 mRNA 分离,最终核糖体也解聚成大、小亚基。解聚后的大小亚基又可重新聚合形成起始复合物,开始另一条肽链的合成,故此过程称为核糖体循环。

细胞内合成多肽时并不是单个核糖体,而是多个核糖体相隔一定距离结合在同一条 mRNA 模板上,呈串珠状排列,各自进行翻译,合成相同的多肽链,这就是多核糖体(图 10-12)。通过多个核糖体在一条 mRNA 上同时进行翻译,可以大大加快蛋白质合成的速度,使 mRNA 得到充分的利用。

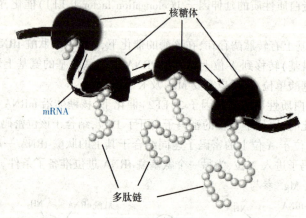

图 10-12 多核糖体

三、翻译后的加工

大多数新合成的多肽链需要经过一定的加工和修饰才具有生物活性,这种肽链合成后的加工过程称翻译后加工。主要包括以下几方面:

1. 肽链 N-端甲酰蛋氨酸或蛋氨酸切除,参与切除的酶是氨基肽酶。
2. 部分肽段的水解切除,例如酶原的激活,就是在专一的蛋白酶作用下,肽链的某一处或多处被切除部分的肽段后,使分子构象发生改变,从而形成酶的活性中心,使酶具有催化活性。
3. 氨基酸残基的修饰,如丝氨酸、苏氨酸羟基的磷酸化、脯氨酸、赖氨酸的羟基化,组氨酸的甲基化等。
4. 二硫键的形成,在空间位置相近的两个半胱氨酸之间氧化形成二硫键,维持蛋白质的空间结构。

四、蛋白质生物合成与医学

无论哪种生物,当蛋白质合成出现障碍时,其生命活动必受到严重影响。如人体内只要个别蛋白质的生物合成出现异常,对健康就会造成很大的危害。根据同样的原理,用药物抑制微生物的蛋白质合成,可抑制其生长与繁殖,以达到治疗的目的。可见,蛋白质的生物合成与医学的关系甚为密切。

（一）分子病

由于 DNA 分子上碱基的变化（基因突变），引起 mRNA 和蛋白质结构变异，导致体内某些结构和功能的异常，由此造成的疾病称为分子病（molecular disease）。例如镰刀型红细胞性贫血，患者血红蛋白 β 链的 N-端第 6 位氨基酸残基由亲水的 Glu 变成疏水的 Val，这是由于结构基因发生单一碱基变异，在转录时使 mRNA 相应密码子单个碱基发生改变，以致在翻译时在血红蛋白 β 链 6 位 Glu 被 Val 取代。患者的血红蛋白在氧分压较低的情况下容易由红细胞中析出，而使红细胞呈镰刀型并易破裂，因而形成严重的镰刀型红细胞性贫血。

考点：分子病的概念

（二）干扰素抗病毒感染

干扰素是一组小分子糖蛋白，宿主细胞受病毒感染后，病毒在细胞繁殖过程中复制产生的双链 RNA（dsRNA）能诱导宿主细胞生成干扰素，产生的干扰素能作用于其他邻近细胞，使这些细胞具有抗病毒的能力，从而抑制病毒的繁殖。

干扰素主要作用机制如下。

1. 干扰素和 dsRNA 能激活蛋白激酶，促进起始因子 2（eIF2）磷酸化而失活，从而抑制病毒蛋白质的合成。

2. 干扰素和 dsRNA 诱导细胞中 2′,5′-寡聚腺苷酸合成酶的合成，催化 ATP 转化为 2′,5′-寡聚腺苷酸，2′,5′-寡聚腺苷酸是通过 2′,5′-磷酸二酯键相连的寡聚腺苷酸，简称 2,5A。2,5A 能使无活性的核酸内切酶激活，从而促进 mRNA 降解，抑制病毒蛋白质的合成（图 10-13）。

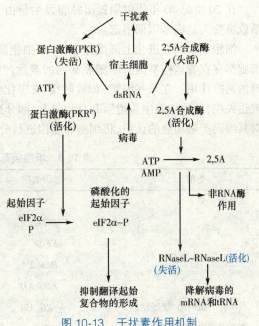

图 10-13　干扰素作用机制

（三）抗生素对蛋白质生物合成的影响

多种抗生素可分别作用于复制、转录和翻译各个环节，通过抑制细菌或肿瘤细胞蛋白质的合成，起到抑菌或抗癌作用。

第4节　基因与肿瘤

正常机体内，细胞增殖由两大类基因的编码产物调控。一类是正调节信号，促进细胞生长和增殖，阻碍细胞的终末分化，支持细胞存活；另一类为负调节信号，抑制增殖、促进分化、促进细胞程序性死亡。两类信号在细胞内的效应相互拮抗，维持平衡。目前认为，肿瘤的发生发展正是这些编码细胞增殖、分化、凋亡调控信号以及 DNA 损伤修复蛋白的基因发生改变，导致细胞增殖调控失衡的结果。癌基因和肿瘤抑制基因是从基因角度阐述肿瘤发生和发展的分子机制而形成的重要理论，为肿瘤的分子靶向治疗奠定了基础。

一、癌 基 因

考点：原癌基因、癌基因、抑癌基因的概念，原癌基因、癌基因、抑癌基因三者的区别

癌基因（oncogene）是基因组内正常存在的基因，其编码产物通常作为正调控信号，促进细胞的增殖和生长。癌基因的突变或表达异常是细胞恶性转化（癌变）的重要原因。

癌基因最早在可导致肿瘤发生的病毒中被鉴定。后来的研究发现，这些基因原本就存在于大部分生物的正常基因组中，因而癌基因又被称为细胞癌基因（cellular oncogene，c-onc）或原癌基因（proto-oncogenes，pro-onc）。存在于病毒中的被称为病毒癌基因（virus oncogene，v-onc）。

（一）细胞癌基因

在20世纪70年代中期提出肿瘤发生是由于细胞中的原癌基因在致癌因素的作用下激活或突变为致癌基因而引起。

细胞癌基因在进化上高度保守，从单细胞酵母、无脊椎生物到脊椎动物乃至人类的正常细胞都存在着这些基因。细胞癌基因的表达产物对细胞正常生长、繁殖、发育和分化起着精确的调控作用。在某些因素（如放射线、有害化学物质等）作用下，这类基因结构发生异常或表达失控，导致细胞生长增殖和分化异常，部分细胞发生恶变从而形成肿瘤。目前，可以依据对其编码产物功能的认识，将细胞癌基因进行分类（表10-3）。

表10-3 细胞癌基因的分类与作用

类别	癌基因名称	作用
生长因子类	SIS	PDGF-2
	INT-2	FGF同类物，促进细胞增殖
	EFGR	EGFR，促进细胞增殖
	HER-2	EGFR类似物，促进细胞增殖
	FMS、KIT	M-CSF受体、CSF受体，促增殖
膜结合的蛋白酪氨酸激酶	SRC、ABL	与受体结合转导信号
细胞内蛋白酪氨酸激酶	TRK	细胞内转导信号
细胞内蛋白丝/苏氨酸激酶	RAF	MAPK通路中的重要分子
与膜结合的GTP结合蛋白	RAS	MAPK通路中的重要分子
核内转录因子	MYC	促进增殖相关基因表达
	FOS、JUN	促进增殖相关基因表达

许多细胞癌基因在结构上具有相似性，功能上亦相互有关联，属于不同的基因家族，重要的癌基因家族有 RAS、SRC、ERB、MYC 等。

SRC 基因编码的产物具有酪氨酸激酶活性，该基因突变导致其产物持续活化，促进了细胞异常增殖，是肿瘤发生的主要原因；RAS 基因编码的小分子 G 蛋白具有 GTP 酶活性，该基因突变导致 GTP 酶活性丧失，以致细胞内的增殖信号通路持续开放，是恶性肿瘤最常见的原因；MYC 基因编码核内转录因子，具有活化靶基因转录以促进细胞增殖，故细胞内 MYC 含量升高可促进细胞的增殖。

（二）病毒癌基因

癌基因最早发现于反转录病毒中。1911年，F. Rous 医生首次提出病毒引起肿瘤，但直到20世纪50年代才得到实验证实，命名为罗氏肉瘤病毒（Rous sarcoma virus，RSV）。GS Martin

比较具备转化和不具备转化特性的 RSV 的基因组时,发现了病毒癌基因 *SRC*,该基因可使正常细胞发生恶性转化。为区别细胞原癌基因,将存在于病毒中的致癌基因称为病毒癌基因(V-ONC),如 *V-SRC*。

1979年,JM Bishop 和 H Varmus 发现,正常宿主细胞中也存在 *SRC* 基因,并证明 RSV 所携带的 *SRC* 实际上来源于被其感染的宿主细胞。虽然病毒癌基因来源于宿主细胞,但是整合重组过程中,其结构发生了许多变化,如内含子缺失、编码区截断及突变等。正是由于这些变化,病毒癌基因对细胞的恶性转化能力明显强于细胞中的原癌基因。

其他的有关病毒癌基因研究也证实了上述发现,并带来了20世纪80~90年代肿瘤相关基因的研究热潮,许多癌基因和肿瘤抑制基因得以克隆,功能研究获得突破。通过癌基因的研究,人们已经开始实现针对癌基因产物的分子靶向治疗,如针对癌基因产物 EGFR 的易瑞沙用于治疗肺癌,针对 PDGFR 和 RAF 等癌基因表达产物的索拉菲尼用于治疗肾癌、肺癌和肝癌。

(三)原癌基因的激活

正常情况下,处于静止状态细胞癌基因又称为原癌基因(proto-oncogene)。原癌基因对机体并不构成威胁,相反还具有重要的生理功能。但在某些条件下,如病毒感染、化学致癌物或辐射作用等,它们可相继激活,使其结构与功能发生改变,导致细胞恶化。其被激活的方式有以下几种。

1. 基因插入 当反转录病毒感染细胞后,其病毒的癌基因插入到细胞原癌基因附近或内部,使原癌基因过度表达或由不表达变为表达,从而导致细胞发生癌变。如鸡 B 淋巴瘤病毒 ALV 正好插入第8对染色体的 *C-MYC* 附近,导致 C-MYC 大量表达引起淋巴瘤。

2. 基因重排 原癌基因从它在染色体的异常位置易位到另一个染色体位置上,使原来无活性的原癌基因移至某些强的启动基因或增强子附近而被活化,表达增强,导致肿瘤的发生。如在人 Burkitt 淋巴瘤细胞中常见到8号染色体 q24 带上的 *C-MYC* 原癌基因转移到14号染色体 q32 带免疫球蛋白重链基因的调节区附近,与该区活性很高的启动子连接而受到活化,表达量大大增加,细胞过度增殖,最终导致癌变。

3. 基因扩增 原癌基因数量的增加或表达活性的增强,导致表达蛋白质产生过量也会导致肿瘤的发生。如人成骨肉瘤中有 *C-MYC* 和 *C-RAF*-1 基因的扩增。

4. 基因突变 原癌基因在各种理化因素,如放射线化学致癌剂作用下,可发生单个碱基的替换——点突变,如果这种损伤不能及时修复,便会随着 DNA 的复制而增加。从而改变了表达蛋白的氨基酸组成,造成蛋白质结构的变异。如第一个被证实的癌基因是从膀胱癌患者分离的 *RAS* 基因。该基因发生了点突变,在正常细胞中第35位的"G"在肿瘤细胞中突变成了"C",由此酿成编码的 P21 蛋白第12位氨基酸由正常细胞的甘氨酸变为肿瘤细胞的缬氨酸。

二、抑癌基因

肿瘤抑制基因也称抗癌基因或抑癌基因(anti-oncogene),是调节细胞正常生长和增殖的基因。当这些基因不能表达,或者当它们的产物失去活性时,细胞就会异常生长和增殖,最终导致细胞癌变。反之,若导入或激活它则可抑制细胞的恶性表型。

癌基因和肿瘤抑制基因相互制约,维持细胞增殖正负调节信号的相对稳定。当细胞生长到一定程度时,会自动产生反馈性抑制,这时抑制性基因表达增加,调控生长的基因则不表达或低表达。前已述及,癌基因的过量表达或过度激活与肿瘤的形成有关。同时,肿瘤抑制基因的丢失或失活也可以导致肿瘤发生。

肿瘤抑制基因编码产物的功能主要有诱导细胞分化、维持基因组稳定、触发或诱导细胞凋亡等。总体上肿瘤抑制基因对生长起着负调控作用,能抑制细胞的恶性生长。若肿瘤抑制基因发生突变,则不能表达正常产物,或者其编码蛋白产物的活性受到抑制,使细胞增殖调控失衡,导致肿瘤发生。

目前公认的肿瘤抑制基因有10余种(表10-4)。必须指出,最初在某种肿瘤中发现的肿瘤抑制基因,并不意味其与别的肿瘤无关;恰恰相反,在多种组织来源的肿瘤细胞中往往可检测出同一肿瘤抑制基因的突变、缺失、重排、表达异常等,这正说明肿瘤抑制基因的变异构成某些共同的致癌途径。

表 10-4 常见抑癌基因

基因	染色体	基因产物与作用	相关肿瘤
APC	5q21	可能编码 G 蛋白	结肠癌
BRCA1	17q21	含锌指蛋白的转录因子	乳腺癌、卵巢癌
DCC	18q21	P192,细胞黏附分子	结肠癌
ERB-A	17q21	T3 受体,含锌指结构的转录因子	急性非淋巴细胞白血病
NF-1	17p12	GTP 酶激活剂	神经纤维瘤、嗜铬细胞瘤、雪旺氏细胞瘤、神经纤维肉瘤
P16	9p21	P16 蛋白(CDK4、6 抑制剂)	黑色素瘤等多种肿瘤
P15	9p21	P16 蛋白(CDK4、6 抑制剂)	胶质母细胞瘤
P21	6q21	P21 蛋白(CDK4、6 抑制剂)	前列腺癌
P53	17p13	P53(转录因子)	星状细胞瘤、胶质母细胞瘤、结肠癌、小细胞肺癌、胃癌
PTEN	10q23	细胞骨架蛋白和磷酸酯酶	胶质母细胞瘤
RB	13q14	P105(转录因子)	视网膜母细胞瘤、成骨肉瘤、胃癌、小细胞肺癌、乳癌、结肠癌
WT-1	11p13	含锌指蛋白的转录因子	WT、横纹肌肉瘤、肺癌、膀胱癌、乳癌、肝母细胞瘤

三、基因与肿瘤发生

目前普遍认为肿瘤的发生、发展是多个癌基因和肿瘤抑制基因的基因改变累积的结果,经过起始、启动、促进和癌变几个阶段逐步演化而产生。

在基因水平上,或通过外界致癌因素,或由于细胞内环境的恶化,突变基因数目增多,基因组变异逐步扩大;在细胞水平上则要经过永生化、分化逆转、转化等多个阶段,细胞周期失控细胞的生长特性逐步得到强化。结果组织从增生、异型变、良性肿瘤、原位癌发展到浸润癌和转移癌。例如,结肠癌的发生发展过程可分为 6 个阶段及数种基因变化(图10-14):①上皮细胞过度增生阶段:涉及家族性多发性腺癌基因 FAP (familial adenomatous polyposis),结肠癌突变基因 MCC (mutated in colorectal carcinoma)的突变或缺失;②早期腺瘤阶段:与 DNA 的低甲基化有关;③中期腺瘤阶段:涉及 K-RAS 基因突变;④晚期腺瘤阶段:涉及结肠癌缺失基因 DCC 的丢失;⑤腺癌阶段:涉及 P53 基因

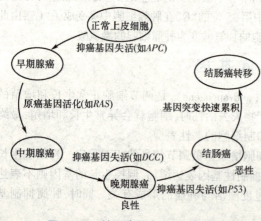

图 10-14 结肠癌的发生、发展过程

缺失;⑥转移癌阶段:涉及 NM23(nonmetastatic protein 23)基因的突变、血管生长因子基因表达增高等。

目标检测

一、选择题

A1 型题

1. 遗传信息传递就是( )
   A. 基因的转录过程
   B. 基因的翻译过程
   C. 基因转录和翻译的过程
   D. 基因复制的过程
   E. 基因复制、转录和翻译的过程

2. RNA 指导的 DNA 合成称( )
   A. 复制   B. 转录
   C. 反转录   D. 翻译
   E. 整合

3. 关于 DNA 聚合酶的叙述,错误的是( )
   A. 需模板 DNA
   B. 需引物 RNA
   C. 延伸方向为 5′→3′
   D. 以 NTP 为原料
   E. 具有 3′→5′外切酶活性

4. 反转录的遗传信息流向是( )
   A. DNA→DNA   B. DNA→RNA
   C. RNA→DNA   D. RNA→蛋白质
   E. RNA→RNA

5. 能以 RNA 为模板催化合成与 RNA 互补的 DNA (cDNA)的酶称为( )
   A. DNA 聚合酶Ⅰ   B. DNA 聚合酶Ⅱ
   C. DNA 聚合酶Ⅲ   D. RNA 聚合酶
   E. 反转录酶

6. 下列关于 cDNA 叙述正确的是( )
   A. 相邻冈崎片段之间的 DNA
   B. 就是 DNA 复制时合成的冈崎片段
   C. 与任一 DNA 单链互补的 DNA
   D. 与 RNA 互补的 DNA
   E. 指 RNA 病毒

7. 关于原核 RNA 聚合酶叙述正确的是( )
   A. 原核 RNA 聚合酶有 3 种
   B. 由 4 种亚基组成的复合物
   C. 全酶中包括一个 δ 因子
   D. 全酶中包括两个 W 因子
   E. 全酶中包括一个 α 因子

8. 蛋白质合成的直接模板是( )
   A. DNA   B. mRNA
   C. tRNA   D. rRNA
   E. RNA

9. 反密码子 UAG 识别的 mRNA 上的密码子是( )
   A. GTC   B. ATC
   C. AUC   D. CUA
   E. CTA

10. 蛋白质生物合成的起始复合物中不包含( )
    A. mRNA   B. DNA
    C. 核蛋白体小亚基   D. 核蛋白体大亚基
    E. 蛋氨酰 tRNA

11. 蛋白质的生物合成过程始于( )
    A. 转录起始复合物的形成
    B. 翻译起始复合物的形成
    C. 氨基酸的活化
    D. 氨基酸的进位
    E. 氨基酸的合成

12. 下列关于核糖体组成和功能的叙述正确的是( )
    A. 只含有 rRNA
    B. 具有转肽酶的功能
    C. 由 tRNA 和蛋白质组成
    D. 遗传密码的携带者
    E. 转录的主要场所

13. 氨基酸与 tRNA 的特异性结合取决于( )
    A. 氨基酸密码
    B. tRNA 中的反密码
    C. tRNA 中的氨基酸臂
    D. tRNA 中的 TφC 环
    E. 氨基酰-tRNA 合成酶

14. 关于干扰素叙述正确的是( )
    A. 干扰素和胰岛素一样,都是由特定的器官分泌
    B. 干扰素具有分解病毒 dsDNA 的功能
    C. 病毒刺激细胞后,细胞便可以产生干扰素
    D. dsDNA 具有分解病毒 mRNA 的功能
    E. 以上均对

15. 下列关于基因与肿瘤关系的说法正确的是

( )
A. 肿瘤患者体内有癌基因,没有抑癌基因,因此容易得肿瘤
B. 健康人体内有抑癌基因,没有癌基因,因此不会患肿瘤
C. 癌基因和抑癌基因在人体内普遍存在,癌基因或抑癌基因出现异常,才有可能导致肿瘤发生
D. 癌基因和抑癌基因在人体中是可有可无的两大类基因
E. 以上说法均不正确

二、名词解释
1. 基因组　2. 半保留复制　3. 冈崎片段
4. 反转录　5. DNA 损伤　6. 密码子
7. 分子病　8. 癌基因

三、填空题
1. 在 DNA 复制中,RNA 起＿＿＿＿作用,DNA 聚合酶Ⅲ起＿＿＿＿作用。
2. 引物酶实际上是＿＿＿＿聚合酶,合成的引物与＿＿＿＿互补。
3. 冈崎片段片段间的引物可被＿＿＿＿水解,水解引物后留下的空隙在＿＿＿＿的作用下,合成 DNA 填充。
4. RNA 聚合酶沿 DNA 模板链＿＿＿＿方向移动,RNA 链则按＿＿＿＿方向延长。
5. RNA 聚合酶具有＿＿＿＿亚基,具有识别转录起点功能的亚基是＿＿＿＿。
6. 密码子共有＿＿＿＿个,其中有三个不编码氨基酸仅代表翻译终止信息的终止密码子,分别为＿＿＿＿、＿＿＿＿、＿＿＿＿。
7. 密码子具有＿＿＿＿、＿＿＿＿、＿＿＿＿、＿＿＿＿的特点。
8. tRNA 携带氨基酸的过程实际上是由＿＿＿＿酶催化的一种酶促化学反应。
9. 蛋白质合成的起始复合物主要有＿＿＿＿、＿＿＿＿、＿＿＿＿三部分。
10. 在肽链合成起始后,肽链的延长可分为＿＿＿＿、＿＿＿＿、＿＿＿＿三步。

四、简答题
1. 简述复制的体系与特点。
2. 简述转录的体系与特点。
3. 比较复制和转录的区别。
4. 简述反转录的过程。
5. 简述翻译的基本过程。

（刘　超）

第 11 章 基因工程与分子生物学常用技术

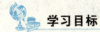

学习目标

掌握：基因工程、限制性内切酶、多克隆位点、探针、基因诊断、基因治疗的基本概念。
熟悉：基因工程的基本过程、核酸杂交、聚合酶链式反应的基本原理,基因芯片和基因文库的概念。
了解：核酸杂交、聚合酶链式反应、核酸序列分析、基因文库、生物芯片的应用、基因治疗的策略。

分子生物学技术现已广泛渗透到生命科学和医学等多个学科,在疾病的发病机制、疾病的诊断、药物生产等领域取得了令人瞩目的成就,对医学的发展起着巨大地推动作用。

第 1 节 基 因 工 程

一、基因工程的基本概念

不同来源的 DNA 分子可以通过末端共价连接(磷酸二酯键)而形成重新组合的 DNA 分子,这一过程称为 DNA 重组(DNA recombination)。利用 DNA 重组技术从细胞中提取 DNA,并在体外进行剪切而获得所需的 DNA 片段(目的基因),将选择转移目的基因的载体 DNA 与目的基因片段连接起来,再导入宿主细胞,并对目的基因片段作选择性扩增或表达。其中重组 DNA 随宿主细胞增殖而进行复制,目的基因也随之扩增的过程称为基因克隆(gene clone);基因在宿主细胞内的克隆、表达特定的蛋白或多肽产物,或定向改造细胞乃至生物个体的特性所用的方法及相关的工作,统称为基因工程(genetic engineering)。

考点：基因工程、限制性内切酶、质粒、多克隆位点的概念

(一) 工具酶

基因工程中所用到的酶统称为工具酶。基因工程中所用到的工具酶主要有以下几种。

1. **限制性内切酶** 能够识别并切割特异的双链 DNA 序列中磷酸二酯键的核酸内切酶称为限制性核酸内切酶(restriction endonuclease,RE),简称限制性内切酶(表 11-1)。RE 可以将外来的 DNA 切断,即能够限制异源 DNA 侵入并使之失去活力,但对自己的 DNA 却无损害作用,这样可以保护细胞原有的遗传信息。

表 11-1 常用限制性内切酶

RE	识别位点	RE	识别位点
ApaI	GGGCC▼C	SmaI	CCC▼GGG
	C▲CCGGG		GGG▲CCC
BamHI	G▼GATCC	Sau3AI	GTAC▼
	CCTAG▲G		▲GTAC
EcoRI	G▼AATTC	NotI	GC▼GGCCGC
	CTTAA▲G		CGCCGG▲CG

限制性内切酶是在原核生物中发现的,按酶来源的属、种名而命名,取属名的第一个字母与种名的头两个字母组成的三个斜体字母作略语表示:如有株名,再加上一个字母,其后再按发现的先后写上罗马数字。如 *EcoR* Ⅰ 是大肠杆菌 RY13 菌株中第一个被分离出来的酶,取属名的第一个字母 E,种名的头两个字母 co,菌株名 R,发现的次序 Ⅰ。

大部分限制性内切酶识别的 DNA 序列具有回文结构特征,通常是 4~6 个碱基对,切割后的 DNA 多为黏性末端。*EcoR* Ⅰ 等多数内切酶是错位切割双链 DNA,产生 5'-磷酸基和 3'-羟基末端。不同的限制性内切酶识别和切割的特异性不同,结果有 3 种不同的情况:

(1) 3'-黏性末端:靠近 3'-末端切割产生的黏性末端,如以 *Pst* Ⅰ 为例。

```
5'…CTGCA▼G…3'           5'…CTGCA        G…3'
3'…G▲ACGTC…5'    ⟶      3'…G            ACGTC…5'
```

(2) 5'-黏性末端:靠近 5'-末端切割产生的黏性末端,如以 *EcoR* Ⅰ 为例。

```
5'…G▼AATTC…3'           5'…G            AATTC…3'
3'…CTTAA▲G…5'    ⟶      3'…CTTAA        G…5'
```

(3) 平端:识别位点的中间位置切割产生的末端,如以 *Hpa* Ⅰ 为例。

```
5'…GTT▼AAC…3'           5'…GTT          AAC…3'
3'…CAA▲TTG…5'    ⟶      3'…CAA          TTG…5'
```

2. **DNA 聚合酶(DNA polymerase)** 作为工具酶的 DNA 聚合酶主要有:大肠埃希菌 DNA 聚合酶 Ⅰ、T4 DNA 聚合酶和 Taq DNA 聚合酶等。

主要用途包括:①利用它的 5'→3'聚合酶活性,合成 ds-cDNA 第二条链;②对 DNA 的 3'-端进行填补或末端标记;③E. coli DNA 聚合酶 Ⅰ 用于缺口平移,制作 DNA 标记探针;④DNA 聚合酶 Ⅰ 和 T4 DNA 聚合酶可用于 DNA 序列测定;⑤Taq DNA 聚合酶用于聚合酶链式反应(PCR)。

3. **DNA 连接酶** 基因工程中常用的连接酶主要是 T4 连接酶,DNA 连接酶可催化 DNA 分子中相邻的 5'-磷酸基末端与 3'-羟基末端之间形成磷酸二酯键,使 DNA 切口封合。

4. **反转录酶** 反转录酶是依赖于 RNA 的 DNA 聚合酶,主要用于:①真核 mRNA 反转录成 cDNA,构建 cDNA 文库;②对于 5'-端突出的双链 DNA 片段,进行 3'-端填补和标记,制备 DNA 探针;③DNA 序列测定。

总之,选择合适的限制性内切酶从 DNA 链上切割所需要的目的基因,使分离所得的基因具有黏性末端,使用同种限制性内切酶切割质粒 DNA,使其切口具有与目的基因相同互补的黏性末端,在一定条件下,将目的基因与载体用 DNA 连接酶连接起来,构成 DNA 重组体。

(二) 载体

载体(vector)是为携带目的外源 DNA 片段,实现外源 DNA 在受体细胞中的无性繁殖或表达有意义的蛋白质所采用的一些 DNA 分子。理想的基因工程载体有以下几点要求:①能在宿主细胞中复制繁殖;②容易进入宿主细胞;③具有多克隆位点,多个限制性内切酶的单一酶切位点构建在一段特异性核苷酸序列称为多克隆位点(multiple cloning sites,MCS);④容易从宿主细胞中分离纯化;⑤有容易被识别筛选的标志。常用的载体主要有:质粒、噬菌体、黏粒、病毒等(图 11-1)。

1. **质粒(plasmid)** 质粒是细菌中存在的独立于染色质以外的、能自主复制的、并与细菌或细胞共存的遗传成分(图 11-2)。多为双链共价闭合环形 DNA,不同质粒大小在 2~300kb。

第11章 基因工程与分子生物学常用技术

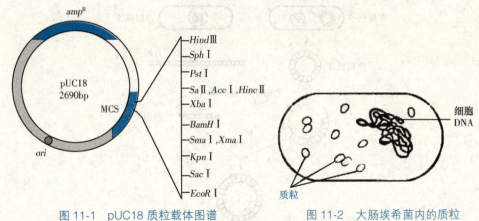

图11-1 pUC18质粒载体图谱　　图11-2 大肠埃希菌内的质粒

目前,已有一系列的质粒作为商品供应,被广泛用于DNA分子克隆。质粒一般只能容纳小于10kb的外源DNA片段,主要用作亚克隆载体。一般认为,外源DNA片段越长,越难插入,越不稳定,转化效率越低。

2. 噬菌体(bacteriophage)　噬菌体是感染细菌的一类病毒。因为它寄生在细菌中并能溶解细菌细胞,所以称为噬菌体。有的噬菌体基因组较大,如λ噬菌体和T噬菌体,有的则较小,如M13、fl、fd噬菌体等,其中感染大肠埃希菌的λ噬菌体改造的载体应用最为广泛。λ噬菌体由头和尾构成,感染时,λ噬菌体的DNA进入大肠埃希菌后以其两端各有12个碱基互补的单链末端(cos末端)环化成环状双链,可以两种不同的方式繁殖:①溶菌性方式:溶菌性噬菌体感染细菌后,连续增殖,直到细菌裂解,释放出的噬菌体又可感染其他细菌;②溶原性方式:溶原性噬菌体感染细菌后,可将自身的DNA整合到细菌的染色体中去,和细菌的染色体一起复制。

3. 黏粒(cosmid)　黏粒是将λ噬菌体的cos区与质粒组合的装配型载体。质粒提供了复制的起始点、酶切位点、抗生素抗性基因,而cos区提供了黏粒重组外源DNA大片段后的包装基础。黏粒本身4～6kb,可借cos区位点将多个黏粒串联成为一个长链或大环。真核基因29～45kb的大片段插入两个相邻黏粒的限制酶切位点,借λ噬菌体的包装系统对两个cos位点之间的DNA片段进行体外包装。体外包装好的颗粒感染宿主菌后,能像λ噬菌体一样环化、复制。由于黏粒可克隆DNA大片段,可用作建立真核基因组文库的载体。

4. 病毒(virus)　感染人或哺乳动物的病毒,可改造用作动物细胞的载体。所以病毒载体更多地用于真核表达系统,如腺病毒、痘病毒、反转录病毒和猴空泡病毒等。

总之,质粒和噬菌体常用于以原核细胞为宿主的基因克隆,在与其宿主菌共同培育中可大量产生。经破碎细菌、密度梯度离心等方法,可以取得纯化的载体DNA。动物病毒常用于真核细胞为宿主的分子克隆,以满足真核基因表达或基因治疗的需要。

二、基因工程原理和过程

基因工程原理是指利用重组DNA技术,在体外将目的基因与载体重组拼接,然后把该重组DNA导入适当的受体细胞中,经筛选并无性繁殖含重组DNA的受体细胞,并诱导目的基因表达,以获得大量该基因编码的相应产物。

考点:基因工程的原理及基本步骤

基因工程的基本步骤包括:①制备目的基因和相关载体;②将目的基因和载体进行连接;③将重组的DNA导入受体细胞;④DNA重组体的筛选和鉴定;⑤DNA重组体的扩增、表达和其他研究(图11-3)。

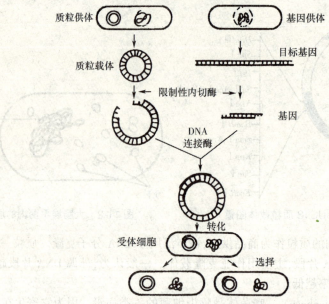

图 11-3　基因工程基本步骤示意图

（一）目的基因的分离获取

应用重组 DNA 技术目的是为了获得某一感兴趣的基因或 DNA 序列，或获得感兴趣基因的表达产物——蛋白质。这些令人感兴趣的基因或 DNA 序列就是目的基因。获取目的基因有如下几种途径或来源：

1. 化学合成　如果已知某种基因的核苷酸序列，或根据某种基因产物的氨基酸序列推导出编码该多肽链的核苷酸序列，可利用 DNA 合成仪合成目的基因。

2. 细胞提取　利用限制性核酸内切酶将已分离的细胞染色体 DNA 切割成许多片段，其中含有令人感兴趣的基因片段。

3. cDNA 文库　以 mRNA 为模板，经反转录酶催化合成 cDNA，将 cDNA 的混合体与载体进行连接，使每个 cDNA 分子都与 1 个载体分子拼接成重组 DNA。将所有的重组 DNA 分子都引入宿主细胞并进行扩增，得到细胞混合体就称为 cDNA 文库（cDNA library）。完成 DNA 重组后可通过杂交筛选获得特定的 cDNA 克隆。

4. DNA 扩增　知道目的基因 5′-端与 3′-端的核苷酸序列，可设计合适的引物，在具备其他相关条件下，采用聚合酶链反应扩增特异性目的基因。

（二）目的基因与载体的连接

将目的基因或序列插入载体，主要通过 DNA 连接酶和双链 DNA 黏性末端序列互补结合，可以在体外重新连接成人工重组体。体外连接的方法主要有：①黏性末端连接；②同聚物加尾连接；③平末端连接；④人工接头连接。

黏性末端连接：如果用同一种限制性内切酶切开载体和目的 DNA 分子，或者载体 DNA 和目的 DNA 虽然用不同的酶处理，但能产生相同的黏性末端，DNA 片段之间就很容易按照碱基配对关系退火，互补的碱基以氢键相结合。在 T4 DNA 连接酶的作用下，其末端以磷酸二酯键相连接，成为环状 DNA 重组体（图 11-4）。

（三）重组 DNA 导入宿主细胞

将重组 DNA 或其他外源 DNA 导入宿主细胞，常用的方法有以下两种。

1. 转化(transformation) 转化是指将质粒或其他外源 DNA 导入处于感受态的宿主细胞,并使其获得新的表型的过程。转化常用的宿主细胞是大肠埃希菌。大肠埃希菌悬浮在 $CaCl_2$ 溶液中,并置于低温(0~5℃)环境下一段时间,钙离子使细胞膜的通透性增加,从而具有摄取外源 DNA 的能力,这种细胞称为感受态细胞(competent cell)。

2. 感染(infection) 感染是指噬菌体进入宿主菌或病毒进入宿主细胞中繁殖的过程。用经人工改造的噬菌体或病毒的外壳蛋白将重组 DNA 包装成有活力的噬菌体或病毒,就能以感染的方式进入宿主细菌或细胞。

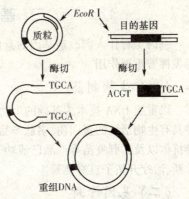

图 11-4 目的基因与载体的连接

(四) 阳性克隆的筛选和鉴定

导入重组体的细胞经培养后得到的众多菌落或噬菌斑,应加以筛选,以便鉴定出重组 DNA 分子确实含有目的基因,并进一步扩增、表达。经筛选鉴定后,获得的含有重组 DNA 的克隆菌称为阳性克隆。DNA 重组体的筛选鉴定可用以下几种方法:

1. 表型筛选 如果克隆载体携带有某种抗药性标志基因,例如氨苄西林抗性(amp^r)和四环素抗性(tet^r)基因,将此重组体导入细菌后,则细菌变成有耐药性,在培养基中加入氨苄西林和四环素,未转化的细菌被杀死,已转化的细菌生长形成菌落,这样就可以区分重组体和非重组体。

如将目的基因插入质粒 tet^r 基因之中,由于 tet^r 基因被分为两段而失去作用,将此重组成功的质粒导入细菌,则细菌只耐受氨苄西林,因而在含氨苄西林的培养基中生长良好,在含四环素的培养基中不能生长。

2. 分子杂交 把根据抗药性判断的阳性菌落转移到硝酸纤维膜上,用放射性同位素标记目的基因制成的"探针"与纤维膜上的菌落杂交,经放射自显影可直接筛选并鉴定目的基因。

3. 免疫学方法 如果目的基因的蛋白质产物是已知的,可通过特异抗体与目的基因表达产物相互作用进行筛选。免疫学方法特异性强、灵敏度高,尤其适用于选择不为宿主细胞提供任何选择性标志的基因。

(五) 克隆基因的表达

利用重组 DNA 技术可实现目的基因或 cDNA 在细胞中的表达,即合成 mRNA 和蛋白质的过程称为克隆基因的表达。

大肠埃希菌是最常用的原核表达体系,酵母、昆虫细胞或哺乳类动物细胞是常用的真核表达体系。真核细胞中表达有两种情况:①以细胞的培养物作为受体细胞;②以整个真核生物作为受体,例如,把克隆基因导入动物或植物体内,这称为转基因动物或转基因植物的操作过程。

原核与真核细胞中的表达有很大的差别,大肠埃希菌表达蛋白质的方法简单、迅速、经济而又适合大规模生产工艺,所以应用很广泛。由于缺乏转录后加工机制,大肠埃希菌只能表达克隆的 cDNA,而不宜表达真核基因组 DNA;大肠杆菌表达真核蛋白质不能形成适当的折叠或糖基化修饰;表达的蛋白质常形成不溶性的包涵体,欲使其具有活性尚需经复性等处理。相反,真核表达体系,尤其是哺乳类动物细胞如 COS 细胞(猿猴肾细胞)和 CHO 细胞(中国仓鼠卵巢细胞)是当前较理想的蛋白质表达体系。

三、基因工程在医学中的应用

考点：基因诊断和基因治疗的概念

基因工程让人们改造基因的意愿成为现实。在制药、诊断、治疗、预防等方面，基因工程都发挥着重要作用。

（一）生物制药

以重组 DNA 技术为基础的生物制药工业已经成为当今世界一项重大产业，目前有近 20 种具有生物活性的蛋白质、多肽产品，如干扰素、生长因子、白细胞介素、生长素、胰岛素、单克隆抗体以及乙肝疫苗等产品已成功表达，并已投入市场，进入临床应用，为相关疾病的预防、诊断、治疗开拓了良好前景。

（二）基因诊断

基因诊断又称 DNA 诊断，是指依托 DNA 重组技术，从 DNA 水平检测人类疾病的突变基因或病原体基因，从基因型诊断表现型的方法。

1. **遗传病的诊断** 用 DNA 重组技术对基因组 DNA 进行分析，以判断某种遗传病是否存在基因缺陷，尤其是对隐性遗传病携带者做出诊断及产前诊断，预防有遗传病风险的胎儿出生。

2. **肿瘤的基因监测** 用基因诊断技术检测癌基因、抑癌基因及肿瘤转移相关基因，为肿瘤发生、临床分型、治疗及预后提供资料。

3. **传染性疾病诊断** 病原体都有特定的基因组 DNA，可根据其基因序列设计出特异引物，通过 PCR 检测特异的扩增带，对病原微生物检测、鉴定，用于临床诊断。

（三）基因治疗

基因治疗是试图以正常外源基因替代矫正缺陷基因，调控缺陷基因的表达，达到治疗基因缺陷所致的疾病，或治疗由于癌基因的激活或抑癌基因的失活所致的肿瘤等疾病。

（四）基因预防

基因预防是用分子生物学技术，开展产前染色体诊断、隐性遗传病携带者测试、单基因紊乱症候前诊断及对遗传易感性基因的监测，达到诊断技术与治疗、预防结合，从根本上杜绝遗传性疾病的发生。

第2节 分子生物学常用技术及应用

一、核酸杂交技术

考点：核酸杂交的原理，探针的概念

互补的核苷酸序列（DNA 与 DNA、DNA 与 RNA、RNA 与 RNA 等）通过碱基配对形成非共价键，从而形成稳定的同源或异源双链分子的过程称为核酸杂交。这一技术可广泛用于遗传病的基因诊断、疾病的相关分析、基因连锁分析、性别分析和亲子鉴定等方面。

（一）探针

探针（probe）是标记有便于检测的特殊物的已知核酸序列的 DNA 或 RNA，用于互补核苷酸序列或基因序列的检测。理想的探针具有以下特点：①要加以标记，带有示踪物，便于杂交后检测，鉴定杂交分子；②应是单链，若为双链用前需先行变性为单链；③具有高度特异性，只与靶核酸序列杂交；④探针长度一般是十几个碱基到几千个碱基不等，小片段探针较大片段探针杂交速率快，特异性强，但 15~30bp 的寡核苷酸探针，带有的标记物少，其灵敏度较低；⑤标记的探针应具有高灵敏度、稳定、标记方法简便、安全等。常用的探针标记物是放射性核素、地高辛、生物素或荧光染料。

（二）核酸杂交的基本方法

1. Southern 印记杂交　Southern 印记杂交（Southern blot）是指 DNA 和 DNA 的杂交，是检测 DNA 的方法。其原理是将经限制性内切酶消化和变性后电泳分离的待测 DNA 片段转印到一种固相支持物（如硝酸纤维素膜）上，然后与标记的 DNA 探针杂交并显色（图 11-5）。

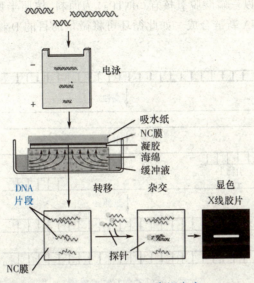

图 11-5　Southern 印记杂交

利用 Southern 印记杂交技术可进行克隆基因的酶切图谱分析、基因组中特定基因的定性和定量、基因突变分析及限制性片段长度多态性（restriction fragment length polymorphism，RFLP）分析等，进而在分子克隆、遗传病诊断、法医学、肿瘤的基因水平研究和器官移植等方面发挥重要作用。

2. Northern 印记杂交（Northern blot）　是指将待测 RNA 样品经电泳分离后转移到固相支持物上，然后与标记的核酸探针（通常是 DNA 探针）进行杂交，是检测 RNA（主要是 mRNA）的方法。其基本原理和基本过程与 Southern 印记杂交基本相同。Northern 印记杂交主要用于检测各种基因转录产物的大小、转录的量及其变化。

3. 斑点及狭缝印记杂交　将 RNA 或 DNA 变性后直接点样于硝酸纤维素膜或尼龙膜上，再与探针杂交，称为斑点印记（dot blot）。若采用狭缝点样器加样后杂交，其印记为线状，称为狭缝印记杂交。斑点印记杂交具有简单、快速的优点，可在同一张膜上进行多个样品的检测。斑点印记杂交主要用于基因组中特定基因及其表达的定性及定量研究。

4. 原位杂交　核酸保持在细胞或组织切片中，经适当方法处理细胞或组织后，将标记的核酸探针与细胞或组织中的核酸进行杂交，称为原位杂交（in situ hybridization）。原位杂交不需要从组织或细胞中提取核酸，对组织中含量极低的靶序列有很高的灵敏度，并可完整地保持组织与细胞的形态，更能准确地反映出组织细胞的相互关系及功能状态。原位杂交主要应用于染色体数量突变和结构突变所致遗传病的诊断，如染色体增加或减少，染色体片段的缺失、增加。

二、聚合酶链式反应

聚合酶链反应（polymerase chain reaction，PCR）可将微量目的 DNA 片段大量扩增，具有高

考点：PCR 的基本原理、反应体系及反应过程

敏感、高特异、高产率、可重复以及快速简便等优点，使其迅速成为分子生物学研究中应用最为广泛的方法。

（一）PCR 的基本原理

PCR 技术的理论基础是 DNA 复制。即在体外，以拟扩增的 DNA 分子为模板，以人工合成的一对分别与模板 DNA 两条链的 3′-末端和 5′-末端互补的寡核苷酸片段为引物，在 DNA 聚合酶的作用下，以三磷酸脱氧核苷（dNTPs）为原料，按照半保留复制的机制沿着模板链延伸，直至完成 DNA 新链合成。如此循环可将微量的目的 DNA 片段扩增至 100 万倍以上（图 11-6）。

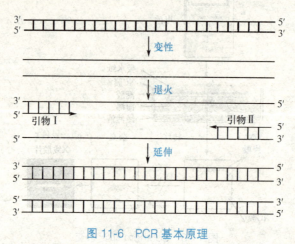

图 11-6 PCR 基本原理

（二）PCR 的反应体系

组成 PCR 反应体系的基本成分包括：模板 DNA、人工合成的特异性引物、耐热 DNA 聚合酶、dNTP 以及含有 Mg^{2+} 的缓冲液。

（三）PCR 基本反应过程

PCR 基本反应过程包括三个阶段：

1. 变性　模板 DNA 一般在 95℃下变性，使 DNA 双螺旋解开形成单链 DNA。

2. 退火　将反应温度降至 55℃，引物与模板 DNA 链按碱基配对规律相结合，即退火。由于加入的引物分子数远远超过模板的分子数，从而减少了 DNA 自身复性的概率。

3. 延伸　将反应温度升至 72℃，在 DNA 聚合酶作用下，该酶催化 4 种 dNTPs 从引物的 3′-端按 5′→3′方向延伸合成每条模板的互补链，完成一次循环，DNA 复制数增加了一倍。

如此，按"变性—退火—延伸"循环反复进行，所产生的 DNA 以指数方式增加，按理论计算，进行 n 次循环，复制数就增加 2^n 倍，如经过 20 次循环，其理论复制数为 $2^{20} \approx 100$ 万个。

（四）PCR 的应用

1. 在传染病诊断中的应用　PCR 技术高度敏感，是 DNA 或 RNA 微量分析的最好方法，对于传染病病原体（如乙肝、结核等疾病）核酸检测，采用 PCR 技术进行扩增较传统的微生物培养、血清学鉴定更为简便、快速。

2. 在肿瘤基因监测中的应用　肿瘤的发生与多种癌基因的激活和抑癌基因的灭活有关。其遗传学分子基础主要是相关基因突变、重排、缺失和扩增等。PCR 技术为检测这些异常 DNA 提供了重要手段。

3. 在遗传病诊断中的应用　如地中海贫血、苯丙酮酸尿症、血友病、镰刀型贫血症等疾病

4. 在法医鉴定中的应用 从犯罪现场中获得的微量标本如血斑、头发、精液、唾液、细胞和尿等,应用 PCR 技术测定为法医学上个体鉴定、性别鉴定、亲子认定等提供了可靠的物证。

三、核酸序列分析

DNA 碱基序列分析是了解基因编码方式的重要途径。目前,测定 DNA 序列的技术都是建立在 A. Maxarn 和 W. Gilbert 的化学裂解法以及 F. Sanger 的 DNA 链末端合成终止法基础上。

(一) DNA 链末端合成终止法(Sanger 法)

Sanger 的"双脱氧"DNA 序列分析法是在"加,减"法的基础上,经过改进建立的。其基本原理是核酸模板在 DNA 聚合酶、引物、4 种单脱氧核苷三磷酸 (dNTP,其中的一种用放射性 P^{32} 标记)存在条件下复制时,在四管反应系统中分别按比例引入 4 种双脱氧核苷三磷酸 (ddNTP),因为双脱氧核苷没有 3'-OH,所以只要双脱氧核苷掺入链的末端,该链就停止延长,若链端掺入单脱氧核苷链就可以继续延长。如此每管反应体系中便合成以各自的双脱氧碱基为 3'-端的一系列长度不等的核酸片段。反应终止后,分 4 个泳道进行凝胶电泳,分离长短不一的核酸片段,长度相邻的片段相差一个碱基。经过放射自显影后根据片段 3'-端的双脱氧核苷酸,便可依次阅读合成片段的碱基排列顺序(图 11-7)。

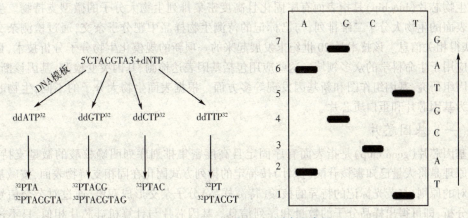

图 11-7　Sanger 法 DNA 测序示意图

(二) DNA 自动测序

采用荧光替代放射性核素标记是实现 DNA 序列分析自动化的基础。用不同荧光分子标记四种双脱氧核苷酸,然后用 Sanger 法进行测序反应,反应产物经电泳(平板电泳或毛细管电泳)分离后,用激光激发 DNA 片段上的荧光分子使之发射出四种不同波长荧光,检测器采集荧光信号,并依此确定 DNA 碱基的排列顺序。目前 DNA 自动测序已经完全取代手工操作。

四、基因文库

基因文库指的是一个包含了某一生物体全部 DNA 序列的克隆群体。例如,人类基因文库是一群带有人类基因的克隆大肠埃希菌细胞,我们可以从这个文库中筛选、鉴定和研究人类任何基因。基因文库分为基因组 DNA 文库(genomic DNA library)和 cDNA 文库。

考点:基因组文库

(一) 基因组 DNA 文库

基因组 DNA 文库是指一群含有某生物基因组不同 DNA 片段的噬菌体。基因组 DNA 文库的构建过程是将纯化的细胞基因组 DNA 用适当的限制性内切酶消化,获得一定大小的 DNA 片段(20kb 左右),将这些片段克隆到噬菌体载体中,从而获得一群含有不同 DNA 片段的噬菌体。

从基因组文库中筛选目的基因可以通过核酸分子杂交的方法进行,即用放射性核素标记已知序列的 DNA 片段,然后与基因组文库中的所有克隆进行杂交,经放射自显影选择阳性克隆,从而获得目的基因。

(二) cDNA 文库

cDNA 文库是指包含着某一组织细胞全部 mRNA 信息的 cDNA 克隆混合体。cDNA 文库是以某一组织细胞在一定条件下所表达的 mRNA 为模板,经反转录酶催化,在体外反转录成 cDNA,通过与噬菌体或质粒载体连接后转化受体菌,则每个细菌含有一段 cDNA,并能繁殖扩增。

cDNA 文库不同于基因组文库,被克隆 DNA 是从 mRNA 反转录的 DNA。cDNA 组成特点是其中不含有非编码区(内含子和其他调控序列)。从 cDNA 文库中筛选目的基因,同样可以通过核酸分子杂交的方法进行。

五、生物芯片技术

考点:生物芯片和基因芯片的概念

生物芯片(biochip)是指表面有序固化且高度密集排列生物大分子的微型支持物。生物芯片表面的生物大分子二维排列,与已标记的待测生物样品中靶分子杂交,通过检测杂交信号,获得相关信息。该技术是 20 世纪末发展起来的一项新的规模化生物分子分析技术,目前已被应用于生命科学的众多领域。这些应用包括基因表达检测、基因突变检测、基因诊断、功能基因组研究、基因组作图和新基因发现等多方面。根据表面生物大分子的不同,生物芯片可分为基因芯片和蛋白质芯片。

(一) 基因芯片

基因芯片(gene chip)是指表面有序固定且高度密集排列序列明确核酸的微型支持物。基本原理是将大量已知寡核苷酸(探针)按特定的排列方式固化在固相支持物表面,按碱基互补配对的原则,与荧光标记的特异的核酸(待测样品)分子杂交形成双链,通过对杂交信号的检测分析,即可得出样品分子的数量和序列信息。基因芯片与计算机硅芯片相似,只不过高度集成的不是半导体管,而是成千上万网格状密集排列的 DNA 分子,由于普遍以硅芯片作为固体支持物,所以称为基因芯片。

基因芯片可同时分析大量的基因,高密度基因芯片在 $1cm^2$ 面积内排列 20 000 个基因用于分析,实现基因信息的大规模检测,解决了传统的核酸印记杂交操作复杂、操作序列数量少等缺点。基因芯片技术的突出特点在于其高度的并行性、多样化、微型化和自动化。

(二) 蛋白质芯片

蛋白质芯片(protein chip)是指表面有序固定且高度密集排列的蛋白质分子的微型支持物。当与待测蛋白样品反应时,可捕获样品中的靶蛋白,再经检测系统对靶蛋白进行定性和定量分析的一种技术。蛋白质芯片的基本原理是蛋白质分子间的亲和反应,例如抗原-抗体或受体-配体之间的特异性结合,最常用的探针蛋白是抗体。在用蛋白质芯片检测时,首先要将样品中的蛋白质标记上荧光分子,经过标记的蛋白质一旦结合到芯片上就会产生特定的信号,通过激光扫描系统来检测信号。

蛋白质芯片技术具有快速和高通量等特点,它可以对整个基因组水平的上千种蛋白质同时进行分析,是蛋白质组学研究的重要手段之一,已广泛应用于蛋白质表达谱的分析、蛋白质功能及蛋白质—蛋白质间相互作用的研究、临床疾病的诊断和疗效评价等各个领域。

(三) 生物芯片的应用

目前,生物芯片已被广泛应用到生物科学众多的领域之中,它的出现给分子生物学、细胞生物学及医学领域带来了新的革命,成为后基因组时代最重要的基因功能分析技术之一。生物芯片的应用主要在:①对大量的生物样品进行快速、高效、敏感的定量分析,主要指测序和突变检测;②定性分析,主要指对基因表达的研究,涉及基因功能分析、疾病发生机制探讨、药物研究和筛选等。

第3节 基因诊断和基因治疗

一、基因诊断

基因诊断(gene diagnosis)是直接检测基因的结构及其表达水平是否正常,从而对疾病作出诊断的方法。其基本原理是核酸分子杂交。核酸分子杂交严格按照碱基互补的原则进行,它不仅能在 DNA 和 DNA 之间进行,也能在 DNA 和 RNA 之间进行。因此,当用一段已知基因的核酸序列作出探针,与变性后的单链基因组 DNA 接触时,如果两者的碱基完全配对,它们即互补地结合成双链,从而表明被测 DNA 标本中含有已知的基因序列。

考点:基因诊断与基因治疗的概念

基因诊断的临床意义在于不仅能对疾病作出早期确切诊断,而且也能确定个体对疾病的易感性及疾病的分期分型、疗效监测、预后判断等,其原理和方法不仅适用于遗传性疾病(如地中海贫血、苯丙酮酸尿症等)、遗传易感性疾病(如家族性高脂血症、糖尿病、高血压、自身免疫性疾病和精神心理疾病等)、感染性疾病(如病毒性肝炎、结核病、淋病、艾滋病等)、多种肿瘤的诊断和分型,并且能够应用于司法领域(如亲子鉴定、个体识别、性别鉴定和种属鉴定)和器官移植的组织配型等诸多领域。

二、基因治疗

基因治疗(gene therapy)是指以正常基因矫正、替代缺陷基因,或从基因水平调控细胞中缺陷基因表达的一种治疗疾病的方法。狭义的基因治疗是指目的基因导入靶细胞后与宿主细胞内的基因发生整合,成为宿主基因组的一部分,目的基因的表达产物起治疗疾病的目的。而广义的基因治疗则包括通过基因转移技术或反义核酸技术、核酶技术等,使目的基因得到表达,或封闭、剪切致病基因的 mRNA,而达到治疗疾病的目的。

基因治疗的基本策略包括:①基因矫正:纠正致病基因中的异常碱基,而正常部分予以保留;②基因置换:通过重组方法,用正常的基因原位替换病变细胞内的致病基因,使细胞内的DNA 完全恢复正常状态,这是最理想的基因治疗方法;③基因增补:把正常基因导入体细胞,通过基因的非定点整合使其表达,以补偿缺陷基因的功能,或使原有基因的功能得到增强,但致病基因本身并未除去;④基因失活:将特定的反义核酸(反义 RNA、反义 DNA)和核酶导入细胞,在转录和翻译水平阻断某些基因的异常表达,而实现治疗的目的;⑤基因疫苗:将编码外源性抗原的基因插入真核表达质粒中,直接导入人体内,抗原基因在一定时限内表达,刺激机体免疫系统,达到治疗目的;⑥免疫治疗:免疫基因治疗是把产生抗病毒或肿瘤免疫力的对应基因导入机体细胞,以达到治疗目的。如细胞因子(cytokine)基因的导入和表达等;⑦耐药治疗:耐药基因治疗是在肿瘤治疗时,为提高机体耐受化疗药物的能力,把产生抗药物毒性的基因导入人体细胞,以使机体耐受更大剂量的化疗。如向骨髓干细胞导入多药抗性基因中的 mdr-1。

基因治疗的基本程序包括:①治疗基因的获得:在对疾病的分子机制了解清楚的基础上,选择对于疾病治疗特定的目的基因;②选择基因转运载体:载体通常分为病毒载体和非病毒载体两大类,目前多采用反转录病毒、腺病毒、腺相关病毒、痘苗病毒和单纯疱疹病毒等病毒载体;③选择靶细胞:将受体细胞分为生殖细胞和体细胞两类,理论上讲,生殖细胞是最理想的;④转移基因:将外源性治疗基因导入靶细胞并进行表达;⑤回输体内:将携带有治疗基因的靶细胞输回患者体内。

目标检测

一、选择题

A1 型题

1. 工具酶有很多种,常用的主要有( )
   A. 限制性内切酶　　B. DNA 聚合酶
   C. DNA 连接酶　　　D. 反转录酶
   E. 以上都是

2. 关于载体说法错误的是( )
   A. 多克隆位点上的酶切位点在载体中具有唯一性
   B. 某些病毒可以作为载体,某些细菌也可以作为载体
   C. 不同的载体携带外源 DNA 的能力不同
   D. 载体在宿主细胞中能够稳定复制
   E. 重组 DNA 在宿主细胞中可以稳定复制

3. 获取目的基因,可通过( )
   A. 人工合成　　　　B. DNA 扩增
   C. cDNA 文库　　　D. 细胞中分离提取
   E. 以上均可

4. 关于目的基因与载体连接说法正确的是( )
   A. 目的基因和载体末端互补可以连接
   B. 目的基因与载体只要是黏性末端即可连接
   C. 目的基因与载体可以在细胞内进行连接
   D. 目的基因不论大小,均可与载体连接
   E. 以上都正确

5. 下列可用于阳性克隆筛选的方法是( )
   A. 耐药性筛选　　　B. 核酸分子杂交
   C. 免疫学方法　　　D. 以上都可以
   E. 以上都不可以

6. 阳性克隆是指( )
   A. 含有重组 DNA 的细胞
   B. 含有载体的细胞
   C. 含有目的基因的细胞
   D. 转染后能够培养出来的细胞
   E. 转导后能够培养出来的细胞

7. 下列说法正确的是( )
   A. 利用基因工程可以生产出人的胰岛素
   B. 基因工程不能进行疾病的诊断
   C. 基因治疗就是把人体的某一致病基因全部替换成正常的
   D. 基因预防就是把正常的基因提前注入体内以预防相关疾病
   E. 以上说法都不对

8. 关于探针说法正确的是( )
   A. 人工合成的寡核苷酸不可能是探针
   B. 探针的碱基序列可以是已知的,也可以是未知的
   C. 探针也可以是多肽链
   D. 探针的序列必须是已知的,且带有标记物
   E. 带有标记物的核酸就是探针

9. 原位杂交理解正确的是( )
   A. 原位杂交也是在细胞外进行的杂交
   B. 原位杂交不需要探针
   C. 原位杂交是在细胞内进行的杂交
   D. 原位杂交不属于核酸杂交
   E. 以上都正确

10. 催化 PCR 的酶是( )
    A. DNA 连接酶　　　B. 反转录酶
    C. 末端转移酶　　　D. 碱性磷酸酶
    E. TaqDNA 聚合酶

11. Sanger 法核酸测序中加入 ddNTP 的目的是( )
    A. 加快测序速度
    B. 提高测序的准确度
    C. 降低测序成本
    D. 明确不同长度 DNA 片段的末端碱基
    E. ddNTP 一般不携带标记物

12. 关于基因芯片说法正确的是( )
    A. 把基因放在硅芯片上即是基因芯片
    B. 基因芯片可以重复使用
    C. 把某些已知的基因或核酸有序排列在支持物上
    D. 基因芯片上的基因只要是已知的就可以使用

E. 基因芯片上的基因必须是从细胞中分离提取的
13. 基因诊断常用的技术方法有（　　）
    A. 核酸分子杂交　　B. PCR
    C. DNA 序列测定　　D. 基因芯片技术
    E. 以上均是
14. 对基因治疗理解不正确的是（　　）
    A. 基因就是一种特殊的药物，服下即可
    B. 纠正致病基因中的异常碱基，而正常部分予以保留
    C. 把正常基因导入体细胞，通过基因的非定点整合使其表达，以补偿缺陷基因的功能
    D. 通过重组方法，用正常的基因原位替换病变细胞内的致病基因
    E. 将特定的反义核酸和核酶导入细胞，在转录和翻译水平阻断某些基因的异常表达，而实现治疗的目的

二、名词解释
1. DNA 重组　2. 基因工程　3. 载体
4. cDNA 文库　5. 核酸分子杂交
6. 基因芯片　7. 基因诊断　8. 基因治疗

三、填空题
1. 限制性内切酶的切割方式主要有_____、_____、_____三种，切割后 5′-末端携带_____，3′-末端携带_____。
2. 基因工程中常用的载体主要有_____、_____、_____、_____等。
3. 核酸杂交主要包括_____、_____、_____、_____等。
4. PCR 反应体系主要包括_____、_____、_____、_____、_____等，反应过程是_____、_____、_____三步的循环进行。
5. 基因文库主要包括_____、_____两大类；生物芯片主要分为_____和_____两大类。

四、简答题
1. 简述基因工程的基本步骤。
2. 什么是载体？可分为几类？
3. 采用哪些方法可获取目的基因？
4. 简述 PCR 基本原理。
5. 简述基因芯片技术的基本原理及其应用。

（刘　超）

第 12 章 细胞信号转导

学习目标

掌握：细胞信号转导、受体的概念；信号分子的种类。
熟悉：细胞通信类型；受体的作用特点；细胞膜受体介导的信号转导途径。
了解：细胞信号转导异常与疾病。

生物体内各种细胞在功能上的协调统一是通过细胞间相互识别和相互作用来实现的。一些细胞发出信号，而另一些细胞则接收信号。细胞对环境信号应答，并启动胞内信号转导通路，最终调节基因表达和代谢生理反应的过程，这一过程称为细胞信号转导（cell signal transduction）。细胞信号转导主要步骤如下：特定的细胞释放信号物质→信号物质达到靶细胞→与靶细胞的受体特异性结合→受体对信号进行转换并启动细胞内信使系统→靶细胞产生生物学效应。细胞信号转导是生物体生命活动的基本机制。

考点：细胞信号转导概念

第 1 节 信号分子与受体

生物体细胞间互相联系、互相依存、互相制约，细胞间存在复杂的通信网络。信号细胞发出的信息，通过与靶细胞受体的相互作用，最终产生相应的生物学效应。

一、信号分子的种类和传递方式

细胞外的信号经过受体转换进入细胞内，通过细胞内一些蛋白质分子和小分子活性物质进行传递，这些能够传递信号的分子称为信号转导分子。细胞可以感受化学信号和物理信号，生物体内许多化学物质的主要功能就是在细胞间和细胞内传递信息。

考点：细胞通信类型，信号分子的种类

（一）细胞通信

细胞通信（cell communication）是指靶细胞接受信号细胞发出的信息将其产生相应的反应。细胞间通信类型有三种：①通过质膜结合分子的直接接触型；②通过间隙连接的直接联系型；③通过分泌化学信号分子的间接联系型（图 12-1）。

（二）信号分子的种类

1. **细胞间通信信号分子——第一信使** 细胞间通信的信号分子主要有激素、神经递质、生长因子和细胞因子等，这些都是细胞分泌的化学信号分子，又称为第一信使。除类固醇激素和甲状腺素等为脂溶性分子外，其他均属水溶性分子。

2. **细胞内通信信号分子——第二信使** 多细胞生物体受到刺激后，首先产生细胞间化学信号，这些信号分子经过靶细胞受体进入细胞内，细胞内小分子化合物将信号传递到特定效应部位，最终产生一定生理反应或启动基因的表达。细胞内的小分子信号化合物主要有环腺苷酸（cAMP）、环鸟苷酸（cGMP）、钙离子（Ca^{2+}）、三磷酸肌醇（IP_3）和二酰甘油（DAG 或 DG）等，这些细胞内信号分子可以作为外源信息在细胞内的信号转导分子，称为细胞内小分子信使，或称为第二信使（second messenger）。

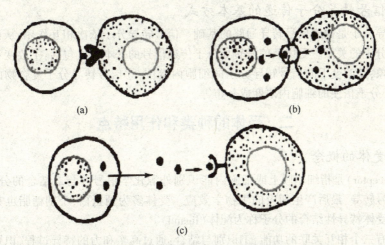

图 12-1 细胞间通信的三种不同类型

(a) 通过质膜结合分子的直接接触型;(b) 通过间隙连接的直接联系型;(c) 通过分泌化学信号分子的间接联系型

近年来,发现 NO 也是一种重要的细胞信号分子,它既是细胞间通信分子又是细胞内信号分子,参与神经传递、血管调节、炎症和免疫反应等过程。

(三) 细胞分泌化学信号的作用方式

根据分泌信号传递的范围区域,将其分成四种作用方式:①内分泌(endocrine),细胞分泌激素到血液中,通过血液循环到达体内各组织,作用于靶细胞;②旁分泌(paracrine),细胞分泌化学信号分子到细胞外液中,作用于邻近靶细胞;③自分泌(autocrine),细胞对自身分泌的化学信号分子产生反应;④突触传递(synaptic transmission),是化学突触传递神经信号的方式,突触前神经元分泌神经递质到突触间隙,作用于突触后神经元。上述各类化学信号分子必须通过靶细胞的受体而发挥作用(图 12-2)。

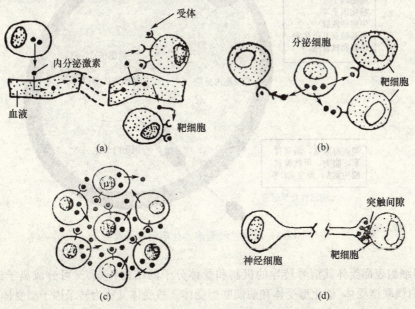

图 12-2 细胞间化学信号作用方式

(a) 内分泌;(b) 旁分泌;(c) 自分泌;(d) 突触传递

（四）信号转导分子传递的基本方式

信号转导分子是构成信号转导通路的基础。信号转导分子依次相互作用，从而形成上游分子和下游分子的关系。受体及信号转导分子传递信号的基本方式包括：①改变下游信号转导分子的构象；②改变下游信号转导分子的细胞内定位；③信号转导分子复合物的形成或解聚；④改变小分子信使的细胞内浓度或分布等。

二、受体的种类和作用特点

（一）受体的概念

考点：受体的概念及作用特点

受体（receptor）是指细胞膜上或细胞内能识别外源化学信号并与之结合的分子，从而启动一系列信号转导，最后产生相应的生物学效应。受体多为糖蛋白，个别糖脂也具有受体作用。能够与受体特异性结合的分子称为配体（ligand）。

受体具有三个相互关联的功能：①识别与结合：通过高亲和力的特异过程，识别并结合与其结构上具有一定互补性的配体分子；②信号转导：将受体-配体相互作用产生的信号，传递到细胞内，启动一系列生化反应；③生物学效应：产生与胞外信号相应的生理反应或基因的表达。

（二）受体的种类

根据在细胞内的位置，受体可分为细胞内受体和细胞表面受体（图12-3）。细胞内受体包括位于细胞质或细胞核内的受体，其相应配体多是脂溶性信号分子，如类固醇激素、甲状腺激素、维A酸等。水溶性信号分子和膜结合型信号分子（如生长因子、细胞因子、水溶性激素分子、黏附分子等）不能进入靶细胞，其受体位于靶细胞的细胞质膜表面。

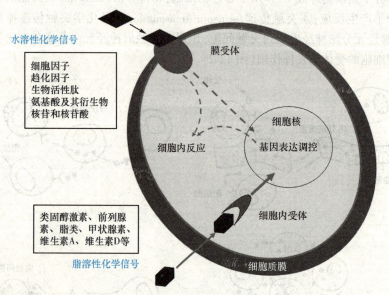

图12-3 水溶性和脂溶性化学信号的转导

按照细胞表面受体其信号转导的机制和受体分子的结构特点，又可分成离子通道型受体、G蛋白偶联型受体、催化型受体和酶偶联型受体。核受体又称为转录因子型受体。

（三）受体的作用特点

受体在膜表面和细胞内的分布可以是区域性的，也可以是散在的，其作用都是识别和接收外源信号。受体与配体的相互作用有以下特点。

1. 高度专一性　受体选择性地与特定配体结合。这种选择性是由分子的空间构象所决定的。受体与配体的特异性识别和结合保证了调控的准确性。

2. 高度亲和性　当体内化学信号的浓度非常低时，受体与配体的高度亲和力保证了很低浓度的信号分子也可充分起到调控作用。

3. 饱和性　细胞内受体和细胞表面受体的数目都是有限的，当配体浓度升高至一定程度，可使受体与配体结合达到饱和。当受体全部与配体结合，再提高配体浓度时，也不能达到饱和，它们的亲和力很低。

4. 可逆性　配体与受体通常以氢键、离子键、范德华力等非共价键结合，当生物效应发生后，配体即与受体解离。受体可恢复到原来的状态再次接受配体信息。因此两者的结合是可逆的。

5. 特定的作用模式　受体的分布和含量具有组织和细胞特异性，并表现特定的作用模式，受体与配体结合后能引起某种特定的生理效应。

第2节　细胞信号转导途径

一、信号转导的基本规律

（一）信号的传递和终止涉及许多双向反应

信号的传递和终止实际上就是信号转导分子的数量、分布、活性转换的双向反应。如腺苷酸环化酶（adenylate cyclase, AC）催化 cAMP 而传递信号，磷酸二酯酶则将 cAMP 迅速水解为 5′-AMP 而终止信号传递。对于蛋白质信号转导分子，是通过上、下游分子的迅速结合与解离传递信号或终止信号传递，或者通过磷酸化作用和去磷酸化作用在活性状态和无活性状态之间转换而传递信号或终止信号传递。

（二）细胞信号在转导过程中被逐级放大

细胞在对外源信号进行转换和传递时，大都具有信号逐级放大的效应。G 蛋白偶联受体介导的信号转导过程和蛋白激酶偶联受体介导的 MAPK 通路都是典型的级联反应过程。

（三）细胞信号转导通路既有通用性又有专一性

细胞内许多信号转导分子和信号转导通路常被不同的受体共用，而不是每个受体都有专有的分子和通路。细胞的信号转导系统对不同的受体具有通用性。细胞内有限的信号转导分子可使多种受体信号转导，这是细胞信号转导通路的通用性。配体—受体—信号转导通路—效应蛋白可以有多种不同的组合，而一种特定组合决定了一种细胞对特定的细胞外信号分子产生专一性应答。

二、细胞膜受体介导的信号转导途径

不同信号转导分子的特定组合及有序的相互作用，构成不同的信号转导通路。因此，对信号转导的了解，关键是各种信号转导通路中信号转导分子的基本组成、相互作用及引起的细胞应答。

按照细胞表面受体信号转导的机制和受体分子的结构特点分三种类型：G 蛋白偶联型受体、催化型受体和酶偶联型受体、离子通道型受体（表 12-1）。每种类型受体都有许多种，各种受体激活的信号转导通路由不同的信号转导分子组成，但同一类型受体介导的信号转导具有共同的特点，现介绍比较重要的几种信号转导途径。

表 12-1 三类膜受体的结构和功能特点

特性	G 蛋白偶联型受体	催化型受体和酶偶联型受体	离子通道型受体
配体	神经递质、激素、外源刺激	生长因子、细胞因子	神经递质
结构	单体	具有或不具有催化活性的单体	寡聚体形成的孔道
跨膜区段数目	7 个	1 个	4 个
功能	激活 G 蛋白	激活蛋白激酶	离子通道
细胞应答	去极化与超极化，调节蛋白质功能和表达水平	调节蛋白质的功能和表达水平，调节细胞分化和增殖	去极化与超极化

（一）G 蛋白偶联型受体的信号转导

考点：G 蛋白偶联型受体的信号转导的途径

G 蛋白偶联型受体（G-protein coupled receptor, GPCR）是一种单肽链 N-端位于胞外表面，C-端位于胞膜内侧，其肽链反复跨膜 7 次，因此又称 7 跨膜受体。它是迄今发现的最大的受体超家族，目前证实的该家族受体成员已超过 1000 种。不同的 G 蛋白由不同的亚基（α、β、γ）组合构成。不同的细胞外信号分子与相应受体结合后，通过 G 蛋白传递信号，但传入细胞内的信号并不一样。这是因为不同的 G 蛋白与不同的下游分子组成不同的信号转导通路。本节主要介绍其中 2 条通路。

1. cAMP-PKA 信号通路　该通路以靶细胞内 cAMP 浓度改变和蛋白激酶 A（cAMP dependent protein kinase A, PKA）激活为主要特征，即 cAMP-PKA 通路。Gs 是激活型受体（Rs）与腺苷酸环化酶（AC）之间的偶联蛋白。当胰高血糖素、肾上腺素、促肾上腺皮质激素等与靶细胞膜上的受体结合并激活受体，活化的受体改变 Gs 的构象，激活 AC，催化 ATP 转化成 cAMP，使细胞内 cAMP 浓度增高。胞内信使 cAMP 产生后，通过 cAMP 依赖性蛋白激酶来传递信息。PKA 活化后，可使多种蛋白质的底物氨基酸残基发生磷酸化，改变其活性状态。

PKA 可通过调节关键酶的活性，对不同的代谢途径发挥调节作用，如激活糖原磷酸化酶 β 激酶、激素敏感性脂肪酶、胆固醇酯酶，促进糖原、脂肪、胆固醇的分解代谢；抑制乙酰 CoA 羧化酶、糖原合酶，抑制脂肪合成和糖原合成。

PKA 被激活后，催化转录因子 cAMP 反应元件结合蛋白（cAMP response element binding protein, CREB）磷酸化，磷酸化的 CREB 能与 DNA 上顺式作用元件 cAMP 反应元件（cAMP response element, CRE）结合，从而启动靶基因的转录。

霍乱的发病机制

霍乱毒素进入机体细胞内，使 Gs 的 α 亚基失去 GTP 酶活性，导致环化酶 AC 持续活化，胞内的 cAMP 浓度大大增加，cAMP 刺激细胞分泌大量水进入肠腔，造成严重腹泻。腹泻是霍乱的主要临床症状。

2. IP/DAG-PKC 通路　促甲状腺素释放激素、去甲肾上腺素、抗利尿素与受体结合后，通过特定的 G 蛋白（Gp）激活磷脂酰肌醇特异性磷脂酶 C（PI-PLC）。PLC 水解膜组分磷脂酰肌醇 4,5-二磷酸（phosphatidylinositol 4,5-biphosphate, PIP_2），PIP_2 而生成 1,4,5-三磷酸肌醇［inositol（1,4,5）triphosphate, IP_3］和二酰甘油（diacylglycerol, DAG/DG）。

IP_3 进入胞质内，将信息转导至细胞内。与内质网膜上 IP_3 受体结合后，受体变构，钙通道开放，内质网中的 Ca^{2+} 被动员而释放入胞质内，使胞质内 Ca^{2+} 浓度升高，Ca^{2+} 与细胞质内的蛋白激酶 C（protein kinase C, PKC）结合并聚集至质膜。质膜上的 DAG、磷脂酰丝氨酸与 Ca^{2+} 共同作用于 PKC 的调节结构域，使 PKC 变构而暴露活性中心。PKC 通过对靶蛋白的磷酸化反应而改变功能蛋白的活性和性质,从而调节和控制相应的生物学效应。PKC 能使立早基因(immediate-early gene)的转录调控因子磷酸化,加速立早基因的表达。立早基因多数为细胞原癌基因(如 CFOS),其表达产物经磷酸化修饰后,进一步活化晚期反应基因并促进细胞增殖。

(二) 催化型受体和酶偶联型受体的信号转导

酶偶联型受体主要是生长因子和细胞因子的受体。此类受体介导的信号转导主要是调节蛋白质的功能和表达水平、调节细胞增殖和分化。

1. 酪氨酸蛋白激酶受体的信号转导通路——MAPK 通路 酪氨酸蛋白激酶(protein tyrosine kinase, PTK)在细胞的生长、增殖、分化等过程中起重要的调节作用,并与肿瘤的发生有密切的关系。某些受体本身具有 PTK 活性,即受体型酪氨酸蛋白激酶(receptor tyrosine kinase, RTK)。RTK 的底物有 SH 结构域,即 SH_2 和 SH_3。自身磷酸化的 RTK 与多种底物的 SH_2 结合,从而启动下游信号的转导。这里重点讨论 RTK 启动的 Ras-MAPK 通路。

Ras-MAPK 通路转导生长因子,如表皮生长因子(EGF),其基本过程是:①受体与配体结合后形成二聚体,激活受体的蛋白激酶活性;②受体自身酪氨酸残基磷酸化,形成 SH_2 结合位点,从而能够结合含有 SH_2 结构域的接头蛋白 Grb_2;③Grb_2 的两个 SH_3 结构域与 SOS 分子中的富含脯氨酸序列结合,将 SOS 活化;④活化的 SOS 结合 Ras 蛋白,促进 Ras 释放 GDP、结合 GTP;⑤活化的 Rasd 蛋白(Ras-GTP)可激活 MAPKKK,活化的 MAPKKK 而将其激活,活化的 MAPKKK 将 MAPK 磷酸化而激活;⑥活化的 MAPK 可以转位至细胞核内,通过磷酸化作用激活多种效应蛋白,从而使细胞对外来信号产生生物学应答。丝裂原激活的蛋白激酶(MAPK)为代表的信号转导通路称为 MAPK 通路,其主要特点是具有 MAPK 级联反应。

2. 酪氨酸蛋白激酶偶联型受体的信号转导通路——JAK-STAT 信号通路 许多细胞因子受体自身没有激酶结构域,与细胞因子结合后,受体通过酪氨酸蛋白激酶 JAK(Janus kinase)的作用使受体自身和细胞内底物磷酸化。JAK 的底物是信号转导子和转录激活子(signal transducer and activator of transcription, STAT),STAT 被磷酸化后激活,穿过核膜结合到 DNA 的特定序列上调节基因表达。JAK-STAT 通路是细胞因子介导的主要通路。

3. 丝氨酸蛋白激酶受体介导的信号转导通路——Smad 通路 转化生长因子 β(transforming growth factor β,TGF-β)超家族已知有 30 多种。它们不仅参与了许多重要的发育,调节细胞的生长、分化、凋亡、细胞黏附、细胞外基质的合成和储存,在个体发生早期的形态形成中发挥重要作用,还能调节成熟哺乳动物的免疫功能以及参与创伤修复,并与多种肿瘤或纤维化的形成等病理状况有关。TGF-β 受体可激活多条信号通路,其中以 Smad 为信号转导分子的通路称为 Smad 通路。TGF-β 受体主要有 Ⅰ 型和 Ⅱ 型,激活后都具有蛋白丝/苏氨酸激酶(protein serine/threonine kinase,PSTK)活性。TGF-β 结合受体后,形成异四聚体,Ⅱ 型受体被激活,使 Ⅰ 型受体磷酸化 PSTK 被激活,磷酸化的 Smad 转入细胞核内结合 Smad 结合元件,调节基因表达。

4. 鸟苷酸环化酶受体产生 cGMP 传递信号 cGMP 广泛存在各组织中,它由 GTP 在鸟苷酸环化酶的催化下经环化而生成。当心脏血流负载过大时,心房细胞分泌肽类激素心房肽(natriuretic peptides,ANP)。ANP 与鸟苷酸环化酶的受体结合并激活受体胞内部分鸟苷酸环化酶活性,催化 GTP 生成 cGMP。血压升高时,心房肌细胞分泌 ANP 促进肾细胞排水、排钠,同时引起血管平滑肌细胞松弛,使血压降低。

鸟苷酸环化酶分两种:质膜结合和细胞质内可溶性。上述 ANP 激活的是质膜结合的受体鸟苷酸环化酶(sGC)。细胞质内可溶性鸟苷酸环化酶(CGC)的配体是一氧化氮(NO),NO 是由一氧化氮合酶(NOS)催化 L-精氨酸生成的。NO 与鸟苷酸环化酶分子中的血红素(血基质)结合,从而激活 CGC,使 cGMP 水平升高。cGMP 作为第二信使所介导的效应蛋白有:

cGMP 依赖性蛋白激酶(PKG)，使蛋白质磷酸化；cGMP 门控阳离子通道，促进 Na^+、Ca^{2+} 内流；cGMP 特异性磷酸二酯酶，水解环核苷酸(图 12-4)。

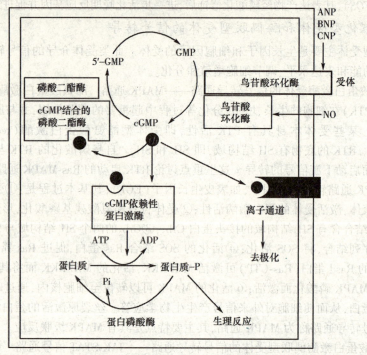

图 12-4　鸟苷酸环化酶介导的信号通路

（三）离子通道型受体的信号转导

离子通道型受体是一类自身为离子通道的受体。离子通道是由蛋白质寡聚体形成的孔道，其中部分单体具有配体结合部位。通道的开放或关闭直接受化学配体的控制，称为配体门控受体型离子通道，其配体主要为神经递质。当细胞膜电位改变或神经递质与配体门控性离子通道结合后，可使电压门控性离子通道或配体门控性离子通道打开，产生离子的跨膜流动，导致细胞膜电位改变或激活胞内信号分子，前者是神经细胞电信号传递的主要方式，后者的典型代表是 Ca^{2+} 信号转导过程。

Ca^{2+} 是一种重要的第二信使分子，参与体内多种生理和生化功能。细胞钙(总钙)以结合态和自由离子态(Ca^{2+})两种形式存在。细胞内 Ca^{2+} 浓度比细胞外液中的低很多，内质网和线粒体等作为细胞内 Ca^{2+} 的储存库。当细胞受外信号刺激时，质膜和内质网上的钙泵和 Ca^{2+} 通道开启，使细胞内 Ca^{2+} 信号产生；当外刺激信号消失时，依靠质膜和内质网上钙泵和质膜上的 Na^+-Ca^{2+} 交换体，使细胞内 Ca^{2+} 排出细胞外和转移到内质网，使细胞内 Ca^{2+} 信号消失。细胞质中 Ca^{2+} 浓度升高后，通过结合钙调蛋白传递信号。一些蛋白激酶能被 Ca^{2+}/钙调素(calmodulin,CaM)复合物激活，这些蛋白激酶统称为钙调蛋白依赖性蛋白激酶。钙调蛋白依赖性蛋白激酶可激活各种效应蛋白，可在肌肉收缩、神经递质的合成、细胞分泌和分裂等多种生理过程中起作用。

三、细胞内受体介导的信号转导途径

位于细胞内的受体多为转录因子。当与相应配体结合后，能与 DNA 的顺式作用元件结合，在转录水平调节基因表达。在没有激素存在时，受体往往与具有抑制作用的蛋白分子(如热激蛋白)形成复合物，阻止受体与 DNA 的结合。没有结合信号分子的细胞内受体主要位于细胞质,有一些是在细胞核内。

类固醇激素、甲状腺激素、维A酸和维生素D等脂溶性第一信使直接进入细胞,作用于细胞内受体并激活,直接调节特异性基因转录。根据细胞内受体的位置,可分为细胞核受体和细胞质受体。当激素进入细胞后,如果其受体是位于细胞核内,激素被运输到细胞核内,与受体形成激素-受体复合物。如果受体是位于细胞质中,激素则在细胞质中结合受体,导致受体的构象变化,与热激蛋白分离,并暴露出受体的细胞核内转移部位及DNA结合部位,激素-受体复合物向细胞核内转移,穿过核孔,迁移进入细胞核内,并结合其靶基因邻近的激素反应元件。结合激素反应元件的激素-受体复合物再与位于启动子区域的基本转录因子及其他的特异转录调节分子作用,从而开放或关闭其靶基因,进而改变细胞的基因表达谱。

四、细胞信号转导异常与疾病

正常的细胞信号转导是人体正常代谢和功能的基础。信号转导机制研究在医学发展中的意义主要体现在两方面:一是对发病机制的深入认识;二是为新的诊断和治疗技术提供靶位。目前,人们对信号转导机制及信号转导异常与疾病的认识还相对有限,该领域研究的不断深入将为新的诊断和治疗技术提供更多的依据。

细胞信号转导异常主要表现在两方面:一是信号不能正常传递;二是信号通路异常地处于持续激活或高度激活的状态,从而导致细胞功能的异常。引起细胞信号转导异常的原因是多种多样的,基因突变、细菌毒素、自身抗体和应激等均可导致细胞信号转导的异常。细胞信号转导异常可以局限于单一通路,也可经多条信号转导通路,造成信号转导网络失衡。

细胞信号转导异常在疾病中的作用亦表现为多样性,既可以作为疾病的直接原因,引起特定疾病的发生,如家族性高胆固醇血症,它是一种典型的受体异常性疾病,该病由于低密度脂蛋白(LDL)受体缺陷,致使胆固醇不能被肝组织摄取,进而发生高胆固醇血症;亦可参与疾病的某个环节,导致特异性症状或体征的产生,如霍乱毒素进入细胞,激活腺苷酸环化酶启动cAMP-PKA通路,使大量水分进入肠腔,造成严重腹泻。疾病时的细胞信号转导异常可涉及受体、细胞内信号转导分子等多个环节。在某些疾病,可因细胞信号转导系统的某个环节原发性损伤引起疾病的发生;而细胞信号转导系统的改变也可继发于某种疾病的病理过程,其功能紊乱又促进了疾病的进一步发展。

目 标 检 测

一、选择题

1. 膜受体的化学本质多为( )
    A. 糖脂   B. 磷脂
    C. 脂蛋白   D. 糖蛋白
    E. 蛋白聚糖

2. 细胞内传递信息的第二信使是( )
    A. 载体   B. 小分子物质
    C. 受体   D. 有机物
    E. 配体

3. 不是第一信使能直接进入细胞,作用于胞内受体的是( )
    A. 类固醇激素   B. 甲状腺激素
    C. 维甲酸   D. 维生素D
    E. 甘油三酯

4. 下列哪项不是受体与配体结合的特点( )
    A. 可饱和性   B. 高度的特异性
    C. 不可逆性   D. 高度的亲和力
    E. 特定的作用模式

5. 与G蛋白活化密切相关的核苷酸是( )
    A. ATP   B. GTP
    C. CTP   D. UTP
    E. dTTP

6. 下列哪种受体与G蛋白偶联( )
    A. 跨膜离子通道型受体   B. 细胞核内受体
    C. 细胞液内受体   D. 催化型受体
    E. 七跨膜受体

7. 下列哪种受体是催化型受体( )
    A. 胰岛素受体   B. 生长激素受体

C. 干扰素受体　　D. 甲状腺素受体
　　E. 乙酰胆碱受体
8. cAMP 能激活（　　）
　　A. 磷脂酶 C　　　B. PKA
　　C. PKG　　　　　D. PKC
　　E. PKB
9. cGMP 能激活（　　）
　　A. 磷脂酶 C　　　B. PKA
　　C. PKG　　　　　D. PKC
　　E. PKB
10. IP3 与相应受体结合后，可使细胞液内哪种离子的浓度升高（　　）
　　A. K^+　　　　　B. Ca^{2+}
　　C. Mg^{2+}　　　D. Cl^-
　　E. Na^+

二、名词解释

1. 细胞信号转导　2. 信号转导分子　3. 受体
4. 配体

三、填空题

1. 细胞间的信号分子主要有_____、_____、_____和_____等，这些化学信号分子又称为_____。
2. 细胞内的小分子信号物质有_____、_____、_____和_____等，这些化学信号又称为_____。
3. 根据受体在细胞的位置，可分为_____和_____。
4. 细胞膜受体按照其信号转导的机制和受体分子的结构特点，可分为_____、_____、_____和_____。

四、简答题

1. 细胞间和细胞内通信的信号分子有哪些？细胞分泌化学信号的作用方式有哪些？
2. 细胞膜有哪些类型受体？其结构的特点分别是什么？
3. 简述 G 蛋白偶联型受体介导的信号通路。

（徐文平）

第 13 章 肝脏生物化学

学习目标

掌握：胆汁酸的肠肝循环、黄疸、生物转化概念；胆汁酸代谢、生物转化的类型。
熟悉：肝在物质代谢中的作用；黄疸的成因。
了解：肝的结构特点；影响生物转化的因素。

肝是人体最大的实质性器官，也是体内最大的腺体，正常成年人肝重约1500g，约占体重的2.5%。肝不仅参与糖类、脂类、蛋白质、维生素和激素等重要物质的代谢过程，同时在物质的消化、吸收和排泄等方面同样发挥了重要作用，因此，人们把肝比喻为人的"中心实验室"或"综合性化工厂"。

第1节 肝的结构和化学组成特点

一、肝的结构特点

1. **肝具有双重血液供应** 即肝动脉和肝静脉，可通过肝动脉获得充足的氧，又可从门静脉获得自消化道吸收的营养物质。
2. **肝具有两条输出通道** 肝静脉与体循环相联系，可将肝的部分代谢终产物输送入肾由尿排出体外；胆道系统与肠道相通，使得一些肝内代谢产物和助消化的物质等随胆汁的分泌而排入肠道。
3. **肝有丰富的血液** 肝细胞与血液的接触面积大，通透性大，同时血流速度缓慢，能使肝细胞与血液充分进行物质交换。
4. **肝细胞含有丰富的亚细胞结构** 肝含有丰富的线粒体、粗面内质网、滑面内质网、高尔基复合体和溶酶体等，与能量的充分供应，与肝能够合成大量的蛋白质、脂类、糖原，以及胆色素的代谢和生物转化等都有密切的关系。

二、肝的化学组成特点

1. 肝蛋白质含量居首位，约占肝干重的1/2，是肝的主要化学成分。
2. 肝内的酶有数百种以上，参与体内的物质代谢，而且有些酶是其他组织所没有或含量极少的。例如合成酮体的酶系和合成尿素的酶系。

第2节 肝在物质代谢中的作用

一、肝在糖、脂类、蛋白质代谢中的作用

（一）肝在糖代谢中的作用

肝是调节血糖浓度的主要器官。通过肝糖原的合成与分解及糖异生作用维持血糖浓度

考点：肝硬化时物质代谢变化

的相对恒定。当饭后血糖浓度升高时,肝利用葡萄糖合成糖原(肝糖原约占肝重的5%)储存起来,从而使血糖浓度不致过高;相反,当血糖浓度降低时,肝糖原迅速分解生成葡萄糖送入血中,使之不致于过低,维持血糖浓度相对恒定。当饥饿超过12小时以上时,肝糖原分解几乎耗竭,这时肝可将甘油、乳酸及生糖氨基酸等通过糖异生途径转变为葡萄糖或糖原以维持空腹或饥饿状态下血糖浓度相对恒定。

因此,严重肝病时,肝糖原的合成、分解及糖异生作用降低,难以维持血糖的正常浓度,易出现空腹血糖降低及饱食后血糖浓度升高。

(二)肝在脂类代谢中的作用

肝在脂类的消化、吸收、分解、合成及运输等代谢过程中均起重要作用。

1. **分泌胆汁** 肝能分泌胆汁,其中的胆汁酸盐能乳化脂类,促进脂类的消化和吸收。肝损害和胆道堵塞时可出现脂类物质的消化不良、厌油腻等症状。

2. **合成酮体** 肝脂肪分解代谢的特点是脂肪酸氧化不完全,生成乙酰乙酸、β-羟丁酸及丙酮,统称为酮体。肝是体内酮体合成的唯一场所,生成的酮体不能在肝氧化利用,而经血液运输到其他组织,如脑、心、肾、骨骼肌等氧化利用,作为这些组织在饥饿状态下的能量。

3. **合成脂蛋白** 肝能合成VLDL,把肝内合成的三酰甘油主要是运输到脂肪组织内储存或运输至其他组织内利用。肝合成HDL促进胆固醇的代谢。

4. **合成胆固醇** 肝是人体合成胆固醇最旺盛的器官,合成的胆固醇占全身合成胆固醇总量的80%以上,是血浆胆固醇的主要来源。肝还合成并分泌卵磷脂-胆固醇脂酰转移酶(LCAT)等,促使胆固醇酯化,有利于运输。

(三)肝在蛋白质代谢中的作用

肝在蛋白质代谢方面也发挥着很重要的作用,主要体现在以下方面。

1. **合成血浆脂蛋白** 肝内蛋白质的代谢极为活跃,肝细胞的一个重要功能是合成与分泌血浆蛋白质。除γ-球蛋白外,几乎所有的血浆蛋白质均来自肝,如清蛋白、部分球蛋白、凝血因子、纤维蛋白原等。成人肝每日约合成12g清蛋白,占肝合成蛋白质总量1/4。血浆清蛋白除了是许多物质的载体外,在维持血浆胶体渗透压方面起重要作用。若血浆清蛋白低于30g/L,常出现水肿及腹水。临床上常测定血浆清蛋白与球蛋白的比重和含量的变化,作为肝功能正常与否的判断指标之一。

2. **肝在蛋白质分解代谢中的作用** 肝中与氨基酸分解代谢有关的酶含量丰富,所以氨基酸的代谢十分活跃。氨基酸可在肝进行转氨基、脱氨基及脱羧基等反应。其中催化转氨基作用的酶——丙氨酸氨基转移酶(ALT),在肝病的诊断上具有重要的意义。体内大部分氨基酸,除支链氨基酸在肌肉中分解外,其余氨基酸特别是芳香族氨基酸主要在肝内分解。故患者肝病严重时,血浆中支链氨基酸与芳香族氨基酸的比重下降。芳香族氨基酸代谢生成的胺类在大脑中可取代正常的神经递质,引起神经活动的紊乱,故芳香族胺类物质称为假神经递质。

3. **合成尿素** 在蛋白质代谢中,肝还具有一个极为重要的功能:即将氨基酸分解产生的有毒的氨,通过鸟氨酸循环合成尿素以解除氨的毒性。所以肝是清除血氨的最重要器官。

二、肝在维生素、激素代谢中的作用

(一)肝在维生素代谢中的作用

肝在维生素的储存、吸收、运输、代谢等方面具有重要作用。肝是体内含维生素较多的器官。某些维生素,如维生素A、维生素E、维生素K、维生素B_{12}等,主要储存于肝中,其中肝中维生素 A 的含量占体内总量的 95%。因此，维生素 A 缺乏形成夜盲症时，食用动物肝有较好的疗效。肝直接参与多种维生素的代谢转化，如将 β-胡萝卜素转变为维生素 A；将维生素 D_3 转变为 25-$(OH)D_3$。多种维生素在肝中参与辅酶的合成。例如将维生素 PP 转变为 NAD^+ 及 $NADP^+$；泛酸转变为 HSCoA；维生素 B_6 转变为磷酸吡哆醛；维生素 B_2 转变为 FAD 及 FMN，以及维生素 B_1 转变为 TPP 等这些辅酶，在机体的物质代谢中起着重要作用。肝所分泌的胆汁酸盐可协助脂溶性维生素的吸收，所以肝胆系统疾病，可出现维生素的吸收障碍。

（二）肝在激素代谢中的作用

许多激素在发挥其调节作用后，主要在肝内被分解转化，从而降低或失去其活性。这一过程称为激素的灭活。灭活过程的作用时间及强度对于激素具有调节作用。某些水溶性激素，如去甲肾上腺素可与肝细胞膜的受体结合而发挥调节作用，同时通过肝细胞内吞作用进入细胞内。而脂溶性激素，如雌激素、醛固酮可在肝细胞内与葡萄糖醛酸或活性硫酸等结合而灭活。因此肝病时由于对激素的灭活功能降低，使体内雌激素、醛固酮等水平升高，可以出现男性乳房发育、肝掌、蜘蛛痣及水钠潴留等现象。

第3节　肝的生物转化作用

一、生物转化的概念及意义

（一）生物转化的概念

机体将进入体内的非营养物质进行化学转变，增加其极性，使其易随胆汁或尿液排出，这种体内变化过程称为生物转化。这些非营养物质根据其来源可分为：

考点：生物转化概念

1. **内源性物质**　系体内代谢中产生的各种生物活性物质，如激素、神经递质等；有毒的代谢产物，如氨、胆红素等。

2. **外源性物质**　系外界进入体内的各种异物，如药物、食品添加剂、色素及其他化学物质等。

（二）生物转化的意义

这些非营养物质既不能作为构成组织细胞的原料，又不能供应能量，机体只能将它们排出体外。一般情况下，非营养物质经生物转化后，其生物活性或毒性均降低甚至消失，但有些物质经肝生物转化后其毒性反而增强，许多致癌物质通过代谢转化才显示出致癌作用，例如化学试剂苯并芘的致癌作用就是如此。因而不能将肝的生物转化作用统称为"解毒作用"。肝是生物转化作用的主要器官，在肝细胞微粒体、细胞液、线粒体等部位均存在有关生物转化的酶类。

肝功能检查

肝功能检查是通过各种生化实验方法检测与肝功能代谢有关的各项指标，以反映肝功能的基本状况。肝具有多种代谢功能，被比喻为人体内的物质代谢中枢。由于肝功能多样，所以肝功能检查方法很多，临床上分析肝功能检查结果时，要评价肝功能是否正常，需要多方面考虑。因为：①肝功能储备能力很大，具有很强的再生、代偿能力，因此，肝功能检查正常，不等于肝细胞没有受损。②目前还没有一种实验能反映肝功能的全貌，因此，在某些肝功能受损时，临床上常需同时作几项肝功能检查。③某些肝功能实验并非肝脏所特有，如转氨酶 ALT。所以分析肝功能实验结果时，要注意排除肝外疾病或其他因素。

二、生物转化的反应类型

肝的生物转化反应主要可分为氧化、还原、水解和结合四种反应类型,其中氧化、还原、水解反应称为第一相反应,结合反应称为第二相反应。

(一) 氧化反应

考点: 生物转化的主要类型和特点

1. **微粒体氧化酶系** 微粒体氧化酶系在生物转化的氧化反应中占有重要的地位。它是需细胞色素 P_{450} 的氧化酶系,能直接激活分子氧,使一个氧原子加到作用物分子上,故称加单氧酶系。由于在反应中一个氧原子渗入到底物中,而一个氧原子使 NADPH 氧化生成水,即一种氧分子发挥了两种功能,故又称混合功能氧化酶,也可称羟化酶。加单氧酶系的特异性较差,可催化多种有机物质进行不同类型的氧化反应。反应式如下:

$$RH + NADPH + H^+ + O_2 \longrightarrow ROH + NADP^+ + H_2O$$

可看出,有机物质经羟化作用后水溶性增强,有利于排泄。

2. **线粒体单胺氧化酶系** 单胺氧化酶属于黄素酶类,存在于线粒体中,可催化组胺、酪胺、尸胺、腐胺等肠道腐败产物氧化脱氨,生成相应的醛类。例如:

$$\underset{\text{胺}}{RCH_2NH_2} + O_2 + H_2O \longrightarrow \underset{\text{醛}}{RCHO} + NH_3 + H_2O_2$$

3. **脱氢酶系** 细胞液中含有以 NAD^+ 为辅酶的醇脱氢酶与醛脱氢酶,分别催化醇或醛脱氢,氧化生成相应的醛或酸类。例如:

$$\underset{\text{乙醇}}{CH_3CH_2OH} \longrightarrow \underset{\text{乙醛}}{CH_3CHO} \longrightarrow \underset{\text{乙酸}}{CH_3COOH}$$

(二) 还原反应

肝微粒体中存在着由 NADPH 及还原型细胞色素 P_{450} 供氢的还原酶,主要有硝基还原酶类和偶氮还原酶类,均为黄素蛋白酶类。还原的产物为胺。例如,硝基苯在硝基还原酶催化下加氢还原生成苯胺,偶氮苯在偶氮还原酶催化下还原生成苯胺。

硝基苯 → 亚硝基苯 → 苯胺 → 苯胺

偶氮苯 → → 苯胺

(三) 水解反应

肝细胞中有各种水解酶,如酯酶、酰胺酶及糖苷酶等,分别水解各种酯键、酰胺键及糖苷键。此类酶分布广泛,种类繁多,肝外组织液也含有这些酶类,如乙酰水杨酸的水解。

乙酰水杨酸 → 水杨酸 → 羟基水杨酸 → 葡萄糖醛酸苷等结合产物

（四）结合反应

结合反应是体内最重要的生物转化方式，常发生在非营养物质的一些功能基团上，如羟基、羧基或氨基等。某些非营养物质可直接进行结合反应，有些则先经第一相反应后再进行第二相反应。结合反应可在肝细胞的微粒体、细胞液和线粒体内进行。

1. 葡萄糖醛酸结合反应　葡萄糖醛酸结合是最重要的结合方式。尿苷二磷酸葡萄糖醛酸（UDPGA）为葡萄糖醛酸的活性供体，肝细胞微粒体中有 UDP-葡萄糖醛酸转移酶，能将葡萄糖醛酸基转移到毒物或其他活性物质的羟基、羧基或氨基上，形成葡萄糖醛酸苷。结合后其毒性降低，并且易排出体外。如胆红素、类固醇激素等。

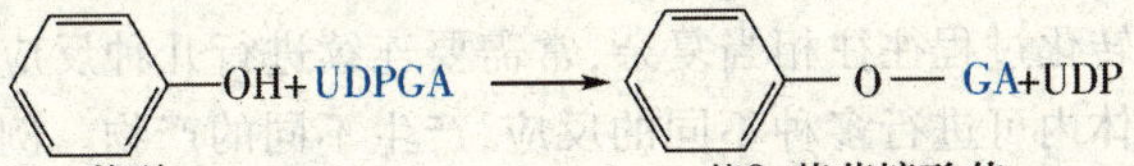

苯酚 —OH + UDPGA ⟶ 苯β-葡萄糖酸苷 —O—GA + UDP

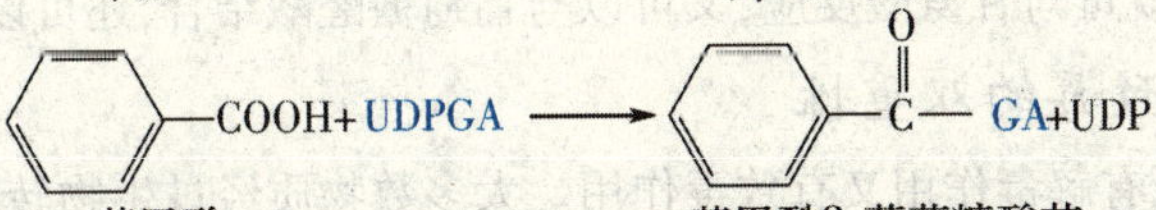

苯甲酸 —COOH + UDPGA ⟶ 苯甲酰β-葡萄糖酸苷 —C(=O)—GA + UDP

2. 硫酸结合反应　以 3′-磷酸腺苷 5′-磷酸硫酸（PAPS）为活性硫酸供体。在肝细胞中有硫酸转移酶，能催化类固醇、酚类、芳香胺等与 PAPS 结合形成硫酸酯。例如，雌酮在肝内与硫酸结合而失活。

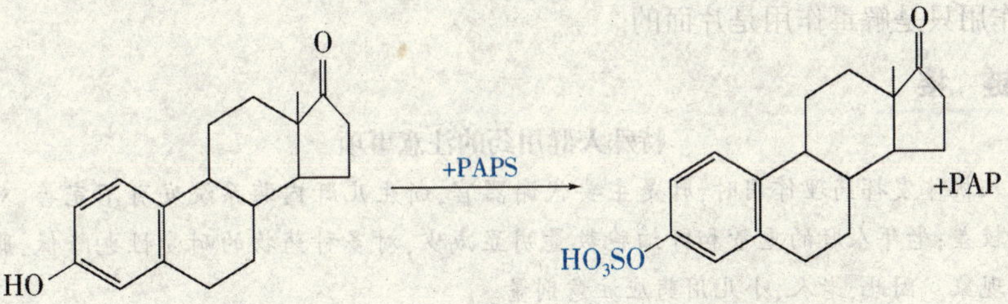

雌酮 + PAPS ⟶ 雌酮硫酸酯 + PAP

3. 乙酰基结合反应　在乙酰基转移酶的催化下，由乙酰 CoA 作供体，与芳香族胺类化合结合生成相应的乙酰化衍生物。

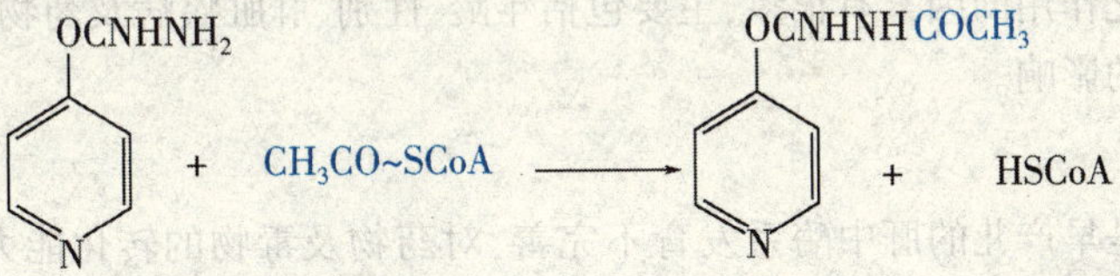

异烟肼 + CH$_3$CO~SCoA（乙酰辅酶A） ⟶ 乙酰异烟肼 + HSCoA（辅酶A）

4. 甲基结合反应　肝细胞液及微粒体中具有多种转甲基酶，含有羟基、巯基或氨基的化合物可进行甲基化反应，甲基供体是 S-腺苷甲硫氨酸（SAM）。

儿茶酚 —SAM→ O—甲基儿茶酚

5. 甘氨酸结合反应　在肝细胞微粒体酰基转移酶的作用下，甘氨酸可与含羧基的外来化合物结合,如苯甲酰 CoA 与甘氨酸的结合。

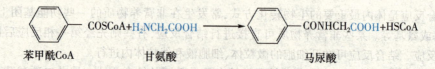

苯甲酰CoA　　　　甘氨酸　　　　　　马尿酸

三、生物转化的特点

通过上面列举的非营养物质的代谢过程,可以看出生物转化具有下列特点。

(一)代谢过程的连续性和产物的多样性

一种物质的生物转化过程往往相当复杂,常需要连续进行几种反应,产生几种产物。同一类或同一种物质在体内可进行多种不同的反应,产生不同的产物。例如,乙酰水杨酸水解生成水杨酸,水杨酸既可与甘氨酸反应,又可以与葡萄糖醛酸结合,还可以进行氧化反应。

(二)解毒和致毒的双重性

生物转化作用既有解毒作用又有致毒作用。大多数物质经过生物转化后,其生物活性或毒性降低甚至消失,但有些物质经生物转化后却适得其反。例如,解热镇痛类药物非那西丁在肝中发生去乙酰基不良反应,生成的对氨基乙醚可使血红蛋白变成高铁血红蛋白,导致发绀毒性作用。又如,致癌性极强的黄曲霉素 B_1 在体外并不能与核酸等生物大分子结合,但经氧化生成环氧化黄曲霉素 B_1 后可与鸟嘌呤第 7 位 N 结合而致癌。所以,简单笼统地认为肝的生物转化作用只是解毒作用是片面的。

 链 接

特殊人群用药的注意事项

药物进入机体发挥药理作用时,肝是主要代谢器官,新生儿肝内酶系统发育不完善,对药物、毒物等的耐受性较差;老年人肝的重量和肝细胞数量明显减少,对多种药物的耐受性也降低,服用药物后,易发生中毒现象。因此,老人、小儿用药应注意剂量。

四、生物转化的影响因素

影响生物转化作用的因素有很多,主要包括年龄、性别、肝脏疾病及药物的诱导与抑制等体内外各种因素的影响。

(一)年龄

新生儿特别是早产儿的肝中酶系发育不完善,对药物及毒物的转化能力不足,易发生药物及毒物中毒。老年人因器官退化,肝血流量及肾的廓清速率下降,药物在体内的半衰期延长,服药后药性较强,不良反应较大。故临床上对新生儿和老人使用药物时要特别慎重,药物用量要较成人量低。

(二)性别

某些生物转化作用存在明显的性别差异。如女性体内醇脱氢酶的活性一般高于男性,对氨基比林的转化能力也较男性强。

(三)肝脏疾病

肝功能低下可影响肝的生物转化功能,使药物或毒物的灭活速度下降,药物的治疗剂量与毒性剂量的差距直接减小,容易造成肝损害,因此对肝病患者用药应慎重。

（四）药物的诱导与抑制

某些药物或毒物可诱导生物转化酶类的生成，使肝脏的生物转化能力增强。如长期服用苯巴比妥，可诱导肝微粒体单加氧酶系的合成，从而使机体对苯巴比妥类催眠药产生耐药性。由于许多非营养物质的生物转化作用常受同一酶系催化，因此联合用药时可发生药物间对酶的竞争性抑制作用，影响其转化效率。如保泰松与双香豆素合用时，前者抑制了后者的代谢，增强了双香豆素的抗凝作用，甚至引起出血现象，故同时服用多种药物时应予以注意。

第4节 胆汁酸代谢

一、胆汁的分类及成分

胆汁（bile）是肝细胞分泌的一种液体，储存于胆囊，经胆管系统入十二指肠。正常人24小时内分泌胆汁300~700ml。

（一）胆汁的分类

从肝初分泌的胆汁称为肝胆汁，清澈透明，呈黄褐或金黄色。肝胆汁进入胆囊后，胆汁浓缩，称为胆囊汁。两种胆汁的组成见表13-1。

表13-1 正常人肝胆汁与胆囊胆汁的组成百分比（%）

	肝胆汁	胆囊胆汁		肝胆汁	胆囊胆汁
比重	1.009~1.013	1.026~1.032	胆固醇	0.05~0.17	0.2~0.9
pH	7.1~8.5	5.5~7.7	无机盐	0.2~0.9	0.5~1.1
总固体	3~4	14~20	黏蛋白	0.1~0.9	1~4
胆汁酸盐	0.2~2	1.5~10	胆色素	0.05~0.17	0.2~1.5

（二）胆汁的成分

胆汁中有多种物质，既有促进脂类消化吸收的胆汁酸盐（bile salts），又有体内某些代谢产物，如胆红素、胆固醇及经肝生物转化作用的非营养物质，所以胆汁既是分泌液又是排泄液。胆汁的主要特征性成分是胆汁酸盐。

二、胆汁酸的分类及代谢

（一）胆汁酸的分类

正常人胆汁中的胆汁酸（bile acids）可分为两类：一类为游离型胆汁酸，包括胆酸、脱氧胆酸、鹅脱氧胆酸和石胆酸；另一类为结合型胆汁酸，主要包括甘氨胆酸、甘氨鹅脱氧胆酸、牛磺胆酸及牛磺鹅脱氧胆酸等。

（二）胆汁酸的代谢

1. 初级胆汁酸的生成 在肝细胞内，胆固醇转变为胆汁酸，这是肝清除胆固醇的重要途径之一。胆固醇转变为初级胆汁酸的过程比较复杂，催化反应的酶类主要分布于微粒体和细胞液。首先是在7α-羟化酶催化下，胆固醇转变为7α-羟胆固醇，然后再转变成初级游离胆汁酸，即鹅脱氧胆酸和胆酸，二者可与甘氨酸或牛磺酸结合，生成初级结合型胆汁酸。人胆汁中的胆汁酸以结合型为主。7α-羟化酶是胆汁酸生成的限速酶。

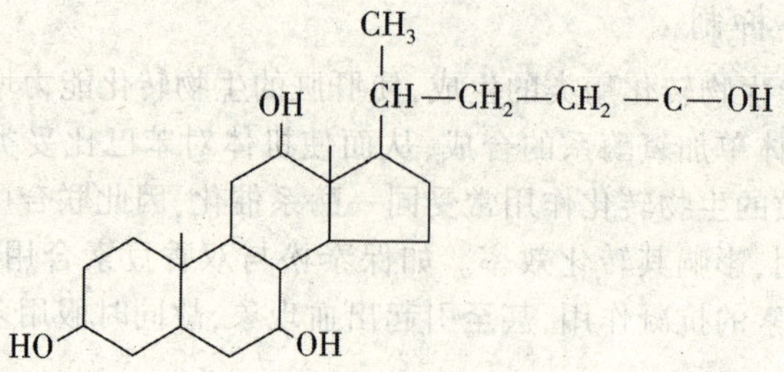

胆酸

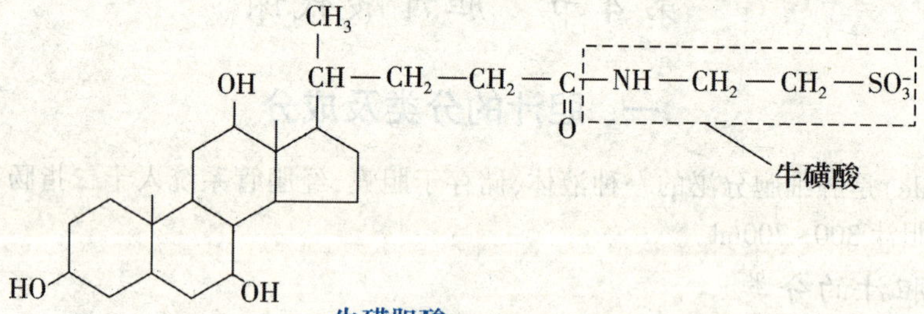

牛磺胆酸（结构中侧链为 —C(=O)—NH—CH₂—CH₂—SO₃⁻，即牛磺酸）

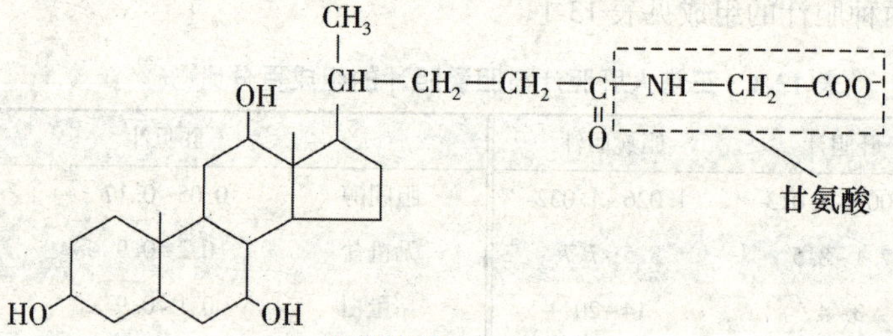

甘氨胆酸（结构中侧链为 —C(=O)—NH—CH₂—COO⁻，即甘氨酸）

2. 次级胆汁酸的生成 随胆汁流入肠腔的初级胆汁酸在协助脂类物质消化吸收的同时,在小肠下段及大肠受肠道细菌作用,初级结合胆汁酸水解释放出甘氨酸和牛磺酸,转变为初级游离胆汁酸,再发生7-位脱羟基,生成次级游离胆汁酸,即脱氧胆酸和石胆酸。肠道中的各种胆汁（包括初级、次级、游离型与结合型）中约有95%被肠壁重吸收,以回肠部对结合型胆汁酸的主动重吸收为主,其余在肠道各部被动重吸收,形成胆汁酸的肠肝循环。其余随粪便排出,正常人每日从粪便排出的胆汁酸为0.4~0.6g。

考点：胆汁酸的肠肝循环

由肠道重吸收的胆汁酸（包括初级和次级胆汁酸,结合型和游离型胆汁酸）均从门静脉进入肝,在肝中游离型胆汁酸再转变成结合型胆汁酸,再随胆汁排入肠腔,此过程称为胆汁酸的肠肝循环。胆汁酸肠肝循环的生理意义在于使有限的胆汁酸反复利用,促进脂类的消化与吸收。每日可以进行6~12次肠肝循环,使有限的胆汁酸能够发挥最大限度的乳化作用,以维持脂类食物消化吸收的正常进行。

三、胆汁酸的功能

（一）胆汁酸促进脂类消化吸收

胆汁酸分子内既含有亲水性的羟基及羧基或磺酸基,又含有疏水性烃核和甲基。使胆汁酸构型上具有亲水和疏水的两个侧面,能降低油水两相间的表面张力,这种结构特征使其成为较强的乳化剂,既有利于脂类乳化,又有利于脂类吸收。

（二）胆汁酸抑制胆固醇析出形成结石

胆汁中的胆汁酸盐与卵磷脂可使胆固醇分散形成可溶性微团，使之不易形成结晶沉淀。如果胆汁酸、卵磷脂和胆固醇比值降低，则可使胆固醇以结晶形式析出形成胆石。

第5节 胆色素代谢

胆色素是含铁卟啉化合物在体内分解代谢的产物，包括胆红素、胆绿素、胆素原和胆素等。正常时这些化合物主要随胆汁排出体外。胆色素代谢以胆红素代谢为中心。胆红素是胆汁中的主要色素，呈橙红色，有毒性。学习胆红素知识对于认识肝脏疾病具有重要意义。

一、胆色素的生成与转运

（一）胆红素的生成

人体内大部分胆红素是由衰老的红细胞破坏、降解而来的。正常人每天可以生产250～350mg胆红素，其中70%以上来自衰老红细胞破坏释放的血红蛋白；其他主要来自含铁卟啉类如细胞色素P_{450}、细胞色素b_5、过氧化物酶、过氧化氢酶等的分解代谢。

体内红细胞不断更新，衰老的红细胞破坏释放出血红蛋白，血红蛋白被分解为珠蛋白和血红素。血红素在微粒体中血红素加氧酶催化下，血红素原卟啉上的α次甲基（═CH—）氧化断裂，并释放出CO和Fe^{3+}，形成胆绿素。血红素加氧酶是胆红素生成的限速酶，此反应需要O_2和NADPH参加，Fe^{3+}可被重新利用，CO可排出体外。胆绿素进一步在细胞液中胆绿素还原酶（辅酶为NADPH）的催化下，迅速被还原为胆红素。这时的胆红素呈现亲脂、疏水的特性，具有毒性。

（二）胆红素在血液中的运输

在网状内皮细胞系统中生成的胆红素自由透过细胞膜进入血液，在血液中主要与血浆清蛋白结合成胆红素-清蛋白复合物进行运输。这种结合增加了胆红素在血浆中的水溶性，便于运输；同时又限制了胆红素自由透过各种生物膜，使其不致对组织细胞产生毒性作用。正常人血浆胆红素浓度仅为3.4～17.1μmol/L，所以正常情况下，血浆中的清蛋白足以结合全部胆红素。但某些化合物（如磺胺类药物、抗炎药及镇痛药等）可同胆红素竞争与清蛋白结合，从而使胆红素游离出来，过多的游离胆红素干扰脑的正常功能，可以引起核黄疸（胆红素脑病）。

二、胆红素在肝中的代谢

（一）游离胆红素被肝细胞摄取

血中胆红素以"胆红素-清蛋白"的形式输送到肝脏，很快被肝细胞摄取。肝细胞摄取血中胆红素的能力很强。肝细胞内两种载体蛋白质（Y蛋白和Z蛋白），两者均可与胆红素结合。胆红素与细胞液中Y蛋白和Z蛋白结合，主要与Y蛋白结合，当Y蛋白结合达到饱和时，Z蛋白的结合才增多。这种结合使胆红素不能返流入血，从而使血胆红素不断摄入肝细胞内。胆红素被载体蛋白结合后，即以"胆红素-Y蛋白"（胆红素-Z蛋白）形式送至内质网。Y蛋白不但对胆红素有高亲和力，而且对固醇类物质、四溴酚酞磺酸钠、某些染料以及某些有机阴离子也有很强的亲和力，可以影响胆红素的转运。

（二）胆红素在滑面内质网结合葡萄糖醛酸生成水溶性胆红素

肝细胞内质网中有胆红素-尿苷二磷酸葡萄糖醛酸转移酶，可催化胆红素与葡萄糖醛酸以酯键结合，生成胆红素葡萄糖醛酸酯。在人胆汁中的结合胆红素主要是胆红素葡萄糖醛酸二酯（70%~80%），其次为胆红素葡萄糖醛酸酯（20%~30%）。胆红素经上述转化后称为结合胆红素，其水溶性增强，与血浆清蛋白亲和力减小，故易从胆道排出，也易透过肾小球从尿排出，但不易通过细胞膜和血-脑屏障，因此，不易造成组织中毒，是胆红素解毒的主要方式。

链接

新生儿黄疸的治疗

婴儿在出生7周后Y蛋白才达到正常成人水平，故易产生生理性黄疸。苯巴比妥可以诱导Y蛋白的合成，临床上可以苯巴比妥治疗新生儿生理性黄疸。

三、胆色素在肠道中的变化与胆色素的肠肝循环

（一）胆色素在肠道中的变化

结合胆红素随胆汁排入肠道后，自回肠下段至结肠，在肠道细菌作用下，由β-葡萄糖醛酸酶催化水解脱去葡萄糖醛酸，再逐步还原成为无色的胆素原族化合物，即中胆素原、粪胆素原和尿胆素原。粪胆素原在肠道下段接触空气氧化为棕黄色的粪胆素，它是正常粪便中的主要色素。正常人每日从粪便排出的胆素原40~280mg。当胆道完全梗阻时，因结合胆红素不能排入肠道，不能形成粪胆素原及粪胆素，粪便则呈灰白色，临床上称之为陶土样大便。

（二）胆色素的肠肝循环

生理情况下，肠道中有10%~20%的胆素原可被重吸收入血，经门静脉入肝。其中大部分（约90%）由肝摄取并以原形经胆道排入肠道，称为胆色素的肠肝循环。在此过程中，少量（10%）胆素原可进入体循环，可通过肾小球滤出，由尿排出，即为尿胆素原。正常成人每天从尿排出的尿胆素原0.5~4.0mg，尿胆素原接触空气被氧化成尿胆素，是尿液中的主要色素。尿胆素原、尿胆素及尿胆红素临床上称为尿三胆。胆红素的生成及代谢概括如图13-1。

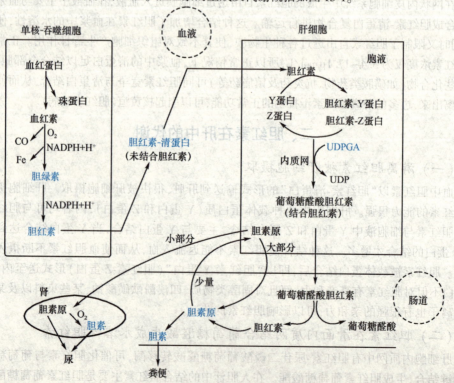

图13-1 胆红素的生成及代谢示意图

四、血清胆红素与黄疸

正常血清中存在的胆红素按其性质和结构不同可分为两大类型。凡未经肝细胞结合的胆红素,称为未结合胆红素(也称为间接胆红素);凡经过肝细胞转化,与葡萄糖醛酸或其他物质结合者,均称为结合胆红素(也称为直接胆红素)。正常人血清中胆红素的总量不超过17.1μmol/L,其中未结合型胆红素占4/5,其余为结合胆红素。

考点:黄疸与黄疸的类型

凡能引起胆红素的生成过多,或使肝细胞对胆红素处理能力下降的因素,均可使血中胆红素浓度增高,称为高胆红素血症。胆红素是金黄色色素,当血清中浓度增高时,则可扩散入组织,特别是巩膜、皮肤及黏膜能被染黄,称为黄疸。血清中胆红素浓度超过34.2μmol/L时,肉眼可见组织黄染,称为显性黄疸。有时血清胆红素浓度虽超过正常,但仍在34.2μmol/L以内,肉眼尚观察不到巩膜或皮肤黄染,称为隐性黄疸。应当注意黄疸系一种常见体征,并非疾病名称。

案例 13-1

患儿,女性,13岁。4天前自我感觉食欲减退,伴有呕吐,为非喷射状。四肢无力不发热,尿少,尿黄呈淡茶色,大便正常,面色亦渐黄。查体:发育营养中等,精神委靡,神志清醒,巩膜及全身皮肤轻度黄染,无肝掌及蜘蛛痣,淋巴结不肿大,腹软,肝上界在第6肋间。实验室检查:血红蛋白131g/L,总胆红素34.2μmol/L,直接胆红素20.2μmol/L。

问题:1. 胆红素正常值是多少?
2. 上述案例属于哪种类型的黄疸?

根据成因大致可将黄疸分三类:①因红细胞大量破坏,产生的胆红素过多,超过肝细胞的处理能力,因而引起血中未结合胆红素浓度异常增高者,称为溶血性黄疸或肝前性黄疸。例如输血不当引起的黄疸。②因肝细胞功能障碍,对胆红素的摄取、结合及排泄能力下降,引起结合胆红素及未结合胆红素均增高者,称为肝细胞性黄疸或肝原性黄疸,例如,肝炎等。③因胆红素排泄通道受阻,使胆小管或毛细胆管压力增高而且破裂,胆汁中胆红素反流入血,造成结合胆红素异常增高者,称阻塞性黄疸或肝后性黄疸。例如胆道结石。三种黄疸病人的血、尿、粪的改变见表13-2。

表 13-2 三种黄疸病人的血、尿、粪的改变

指标		正常	溶血性黄疸	肝细胞性黄疸	阻塞性黄疸
血清胆红素总量		<17.1μmol/L	>17.1μmol/L	>17.1μmol/L	>17.1μmol/L
结合胆红素				↑	↑↑
未结合胆红素			↑↑	↑	
尿三胆	尿胆红素	−	−	+	++
	尿胆素原	少量	↑	不一定	↓↓
	尿胆素	少量	↑	不一定	↓↓
粪便颜色		正常	深	变浅或正常	完全阻塞时为陶土色

案例 13-2

患者,女性,43岁,因腹痛、腹胀、发热3天就诊。体格检查:体温,39℃,皮肤巩膜明显黄染。实验室检查:血清总胆红素779μmol/L,结合胆红素774μmol/L,未结合胆红素5.1μmol/L,大便呈灰白色,尿液颜色变浅,粪胆素原和尿胆素原均阴性,血常规检查除白细胞升高外,其余均正常。

初步诊断:胆总管阻塞,原因待查。

问题: 1. 为什么血浆胆红素升高会使皮肤、巩膜黄染？
2. 为什么血清胆红素明显增高而未结合胆红素没有增高？
3. 为什么大便呈灰白色，尿液颜色变浅，粪胆素原和尿胆素原均阴性？

 链 接

核黄症的病因

未结合胆红素容易透过各种脂膜进入组织细胞中，而神经系统中脂类含量丰富，因此未结合胆红素对神经系统的毒性较大。如新生儿发生高胆红素血症时，血中主要是未结合胆红素升高，由于新生儿血-脑屏障发育不完善，胆红素极易进入脑组织干扰脑的正常功能，引起核黄症。可使病儿出血严重神经症状并迅速死亡。因此当新生儿发生非生理性黄疸时，特别要注意防止核黄病的发生，对于某些药物的使用更要慎用。

实验六 血清胆红素测定

（一）实验目的

1. 掌握血清胆红素测定的基本原理。
2. 熟悉血清胆红素测定的基本操作步骤及参考值。
3. 了解临床血清胆红素测定的主要方法及意义。

（二）实验原理

血清中结合胆红素可直接与重氮试剂反应，生成紫色的偶氮胆红素；在同样条件下，未结合胆红素需有加速剂破坏胆红素氢键后才能与重氮试剂反应。咖啡因、苯甲酸钠作为加速剂，醋酸钠缓冲液可维持反应的pH同时兼有加速作用。叠氮钠破坏剩余重氮试剂，终止结合胆红素测定管的偶氮反应。最后加入碱性酒石酸钠，紫色偶氮胆红素（吸收峰530nm）转变为蓝色偶氮胆红素（598nm）。颜色深浅与胆红素浓度成正比，在600nm波长处比色测定。

（三）实验材料及方法

1. 试剂

（1）咖啡因-苯甲酸钠试剂：无水醋酸钠41g，苯甲酸钠37.5g，EDTA-Na_2 0.5g，溶于约500ml的蒸馏水中，再加入咖啡因25g，搅拌至完全溶解（不可加热），然后加蒸馏水稀释至1000ml，混匀，过滤后放置棕色试剂瓶中，室温保存可稳定6个月。

（2）5g/L亚硝酸钠溶液：亚硝酸钠5.0g，加蒸馏水溶解并稀释至100ml，若发现溶液呈淡黄色时，应丢弃重配。

（3）5g/L对氨基苯磺酸溶液：对氨基苯磺酸（$NH_2C_6H_4SO_3H \cdot H_2O$）5g，加于约800ml蒸馏水中，加浓盐酸15ml，待完全溶解后，加蒸馏水至1000ml。

（4）重氮试剂：临用前，取5g/L亚硝酸钠溶液（试剂2）0.5ml与5g/L对氨基苯磺酸溶液（试剂3）20ml混合。

（5）5g/L叠氮钠溶液：叠氮钠0.5g，用蒸馏水溶解并稀释至100ml。

（6）碱性酒石酸钠溶液：氢氧化钠75g，酒石酸钠（$Na_2C_4H_4O_6 \cdot 2H_2O$）263g，加蒸馏水溶解并稀释至1000ml，混匀，置塑料瓶中，室温保存可稳定6个月。

（7）胆红素标准液：可购买，也可按以下方法配制：

1) 稀释血清:收集不溶血、无黄疸、清晰的血清过滤作为混合血清稀释剂。取过滤血清1.0ml,加0.9%氯化钠24ml,混匀。在分光光度计中,以比色杯光径1cm,波长414nm,用0.9%氯化钠调零,读取的吸光度应小于0.100,波长460nm处读取的吸光度应小于0.040。

2) 171μmol/L胆红素标准液:称取符合标准的胆红素(MW:584.68)10mg,加入二甲基亚砜1ml,玻棒搅匀,加入0.05mol/L Na_2CO_3溶液2ml,使胆红素完全溶解。移入100ml容量瓶,用1)洗涤数次并移入容量瓶中,缓慢加入0.1mol/L HCl溶液2ml(边加边缓慢摇动,切勿产生气泡),最后用1)稀释至100ml。避光,4℃保存,3天内有效,最好当天绘制标准曲线。

2. 操作步骤

(1) 取试管3支,标明总胆红素管、结合胆红素管和空白管,然后按表13-3操作。

(2) 混匀,总胆红素管置室温10分钟,结合胆红素管置37℃水浴准确放置1分钟,按表13-4继续操作。

表13-3 血清胆红素测定操作表1

试管	试剂(ml)			
	咖啡因-苯甲酸钠试剂	0.5mol/L丁酸溶液	氨基苯磺酸溶液	重氮试剂
总胆红素管	0.2	1.6	—	0.4
结合胆红素管	0.2	—	—	0.4
空白管	0.2	1.6	0.4	—

表13-4 血清胆红素测定操作表2

试管	试剂(ml)		
	叠氮钠溶液	咖啡因-苯甲酸钠试剂	碱性酒石酸钠试剂
总胆红素管	—	—	1.2
结合胆红素管	0.5	1.1	1.2
空白管	—	—	1.2

(3) 充分混匀后,用空白管调零,于波长600nm,读取总胆红素管和结合胆红素管吸光度,在标准曲线上查出相应的胆红素浓度。

参考值:血清总胆红素 3.4~17.1μmol/L
血清结合胆红素 0~3.4μmol/L

(四) 临床意义

1. 胆红素是血红素的代谢产物,正常人每天生成250~350mg。血清胆红素正常水平小于17.1μmol/L,其中未结合胆红素占80%。当胆红素生成过多或当肝细胞清除胆红素的过程或胆红素的排泄发生障碍,均可引起血中结合或未结合胆红素升高,从而引起黄疸。

2. 根据血清胆红素分类,判断黄疸类型(溶血性、肝细胞性和阻塞性黄疸)。

(五) 注意事项

1. 在10~37℃,本测定方法不受环境温度影响,呈色在2小时内稳定。
2. 严重溶血时,可导致测定结果偏低。
3. 血脂可影响测定结果,故应尽量取空腹血。
4. 胆红素对光敏感,胆红素标准液及血清样本均应避光。

 目 标 检 测

一、选择题

A1型题

1. 短期饥饿时,血糖浓度的维持主要靠( )
 A. 肝糖原分解　　B. 肌糖原分解
 C. 肝糖原合成　　D. 糖异生作用

 E. 组织中的葡萄糖利用降低

2. 以下不属于肝脏功能的是( )
 A. 储存糖原和维生素
 B. 合成血浆清蛋白
 C. 进行生物转化

D. 合成尿素
　　E. 储存脂肪
3. 肝脏在脂类代谢中所特有的作用是(　　)
　　A. 合成磷脂　　　B. 合成胆固醇
　　C. 生成酮体　　　D. 将糖转变为脂肪
　　E. 参与脂肪的分解代谢
4. 正常人在肝脏合成最多的血浆蛋白质是(　　)
　　A. 脂蛋白　　　　B. 球蛋白
　　C. 清蛋白　　　　D. 凝血酶原
　　E. 纤维蛋白原
5. 下列只在肝脏中合成的物质是(　　)
　　A. 脂肪　　　　　B. 尿素
　　C. ATP　　　　　D. 糖原
　　E. 蛋白质
6. 关于血浆胆固醇酯含量下降的叙述正确的是( )
　　A. 胆固醇分解增多
　　B. 胆固醇转变成胆汁酸增多
　　C. 转变成脂蛋白增多
　　D. 胆固醇由胆道排出增多
　　E. 肝细胞合成 LCAT 减少
7. 严重肝疾患的男性患者出现男性乳房发育、蜘蛛痣主要原因是(　　)
　　A. 雌激素分泌过多　B. 雌激素分泌过少
　　C. 雌激素灭活不好　D. 雄激素分泌过多
　　E. 雄激素分泌过少
8. 下列哪项不是非营养性物质的来源(　　)
　　A. 体内合成的非必需氨基酸
　　B. 肠道细菌腐败产物被重吸收
　　C. 外界的药物、毒物
　　D. 体内代谢产生的氨、胺等
　　E. 食品添加剂如色素等
9. 关于生物转化描述错误的是(　　)
　　A. 生物转化是解毒作用
　　B. 物质经生物转化可增加其水溶性
　　C. 肝脏是人体内进行生物转化最重要的器官
　　D. 有些物质经氧化、还原和水解等反应即可排出体外
　　E. 有些物质必须与极性更强的物质结合后才能排出体外
10. 不属于肝脏生物转化的反应是(　　)
　　A. 氧化反应　　　B. 还原反应
　　C. 水解反应　　　D. 羧化反应
　　E. 结合反应
11. 关于加单氧酶系叙述错误的是(　　)

　　A. 此酶系存在于微粒体中
　　B. 它通过羟化反应参与生物转化作用
　　C. 过氧化氢(H_2O_2)是其产物之一
　　D. 细胞色素 P_{450} 是此酶系的组分
　　E. 与体内很多活性物质的合成、灭活,外源性药物代谢有关
12. 关于生物转化作用叙述不正确的是(　　)
　　A. 具有反应多样性的特点
　　B. 常受年龄、性别和诱导物等因素影响
　　C. 有解毒和致毒的双重性
　　D. 使非营养性物质极性降低,利于排泄
　　E. 具有连续性的特点
13. 下列哪项不属于生物转化结合物的供体(　　)
　　A. UDPGA　　　　B. PAPS
　　C. SAM　　　　　D. 乙酰 CoA
　　E. 葡萄糖酸
14. 生物转化第一相反应中最主要的是(　　)
　　A. 氧化反应　　　B. 还原反应
　　C. 水解反应　　　D. 脱羧反应
　　E. 结合反应
15. 所有非营养物质经生物转化后(　　)
　　A. 水溶性增强　　B. 水溶性降低
　　C. 脂溶性增强　　D. 毒性增强
　　E. 毒性降低
16. 以下哪种代谢过程只在肝脏进行(　　)
　　A. 糖原合成　　　B. 脂蛋白合成
　　C. 生物转化作用　D. 血浆球蛋白合成
　　E. 所有凝血因子在肝脏合成
17. 下列哪项不是初级胆汁酸的物质(　　)
　　A. 胆酸　　　　　B. 脱氧胆酸
　　C. 鹅脱氧胆酸　　D. 牛磺胆酸
　　E. 甘氨胆酸
18. 属于次级游离胆汁酸的是(　　)
　　A. 胆酸　　　　　B. 甘氨胆酸
　　C. 牛磺鹅脱氧胆酸 D. 鹅脱氧胆酸
　　E. 脱氧胆酸
19. 关于胆汁酸盐的叙述错误的是(　　)
　　A. 在肝脏中由胆固醇转变而来
　　B. 是脂肪消化的乳化剂
　　C. 能抑制胆固醇结石的形成
　　D. 是胆色素的代谢产物
　　E. 可经过肠肝循环被重吸收
20. 血中哪种胆红素增加可能出现在尿中(　　)
　　A. 结合胆红素　　B. 未结合胆红素
　　C. 血胆红素　　　D. 间接胆红素

E. 胆红素 Y 蛋白

B 型题

(21~25 题共用备选答案)
   A. 葡萄糖醛酸
   B. 粪胆素
   C. 胆红素-清蛋白
   D. 诱导葡萄糖醛酸基转移酶的生成
   E. 胆素原
21. 血中胆红素的主要运输方式是( )
22. 参与胆红素代谢中结合反应的主要物质是( )
23. 胆红素在小肠中被肠菌酶还原为( )
24. 正常人粪便中的主要色素是( )
25. 苯巴比妥治疗新生儿高胆红素血症的机制主要是( )

(26~28 题共用备选答案)
   A. 激素
   B. 尿素
   C. 使血糖浓度维持相对恒定
   D. 转变为胆固醇酯
   E. 转变为胆汁酸
26. 只在肝脏中合成的物质是( )
27. 肝脏在糖代谢中的突出作用是( )
28. 肝内胆固醇的主要去路是( )

(29、30 题共用备选答案)
   A. 牛磺脱氧胆酸
   B. 牛磺鹅脱氧胆酸
   C. 甘氨脱氧胆酸
   D. 甘氨鹅脱氧胆酸
   E. 脱氧胆酸
29. 初级胆汁酸是( )
30. 次级胆汁酸是( )

二、名词解释

1. 生物转化 2. 胆汁酸的肠肝循环 3. 黄疸
4. 初级胆汁酸 5. 激素的灭活

三、填空题

1. 肝维持血糖的浓度相对恒定的作用是通过_____、_____、_____完成。
2. 肝合成的血浆蛋白质有_____、_____、_____、_____，其中合成量最多的是_____。
3. 初级胆汁酸是肝脏清除_____的主要方式。
4. 胆汁的主要成分是_____，胆汁酸的作用是_____、_____。
5. 胆色素是_____在体内代谢的产物。
6. 根据黄疸引起的原因不同可分为_____、_____、_____三种。
7. 肝生物转化反应的主要类型有_____、_____、_____和_____。

四、简答题

1. 简述肝脏在糖、脂类、蛋白质代谢中的作用。
2. 加单氧酶(羟化酶)催化的总反应式是什么？此酶有何生理意义？
3. 根据血、尿标本化验结果如何区别三种黄疸？

(赵玉强)

第14章 血液生物化学

掌握：血液 NPN 的概念；血浆蛋白质的功能；血红素的生物合成部位、原料、关键酶，合成过程的调节。

熟悉：血浆蛋白质的组成；红细胞的代谢特点。

了解：血液的化学成分。

第1节 血液组成

一、血液成分

考点：血清与血浆的区别

血液（blood）又称全血，由液态的血浆（plasma）与有形成分（混悬在其中的红细胞、白细胞和血小板）组成。离体血液加适当的抗凝剂后经离心使血细胞沉降，所得的浅黄色上清液为血浆，占全血容积的 55%~60%。如离体血液在不加抗凝剂的情况下静置，其凝固后析出的淡黄色透明液体，称为血清（serum）。凝血过程中，血浆中的纤维蛋白原转变成纤维蛋白析出，故血清中无纤维蛋白原。在临床医疗工作中，经常要采取全血、血浆、血清三种血液标本，它们的主要区别是：

全血 = 血浆 + 有形成分

血浆 = 全血 - 有形成分

血清 = 血浆 - 纤维蛋白原

正常成年人血液总量约占体重的 8%，比重为 1.050~1.060，pH 为 7.40±0.05，37℃时渗透压为 290~310mOsm/（kg·H_2O）。

溶解于血液的化学成分可分为无机物和有机物两大类。无机物以电解质为主，重要的阳离子有 Na^+、K^+、Ca^{2+}、Mg^{2+} 等，重要的阴离子有 Cl^-、HCO_3^-、HPO_4^{2-} 等。它们在维持血浆晶体渗透压、酸碱平衡以及神经肌肉正常兴奋性等方面起重要作用。有机物包括蛋白质、非蛋白质类含氮化合物、糖类和脂类等。

二、非蛋白含氮化合物

考点：血液 NPN 的概念

血液中除蛋白质以外的含氮物质统称为非蛋白含氮化合物，主要有尿素（urea）、尿酸（uric acid）、肌酸（creatine）、肌酐（creatinine）、氨基酸、氨和胆红素（bilirubin）等。非蛋白含氮化合物中所含的氮量称为非蛋白氮（non protein nitrogen，NPN）。正常成人血中 NPN 含量为 14.28~24.99mmol/L，且绝大多数为蛋白质和核酸分解代谢的终产物，可经血液运输到肾随尿排出体外。当肾功能障碍影响 NPN 排泄时会导致其在血中浓度升高，这也是血中 NPN 升高最常见的原因。此外，当肾血流量下降、蛋白质摄入过多或体内蛋白质分解加强等也会使血中 NPN 升高，临床上将血中 NPN 升高称之为氮质血症。

尿素是非蛋白含氮化合物中含量最多的一种物质，正常人尿素氮（blood urea nitrogen，

BUN)含量约占NPN的1/2。故临床上测定血中BUN与测定NPN的意义基本相同。

尿酸是体内嘌呤化合物分解代谢的终产物。当机体肾排泄功能障碍或嘌呤化合物分解代谢过多如痛风、白血病、中毒性肝炎等疾病时血中尿酸均可升高。

肌酸由肝细胞利用精氨酸、甘氨酸和S-腺苷甲硫氨酸(SAM)为原料合成,主要存在于肌肉和脑组织中,正常人血中含量为228.8~533.8μmol/L,肌酸和ATP反应生成的磷酸肌酸是体内ATP的储存形式。

肌酐由肌酸脱水或由磷酸肌酸脱磷酸脱水而生成,且反应不可逆,因此肌酐是肌酸代谢的终产物,正常人血中肌酐的含量为88.4~176.8μmol/L,肌酐全部由肾排泄,排除外源性肉食的影响,血中肌酐含量恒定,故临床检测血肌酐含量较尿素能更准确地了解肾功能。

第2节 血浆蛋白质

一、血浆蛋白质组成

正常成人血浆内蛋白质总浓度为70~75g/L,是血浆主要固体成分。血浆蛋白质种类繁多,目前已知有200多种,各种蛋白质含量差异很大,多者每升达数十克,少者仅为毫克水平。

考点:血浆蛋白质的组成

按照分离方法、来源和生理功能,可将血浆蛋白质分为不同组分。

1. 按分离方法

(1) 盐析法:可将血液蛋白质分为清蛋白(albumin)、球蛋白(globulin)和纤维蛋白原(fibrinogen)。

(2) 电泳法:①醋酸纤维素薄膜电泳可将血清蛋白质分成五个组分,按泳动快慢依次为:清蛋白、α_1-球蛋白、α_2-球蛋白、β-球蛋白和γ-球蛋白(图1-14),临床上常采用此法分离血浆蛋白质。由图可见,清蛋白是人体血浆中最主要的蛋白质,含量为38~48g/L,约占血浆总蛋白的50%,球蛋白含量为15~30g/L。正常人清蛋白与球蛋白的比值(A/G)为1.5~2.5。②用分辨率更高的聚丙烯酰胺凝胶电泳(polyacrylamide gel eletrophoresis, PAGE)则可将血清蛋白质分离出20~30种组分。

2. 按来源

(1) 血浆功能性蛋白质,是由各种组织细胞合成后分泌入血浆,并在血浆中发挥其生理功能,如抗体、补体、凝血酶原、生长调节因子、转运蛋白等。这类蛋白质量和质的变化可反映机体代谢方面的变化。

(2) 在细胞更新或遭受破坏时溢入血浆的蛋白质,如血红蛋白、淀粉酶和转氨酶等。这类蛋白质在血浆中的出现或含量的升高往往反映相应组织的更新、破坏或细胞通透性改变。

3. 按生理功能 根据血浆蛋白的生理功能不同可将其分类,见表14-1。

表14-1 血浆蛋白按生理功能的分类

种类	血浆蛋白
载体蛋白	清蛋白、脂蛋白、转铁蛋白、铜蓝蛋白等
免疫防御系统蛋白	IgG、IgM、IgA、IgD、IgE和补体C1~C9等
凝血和纤溶蛋白	凝血因子Ⅶ、凝血因子Ⅷ、凝血酶原、纤溶酶原等
酶	卵磷脂、胆固醇酰基转移酶等
蛋白酶抑制剂	α_1-抗胰蛋白酶、α_2-巨球蛋白等
激素	促红细胞生成素、胰岛素等
参与炎症应答的蛋白	C-反应蛋白、α_1-酸性糖蛋白等

尽管血浆蛋白质种类繁多,但有以下几个共同特点。

(1) 绝大多数血浆蛋白质在肝脏中合成,如清蛋白、纤维蛋白原和纤维粘连蛋白等。还有少量蛋白质由其他组织细胞合成,如 γ-球蛋白由浆细胞合成。

(2) 蛋白质在粗面内质网膜结合的多核糖体(polyribosome)上合成,以蛋白质前体形式出现,继而到高尔基复合体再抵达质膜而分泌入血液。在这一过程中,前蛋白被酶切去信号肽,变成成熟蛋白质。血浆蛋白质自肝脏合成后分泌入血浆的时间从 30 分钟到数小时不等。

(3) 除清蛋白外,几乎所有血浆蛋白质都是糖蛋白,含有 N—或 O—连接的寡糖链。一般认为寡糖链具有许多重要作用,如血浆蛋白质合成后的定向转移,细胞的生物信息识别功能等。

(4) 多种血浆蛋白质呈现遗传多态性(polymorphism),即在人群中,一种蛋白质至少有两种表型,如 α_1-抗胰蛋白酶、结合珠蛋白、转铁蛋白、铜蓝蛋白和免疫球蛋白等。研究血浆蛋白质的多态性对遗传学、人类学和临床医学有重要意义。

(5) 在循环过程中,每种血浆蛋白质都有自己独特的半期期。正常成人清蛋白的半衰期约为 20 天,结合珠蛋白为 5 天左右。

(6) 在组织损伤及急性炎症时,某些血浆蛋白质的水平会升高或降低,随着病情的好转又恢复正常,这些血浆蛋白质称为急性时相反应蛋白质(acute phase protein, APP),如 C-反应蛋白(CPR)、α_1-抗胰蛋白酶、结合珠蛋白、α_1-酸性糖蛋白和纤维蛋白原等在急性时相期可增高,而清蛋白、前清蛋白与转铁蛋白的浓度在急性时相期则降低。

急性时相蛋白质在人体炎症反应中起一定作用,如 α_1-抗胰蛋白酶能使急性炎症反应时释放的某些蛋白酶失活。同时,某些细胞因子也能刺激 APP 的生成,如白细胞介素-1(IL-1)是单核细胞释放的一种多肽,能刺激肝细胞合成急性时相反应物(acute phase reactant, APR)。

二、血浆蛋白质功能

各种血浆蛋白质的功能各不相同,人们对其进行了广泛的研究,现将主要功能概述如下。

(一) 维持血浆胶体渗透压

虽然血浆胶体渗透压仅占血浆总渗透压的极小部分(1/320),但其对血管内外水的分布起着决定性作用。正常人血浆胶体渗透压的大小取决于蛋白质的摩尔浓度。由于清蛋白在血浆中的摩尔浓度最高,分子量相对较小,加之在生理 pH 条件下,其电负性高,能使水分子聚集其分子表面,故在维持血浆胶体渗透压方面起着最主要的作用。清蛋白所产生的胶体渗透压占血浆胶体总渗透压的 75%~80%。当血浆清蛋白浓度过低时,血浆胶体渗透压下降,水分在组织间隙潴留而产生水肿。

临床上血浆清蛋白含量降低的主要原因有:合成原料不足(如营养不良等)、合成能力降低(如严重肝病等)、丢失过多(肾脏疾病、大面积烧伤等)、分解过多(如甲状腺功能亢进、发热等)。

(二) 维持血浆正常 pH

正常血浆 pH 为 7.40±0.05。蛋白质是两性电解质,大部分血浆蛋白质的等电点在 pH 4.0~7.3,血浆蛋白盐和相应蛋白质形成缓冲对,参与维持血浆 pH 的相对恒定。

(三) 运输作用

血浆蛋白质分子表面分布有众多亲脂性结合位点,脂溶性物质可与其结合而被运输。如脂溶性维生素 A 与视黄醇结合蛋白结合,再与前清蛋白形成视黄醇-视黄醇结合蛋白-前清蛋白复合物而运输。血浆蛋白质还能与易被细胞摄取和易随尿液排出的小分子物质结合,从而

（四）免疫作用

机体对入侵的病原微生物可产生特异抗体，血液中具有抗体作用的蛋白质称为免疫球蛋白（immunoglobulin, Ig），包括 IgG、IgA、IgM、IgD 和 IgE，它们在机体体液免疫中起着至关重要的作用。此外，血浆中还有一组协助抗体完成免疫功能的蛋白酶体系——补体（complement）。免疫球蛋白能识别特异性抗原并与之结合形成抗原抗体复合物，并可进一步激活补体系统，产生溶菌和溶细胞现象。

（五）催化作用

根据血浆中酶的来源和功能，可分为以下三类。

1. **血浆功能性酶** 这类酶绝大多数由肝脏合成后分泌入血，并在血浆中发挥催化功能，如凝血及纤溶系统的多种蛋白水解酶，它们以酶原的形式存在于血浆中，在一定条件下被激活后发挥相应生理作用。此外，血浆中还有生理性抗凝物质、假胆碱酯酶、卵磷脂、胆固醇酰基转移酶、脂蛋白脂肪酶和肾素等。

2. **外分泌酶** 即外分泌腺分泌的酶，包括唾液淀粉酶、胃蛋白酶、胰蛋白酶、胰淀粉酶和胰脂肪酶等。正常情况下这些酶仅少量逸入血浆，它们的催化活性与血浆的正常生理功能无直接关系。但这些脏器受损时，进入血浆的酶量增多，血浆内相应酶的活性增高，检测它们具有诊断、监测病情以及判断预后的临床价值。

3. **细胞酶** 存在于细胞和组织中参与物质代谢的酶类。这类酶正常时在血浆中含量极微，大部分无器官特异性，小部分来源于特定组织，表现为器官特异性。当特定器官有病变时，血浆内相应的酶活性增高，可用于临床酶学检验。

（六）营养作用

正常成人 3L 左右的血浆中约有 200g 蛋白质。体内的某些细胞，如单核-吞噬细胞系统可以吞饮血浆蛋白质，然后由细胞内的酶类将其分解为氨基酸进入氨基酸代谢池，用于组织蛋白质的合成，或进一步分解供能，或转变成其他含氮化合物。

（七）凝血、抗凝血和纤溶作用

众多的凝血因子、抗凝血及纤溶物质在血液中相互作用、相互制约，从而保持循环血流的通畅。当血管损伤，血液流出血管时即发生血液凝固，以防止血液大量流失。

（八）血浆蛋白质异常与临床疾病

血浆蛋白质异常可见于多种临床疾病，如肝硬化和多发性骨髓瘤等。

1. **肝硬化** 肝硬化时血浆蛋白特征为：IgG 增高、IgA 明显升高；C-反应蛋白、铜蓝蛋白及纤维蛋白原轻度升高；结合珠蛋白、C_3 偏低；前清蛋白、清蛋白、α_1 脂蛋白及转铁蛋白明显降低。

2. **多发性骨髓瘤** 多发性骨髓瘤是由浆细胞恶性增生所致的一种肿瘤，其蛋白电泳图谱表现为：①在原 γ 区带外出现一特征性的 M 蛋白峰；②清蛋白区带下降。如图 14-1 所示。

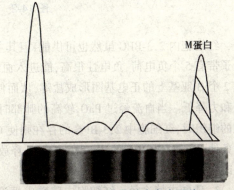

图 14-1　多发性骨髓瘤电泳图片

第3节 红细胞代谢

一、红细胞代谢特点

考点：红细胞代谢特点

红细胞是血液中数目最多的细胞。成熟红细胞除质膜和胞浆外，无其他细胞器。葡萄糖是成熟红细胞的主要供能物质。

（一）糖代谢

血液中的红细胞每天从血浆摄取约 30g 葡萄糖，其中 90%~95% 经糖酵解途径和 2,3-二磷酸甘油酸（2,3-bisphosphoglycerate, 2,3-BPG）旁路进行代谢，5%~10% 通过磷酸戊糖途径代谢。

1. **糖酵解** 糖酵解是红细胞获得能量的唯一途径。红细胞中存在催化糖酵解所需的全部酶和中间代谢物，其基本反应和其他组织相同。每摩尔葡萄糖经酵解生成 2mol 乳酸，净生成 2molATP 和 2molNADH+H^+，从而使红细胞内 ATP 的浓度维持在 $1.85×10^3$ mol/L 水平。

ATP 主要用于以下几方面的生理活动：①维持红细胞膜上钠泵（Na^+-K^+-ATPase）的生理功能。Na^+ 和 K^+ 一般不易通过细胞膜，钠泵通过消耗 ATP 将 Na^+ 泵出、K^+ 泵入红细胞以维持膜内外的离子平衡和细胞的双凹盘状形态。②维持红细胞膜上钙泵（Ca^{2+}-ATPase）的生理功能，即将红细胞内的 Ca^{2+} 泵入血浆以维持红细胞内的低钙状态。正常情况下，红细胞内的 Ca^{2+} 浓度很低（20μmol/L），而血浆中 Ca^{2+} 浓度为 2~3mmol/L。血浆中 Ca^{2+} 会被动扩散进入红细胞。因此缺乏 ATP 时，钙泵不能正常运行，Ca^{2+} 将聚集并沉积于红细胞膜，使膜可塑性降低，导致红细胞流经狭窄的脾窦时易被破坏。③为红细胞膜上脂质与血浆脂蛋白中的脂质交换提供能量。红细胞膜的脂质需要不断更新，此过程需要消耗 ATP。ATP 缺乏时，膜脂质更新受阻，红细胞可塑性降低，易被破坏。④谷胱甘肽、NAD^+ 的生物合成需要消耗少量 ATP。⑤参与葡萄糖的活化，启动糖酵解过程。

2. **2,3-二磷酸甘油酸旁路** 在糖酵解过程中生成的 1,3-二磷酸甘油酸（1,3-BPG）有 15%~50% 在二磷酸甘油酸变位酶催化下生成 2,3-二磷酸甘油酸（2,3-BPG），后者再经 2,3-BPG 磷酸酶催化，水解生成 3-磷酸甘油酸，并进一步分解生成乳酸。此 2,3-BPG 侧支循环称 2,3-BPG 旁路（图 14-2）。但由于 2,3-BPG 磷酸酶活性低，2,3-BPG 的生成大于分解，造成红细胞内 2,3-BPG 升高。

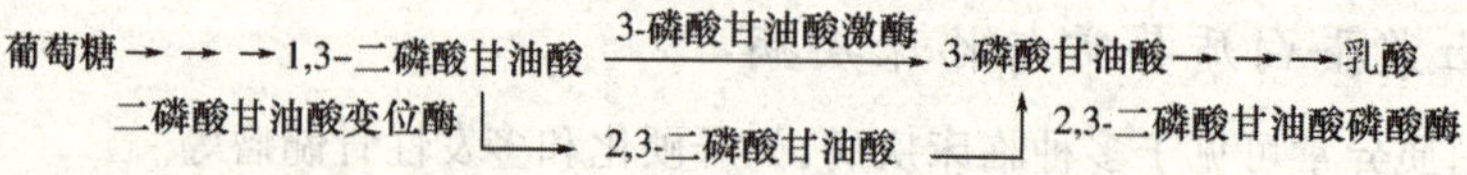

```
葡萄糖 → → → 1,3-二磷酸甘油酸 ──3-磷酸甘油酸激酶──→ 3-磷酸甘油酸 → → 乳酸
           二磷酸甘油酸变位酶 ↘         ↗ 2,3-二磷酸甘油酸磷酸酶
                              2,3-二磷酸甘油酸
```

图 14-2 2,3-BPG 旁路

红细胞内 2,3-BPG 虽然也可供能，但其主要功能是调节血红蛋白的运氧功能。2,3-BPG 分子带有 5 个负电荷，负电性很高，能进入血红蛋白分子 4 个亚基的对称中心空穴，与空穴侧壁 2 个 β 亚基上的正电基团形成盐键，从而使血红蛋白分子的 T 构象更加稳定，进而对 O_2 的亲和力降低。当血流经过 PaO_2 较高的肺部时，对 2,3-BPG 的影响不大，而当血流经过 PaO_2 较低的组织时，红细胞中 2,3-BPG 的存在则使 O_2 的释放显著增加，以适应组织需要。在 PaO_2 相同条件下，随 2,3-BPG 的浓度增大，HbO_2 释放的 O_2 增多。人体能通过红细胞内 2,3-BPG 的浓度改变来调节对组织的供氧。

3. **磷酸戊糖途径** 红细胞内磷酸戊糖途径的代谢过程与其他细胞相同，主要功能是产生 NADPH+H$^+$。NADPH 是红细胞内重要的还原当量,能对抗氧化剂,保护细胞膜蛋白、血红蛋白以及酶蛋白的巯基等不被氧化,从而维持红细胞的正常功能。

NADPH 还能维持还原型谷胱甘肽(GSH)的含量(图 14-3),使红细胞免遭外源性和内源性氧化剂的损害。NADPH/NADP$^+$的降低可刺激磷酸戊糖途径,加速 NADPH 的生成。

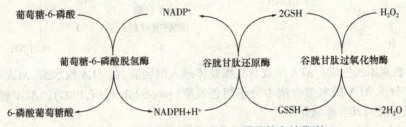

图 14-3　谷胱甘肽的氧化与还原及其有关代谢

红细胞运输 O_2 的过程中,血红素中的 Fe^{2+} 是其与 O_2 的结合部位,但因氧化作用,红细胞也产生少量高铁血红蛋白(methemoglobin,MHb)。MHb 中为 Fe^{3+},不能运输氧气,而红细胞中含有 NADH-高铁血红蛋白还原酶和 NADPH-高铁血红蛋白还原酶,能把 MHb 还原为 Hb。此外,GSH 和抗坏血酸也能还原 MHb。以上还原系统的存在使红细胞中 MHb 只占血红蛋白总量 1%~2%,从而保证其正常功能。

(二) 脂代谢

成熟红细胞的脂质几乎都存在于细胞膜,但其不具有合成脂质的酶系,不能以乙酰 CoA 从头合成脂肪酸,也不能合成磷脂和胆固醇。但其膜脂质不断与血浆脂蛋白进行交换,以更新并维持膜脂质正常的组成、结构和功能。若膜脂质更新受阻,红细胞膜可塑性降低,易被破坏。

二、血红蛋白合成与调节

成熟红细胞中,血红蛋白占红细胞内蛋白质总量的 95%,它是血液运输 O_2 最重要的物质。血红蛋白由 4 个亚基组成,即两个 α 亚基和两个 β 亚基。每一亚基由一分子珠蛋白(globin)与一分子血红素(heme)缔合而成。血红素不仅是血红蛋白的辅基,也是肌红蛋白(myoglobin)、细胞色素和过氧化物酶(peroxidase)等的辅基。血红素可在体内多种细胞内合成,但参与血红蛋白组成的血红素主要在骨髓的幼红细胞和网织红细胞中合成。

链　接

人造血红素由德国化学家 H. Fischer 于 1929 年研制合成,此外,他合成了超过 130 种卟啉,并阐明了叶绿素的结构,并证实叶绿素和血红素在化学结构上有许多相似之处。由于对血红素和叶绿素结构的研究以及血红素的合成研究,H. Fischer 于 1930 年获诺贝尔化学奖。

(一) 血红素的生物合成

甘氨酸、琥珀酰 CoA 和 Fe^{2+} 是合成血红素的基本原料。合成的起始和终末阶段在线粒体内进行,中间过程则在细胞液内进行,其生物合成分为如下四个步骤:

1. **δ-氨基-γ-酮戊酸(δ-aminolevulinic acid,ALA)的生成**　在线粒体内,ALA 合酶催化琥珀酰 CoA 与甘氨酸缩合成 δ-氨基-γ-酮基戊酸,其辅酶是磷酸吡哆醛。该酶是血红素合成的限速酶,受血红素的反馈调节。

考点:血红素的生物合成部位、原料、关键酶和合成过程的调节

$$\begin{array}{c}\text{COOH}\\|\\\text{CH}_2\\|\\\text{CH}_2\\|\\\text{C\sim SCoA}\\\|\\\text{O}\end{array} + \begin{array}{c}\text{CH}_2\text{NH}_2\\|\\\text{COOH}\end{array} \xrightarrow[\text{(磷酸吡哆醛)}]{\text{ALA 合酶}} \begin{array}{c}\text{COOH}\\|\\\text{CH}_2\\|\\\text{CH}_2\\|\\\text{C=O}\\|\\\text{CH}_2\text{NH}_2\end{array} + \text{HSCoA+CO}_2$$

2. 胆色素原的生成 ALA 生成后从线粒体进入细胞液,在 ALA 脱水酶(ALA dehydrase)催化下,2 分子 ALA 脱水缩合成 1 分子胆色素原(prophobilinogen,PBG)。ALA 脱水酶含巯基,铅等重金属对其有抑制作用。

(反应式：2分子ALA 经ALA脱水酶催化,脱去 $2\text{H}_2\text{O}$,生成胆色素原)

3. 尿卟啉原及粪卟啉原的生成 在细胞液内,尿卟啉原Ⅰ同合酶(UPG Ⅰ cosynthase,又称胆色素原脱氨酶)催化 4 分子胆色素原脱氨缩合生成 1 分子线状四吡咯,后者再经尿卟啉原Ⅲ同合酶、尿卟啉原Ⅲ脱羧酶依次催化生成尿卟啉原Ⅲ及粪卟啉原Ⅲ。

4. 血红素的生成 细胞液中生成的粪卟啉原Ⅲ再进入线粒体,经粪卟啉原Ⅲ氧化脱羧酶和原卟啉原Ⅸ氧化酶催化,生成原卟啉Ⅸ。最后通过亚铁螯合酶(ferrochelatase)的催化,原卟啉Ⅸ与 Fe^{2+} 结合,生成血红素。铅等重金属对亚铁螯合酶有抑制作用。

血红素生成后从线粒体转运到细胞液,在骨髓的有核红细胞及网织红细胞中与珠蛋白结合为血红蛋白。血红素合成的全过程见图 14-4。

(二) 血红素合成的特点

1. 体内大多数组织细胞均有合成血红素的能力,但主要的部位是骨髓与肝。成熟红细胞无线粒体,故不能合成血红素。

2. 血红素合成的原料是琥珀酰 CoA、甘氨酸及 Fe^{2+} 等小分子物质。合成途径的中间反应主要是吡咯环侧链脱羧和脱氢。各种卟啉原化合物的吡咯环之间无共轭结构,均无色,不稳定,易被氧化,对光尤为敏感。

3. 血红素合成的起始和最终过程在线粒体中进行,其他中间步骤则在细胞液中进行,这对血红素的反馈调节作用具有重要意义。关于中间产物进出线粒体的机制,目前尚不清楚。

(三) 血红素合成的调节

血红素的生物合成可受多种因素调节,但对 ALA 合成的调节是最主要的环节。

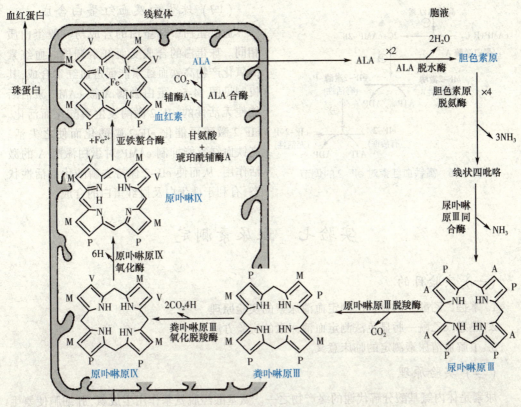

图 14-4 血红素合成的全过程
A:—CH₂COOH; V:—CH=CH₂; M:—CH₃; P:—CH₂CH₂COOH

1. **ALA 合酶** 是血红素合成过程的限速酶,受游离血红素的反馈抑制。ALA 合酶的辅基是磷酸吡哆醛,缺乏维生素 B_6 将使血红素的合成减少。正常情况下,血红素合成后迅速与珠蛋白结合成血红蛋白,对 ALA 合酶不再有反馈抑制作用。若血红素分子的合成速度大于珠蛋白分子的合成速度,则过多的血红素被氧化,生成高铁血红素,对 ALA 合酶活性也具有强烈抑制作用。

此外,睾酮的 5-β 还原物、致癌剂、药物(磺胺、苯妥英钠等)和杀虫剂等都能诱导 ALA 合酶的合成增加,从而促进血红素的生成。

2. **ALA 脱水酶与亚铁螯合酶** 铅等重金属能抑制 ALA 脱水酶和亚铁螯合酶。它们虽非血红素合成的限速酶,但铅和重金属中毒时,这些酶的活性明显降低,导致血红素合成减少。另外,亚铁螯合酶的活性需要有还原剂(如还原型谷胱甘肽)的存在,因此缺乏还原剂也会抑制血红素的合成。

3. **促红细胞生成素(erythropoietin,EPO)** EPO 主要在肾合成,当循环血液中红细胞容积降低或机体缺氧时,肾分泌 EPO 增加。EPO 可与原始红细胞相互作用,加速原始红细胞血红素和血红蛋白合成,进而促进红细胞增殖、分化和成熟。因此,EPO 是红细胞生成的主要调节剂。某些生理或病理情况下,EPO 在体内含量会有变化,输入过量红细胞时,EPO 会下降。再生障碍性贫血患者血液中,EPO 浓度较正常人高出许多倍。

铁卟啉合成代谢异常而导致卟啉或其中间代谢物在体内积聚和排出增多,称为卟啉症(porphyria)。先天性卟啉症是由于某种血红素合成酶系的遗传性缺陷所致;后天性卟啉症则主要是由铅中毒或某些药物中毒引起的铁卟啉合成障碍。

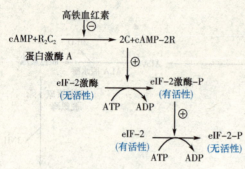

图 14-5 高铁血红素对 eIF-2 的调节

(四) 珠蛋白及血红蛋白合成

血红蛋白中珠蛋白的合成与一般蛋白质相同。珠蛋白的合成受血红素调控。血红素的氧化产物高铁血红素能促进血红素合成,其机制见图 14-5。蛋白激酶 A 被 cAMP 激活后能使无活性的 eIF-2 激酶发生磷酸化而活化。eIF-2 激酶再催化 eIF-2 磷酸化而使之失活。高铁血红素能抑制 cAMP 对蛋白激酶 A 的激活作用,从而使 eIF-2 保持去磷酸化的活性状态,有利于珠蛋白及血红蛋白的合成。

实验七 血尿素测定

(一) 实验目的

1. 掌握二乙酰一肟显色法测定血清尿素的实验原理。
2. 熟悉二乙酰一肟显色法测定血清尿素的实验方法。
3. 了解血清尿素测定的临床意义。

(二) 实验原理

尿素是体内氨基酸分解代谢的终产物之一。氨基酸经脱氨基作用生成氨,肝细胞使氨生成尿素,并通过血液运输至肾脏,由尿液排出体外。检测血液及尿中尿素含量可观察肾脏的排泄功能。

本实验采用二乙酰一肟法测定血清尿素。尿素与二乙酰一肟溶液在酸性反应环境中加热,可缩合生成红色的二嗪化合物(Fearon 反应),其颜色深浅与血清中尿素含量成正比,与同样处理的尿素标准应用液比色,即可测算出血清中尿素含量。其反应式如下:

$$二乙酰一肟 + H_2O \xrightarrow{H^+} 二乙酰 + 羟胺$$

$$二乙酰 + 尿素 \xrightarrow{H^+} 二嗪化合物(红色)$$

(三) 实验材料及方法

1. **器材** 刻度吸管(0.1ml、2ml、10ml)、恒温水浴箱、分光光度计。
2. **试剂**

(1) 尿素试剂:蒸馏水 100ml、浓硫酸 44ml、85% 磷酸 66ml,冷却至室温后加入硫氨脲 50mg、硫酸镉($3CdSO_4 \cdot 8H_2O$)2g,溶解后用蒸馏水稀释至 1000ml,置棕色瓶于 4℃ 保存。

(2) 二乙酰一肟溶液(0.18mol/L):称取二乙酰一肟 20g,加入蒸馏水约 900ml,溶解后,再用蒸馏水稀释至 1000ml,置棕色瓶于 4℃ 保存。

(3) 尿素标准储存液(100mmol/L):称取尿素 0.6g,溶解于蒸馏水中,并稀释至 100ml。

(4) 尿素标准应用液(5mmol/L):取 5.0ml 储存液,加无氨蒸馏水稀释至 100ml。

3. **实验方法**

(1) 取试管三支,按表 14-2 向各管加入相应试剂。

第14章 血液生物化学

表14-2 二乙酰—肟法测定血清尿素操作表

试剂/ml	测定管	标准管	空白管	试剂/ml	测定管	标准管	空白管
1:4稀释血清	0.1	—	—	二乙酰—肟溶液	0.5	0.5	0.5
尿素标准应用液	—	0.1	—	尿素试剂	5.0	5.0	5.0
蒸馏水	—	—	0.1				

(2) 混匀，置于沸水浴中加热15分钟后置冷水冷却5分钟。分光光度计选用540nm波长，以空白管调零，比色读取标准管及测定管的吸光度。

(3) 结果计算：如下，参考范围2.86~7.14mmol/L。

尿素(mmol/L) = (测定管吸光度/标准管吸光度)×尿素标准应用液×5

(四) 临床意义

1. **血清尿素增高** 可见于下列情况。

(1) 生理因素：高蛋白饮食可引起血清尿素浓度和尿液排出量显著增加。血清尿素浓度男性比女性高0.3~0.5mmol/L，且随年龄增加有增高倾向。

(2) 病理因素：①肾性：各种原发性肾小球肾炎、肾盂肾炎、肾肿瘤等；②肾前性：充血性心力衰竭、剧烈呕吐、消化道梗阻、长期腹泻、肾血流量减少导致少尿等；③肾后性：前列腺肥大、尿路结石、尿道狭窄、膀胱肿瘤等；④蛋白质分解过多：急性传染病、高热、上消化道大出血、大面积烧伤、严重创伤、甲状腺功能亢进等。

2. **血清尿素降低** 较为少见，除婴儿、妊娠晚期外多见于以下情况。

(1) 尿素生成减少：肝硬化、重症肝炎、肝功能衰竭、低蛋白饮食等。

(2) 尿素排泄过多：多尿、尿崩症。

(五) 注意事项

1. 此法灵敏度高，用量极微（一般只需0.02ml血清即可）。本实验中先将血清用0.9%氯化钠溶液以1:4加以稀释后再取0.1ml，故最后计算时，应乘以稀释倍数"5"。

2. 试剂中加入硫氨脲和镉离子，可增加显色强度和色泽稳定性，还可以消除羟胺的干扰，但仍有轻度褪色现象，故应及时比色。

3. 此法操作简单，特异性强，不受其他非蛋白含氮化合物如尿酸、肌酸等影响，但应控制好实验条件。

4. 吸管必须校正，使用时务必注意清洁干净，加量务必准确。

5. 世界卫生组织推荐用mmol/L表示尿素浓度，不再使用"尿素氮"一词。

6. 尿液中的尿素也可用此法进行测定。由于尿液中尿素含量高，标本需用蒸馏水以1:50稀释。如果呈色后吸光度仍超过本法的线性范围，还需将尿液再稀释，重新测定。

目标检测

一、选择题

A1型题

1. 成熟红细胞的主要能量来源是( )
    A. 糖的有氧氧化
    B. 糖酵解
    C. 磷酸戊糖途径
    D. 2,3-BPG支路
    E. 脂肪酸β氧化

2. 成熟红细胞内磷酸戊糖途径所生成的NADPH的主要功能是( )
    A. 合成膜上胆固醇
    B. 促进脂肪合成
    C. 提供能量
    D. 维持还原性谷胱甘肽的正常水平

E. 维持红细胞膜上脂质的更新
3. 红细胞内的抗氧化物主要是( )
   A. NADPH　　　B. $CoQH_2$
   C. GSH　　　　D. $FADH_2$
   E. $FMNH_2$
4. 合成血红素的基本原料是( )
   A. 乙酰CoA、Fe^{2+}
   B. 珠蛋白、Fe^{2+}
   C. 琥珀酰CoA、Fe^{2+}
   D. 乙酰CoA、甘氨酸、Fe^{2+}
   E. 琥珀酰CoA、甘氨酸、Fe^{2+}
5. 血红素的合成部位是在骨髓的幼红细胞和网织红细胞的( )
   A. 线粒体与微粒体
   B. 细胞液与内质网
   C. 微粒体与核糖体
   D. 线粒体与细胞液
   E. 内质网与线粒体
6. 抑制血红素合成的物质是( )
   A. 维生素C　　　B. 铅
   C. 氨基酸　　　　D. Fe^{2+}
   E. 葡萄糖

B型题

(7~9题共用备选答案)
   A. ALA合酶　　　B. ALA脱水酶
   C. 磷酸吡哆醛　　D. 亚铁螯合酶
   E. 促红细胞生成素
7. ALA合酶的辅基是( )
8. 红细胞生成的主要调节剂是( )
9. 需还原剂维持其调节血红素合成功能的是( )

二、名词解释
非蛋白氮

三、填空题
1. _____是红细胞获得能量的唯一途径,此途径还存在一种名为_____的侧支循环。
2. 血红蛋白是红细胞中最主要的成分,它由_____和_____组成。

四、简答题
1. 简述血红素合成的主要过程。
2. 简述血红素合成的调节机制。

(李　华)

第15章 水和无机盐代谢

学习目标

掌握:水和无机盐的生理功能、分布与组成特点;钙磷代谢与骨生成的关系。
熟悉:水和无机盐代谢的调节。
了解:微量元素及其生理功能。

水及溶于水中的无机盐、有机物和蛋白质等构成的液体称为体液。人体的正常生命活动在体液中进行,并依赖于体液容量、分布的动态平衡。疾病和内外环境的剧烈变化,常会影响体液的平衡,从而导致水、无机盐代谢的紊乱,这种紊乱如得不到及时的纠正,可引起严重后果,甚至危及生命。掌握水、电解质的基础理论,对防治疾病有重要的指导意义。

第1节 体 液

一、体液的含量与分布

(一) 体液的含量

正常成人的体液总量约为体重的60%,其中细胞内液约占体重的40%,细胞外液占体重的20%。细胞外液中血浆占体重的5%,细胞间液占体重的15%。

考点:体液的含量与分布

体液含量存在着个体差异,受性别、年龄和体脂含量的影响。同等体重情况下,一般成年男性比女性多;年龄越小含量越多;瘦者比胖者多。

(二) 体液的分布

以细胞膜为界,体液可分为两大部分,即细胞内液与细胞外液。细胞外液分为血浆和细胞间液(又称组织间液)。淋巴液、消化液、脑脊液、渗出液和漏出液也属于细胞外液。

二、体液的电解质分布

(一) 体液的电解质组成

体液中的无机盐一般以离子形式存在,又称电解质,它们在细胞内液与细胞外液的分布与含量见表15-1。

表15-1 各种体液中的电解质含量(mmol/L)

电解质	血浆		细胞间液		细胞内液	
	离子	电荷	离子	电荷	离子	电荷
阳离子						
Na^+	145	(145)	139	(139)	10	(10)
K^+	4.5	(4.5)	4	(4)	158	(158)

续表

电解质	血浆 离子	血浆 电荷	细胞间液 离子	细胞间液 电荷	细胞内液 离子	细胞内液 电荷
Mg²⁺	0.8	(1.6)	0.5	(1)	15.5	(31)
Ca²⁺	2.5	(5)	2	(4)	3	(6)
阳离子合计	152.8	(156)	145.5	(148)	186.5	(205)
阴离子						
Cl⁻	103	(103)	112	(112)	1	(1)
HCO₃⁻	27	(27)	25	(25)	10	(10)
HPO₄²⁻	1	(2)	1	(2)	12	(24)
SO₄²⁻	0.5	(1)	0.5	(1)	9.5	(19)
蛋白质	2.25	(18)	0.25	(2)	8.1	(65)
有机酸	5	(5)	6	(6)	16	(16)
有机磷酸		(—)		(—)	23.3	(70)
阳离子合计	138.75	(156)	144.75	(148)	79.9	(205)

（二）体液中电解质分布与含量特点

从表 15-1 中可看出，体液中电解质分布与含量有以下特点。

1. 各部分体液的阳离子与阴离子摩尔电荷总量相等，呈电中性。
2. 细胞内、外液电解质的分布差异很大，细胞外液的主要阳离子是 Na^+，主要阴离子是 Cl^- 和 HCO_3^-；而细胞内液主要阳离子是 K^+，主要阴离子是有机磷酸离子和蛋白质离子。这种差异的存在与维持是完成人体生命活动不可缺少的条件。
3. 细胞内液电解质总量多于细胞外液，但二者渗透压相等。
4. 血浆的蛋白质含量比组织间液高，这对于维持血浆与组织间液之间体液的交换具有重要作用。

三、体液的交换

体内各部分体液之间在不断地进行着交换，随着体液交换将营养物质运至细胞内，代谢废物运出细胞，并通过肾、肠及肺排出体外，确保生命活动的正常进行。

（一）血浆与组织液之间的交换

血浆与组织液之间的交换在毛细血管壁上进行，毛细血管壁为半透膜，血浆与组织间液中的水分和小分子溶质，如葡萄糖、氨基酸、尿素及无机盐等可以自由透过，而大分子的蛋白质则不能自由透过。其影响因素主要取决于有效滤过压，计算如下。

有效滤过压=（毛细血管血压+组织液胶体渗透压）-（血浆胶体渗透压+组织液静水压）

在毛细血管动脉端，有效滤过压为正值，水和可透过性物质自血浆流向组织液；在毛细血管静脉端，有效滤过压为负值，水和可透过性物质自组织液流回血浆。如此循环往复，保持血管内的血浆与组织间液之间的动态平衡。

（二）组织液与细胞内液之间的交换

组织液与细胞内液间的交换是通过细胞膜进行的。细胞膜是半透膜，但和毛细血管壁有所不同，它对物质的透过有高度的选择性，蛋白质和 Na^+、K^+、Ca^{2+}、Mg^{2+} 等不能自由透过，水和一些小分子物质可以通过。影响组织与细胞内液交换的因素主要是细胞内外液的晶体渗透压。当细胞外液渗透压过高时,水即可自细胞内大量转移至细胞外,引起细胞皱缩,反之水从细胞外大量进入细胞内,引起细胞肿胀。

第2节 水 平 衡

一、水的生理功能

水是机体内含量最多的成分,大部分与蛋白质、多糖等结合,以结合水的形式存在,另一部分是自由水。水的生理功能主要概括为以下几个方面。

考点:水的生理功能

(一) 促进和参与物质代谢

水是良好的溶剂,体内许多营养物质和代谢产物溶于水,可通过血液循环被输送至全身各个部位。水还直接参与代谢反应,如水解、加水、加水脱氢等。

(二) 调节体温

水的比热大,能吸收或放出较多的热而本身温度变化不大。水的蒸发热大,只需蒸发少量水就能散发较多的热。水的流动性大,能随血液循环迅速分布至全身,使机体各处体温一致。由于水具有这些特性,所以水是良好的体温调节剂。

(三) 润滑作用

水具有润滑作用,如唾液有利于吞咽;泪液防止眼球干燥,有利于眼球的运动;关节液可减少运动时关节面之间的摩擦,有利于关节活动。

(四) 维持组织的形态和功能

体内存在的结合水参与构成细胞的特殊形态,以保证一些组织具有独特的生理功能。如心肌含水约79%,血液含水约83%,两者相差无几,但心肌主要含结合水,可使心脏具有坚实的形态,保证心脏有力地推动血液循环。

二、水的来源和去路

(一) 水的来源

1. 饮水　饮水量随气候、活动和生活习惯而不同。
2. 食物水　指食物中含的水分。
3. 代谢水　糖、脂肪和蛋白质等营养物质在体内氧化时所产生的水称代谢水。

(二) 水的去路

1. 呼吸蒸发　即呼吸时以蒸气形式丢失的水。
2. 皮肤蒸发　有两种方式:一种是非显性出汗,即水的蒸发;另一种是显性出汗,其汗液是一种低渗溶液,含 NaCl 和少量 K^+。
3. 粪便排出　通过粪便排出少量水。
4. 肾排出　肾是人体排水的主要器官,除排出体内过多的水,还用于排泄代谢终产物。为使这些代谢终产物保持溶解状态,每克溶质至少需 15ml 水,每日约排出 35g 代谢产物,因此,每天的最低尿量为 500ml。

当成人不能进水时,每天仍不断地由肺、皮肤蒸发、肾及粪便排出水约 1500ml,这是人体每天必然丢失的水量。每日水的出入量见表 15-2。

表 15-2 正常成人每日水的出入量(ml)

水的摄入量		水的排出量	
饮水	1200	肾排出	1500
食物水	1000	皮肤蒸发	500
代谢水	300	粪便排出	150
		呼吸蒸发	350
总量	2500	总量	2500

第3节 无机盐代谢

一、无机盐的生理功能

考点：无机盐的生理功能

无机盐种类多，功能各异，综合起来有以下几方面。

(一) 维持体液的容量、渗透压平衡

Na^+、Cl^-是维持细胞外液容量和渗透压的主要因素，K^+、HPO_4^{2-}在维持细胞内液的容量和渗透压方面起重要作用。

(二) 维持体液的酸碱平衡

体液中的电解质可组成许多缓冲体系，如碳酸氢盐缓冲体系、磷酸氢盐缓冲体系等，参与体内酸碱平衡的调节。另外，通过细胞膜，K^+可与细胞外液的H^+、Na^+进行交换，以维持和调节体液的酸碱平衡。

(三) 维持组织的正常应激性

人体组织的正常应激性需要体液中各种离子维持一定的比例。如Na^+、K^+可提高神经肌肉的应激性，Ca^{2+}、Mg^{2+}等的作用则相反，如小儿缺钙时，神经肌肉应激性升高，常出现手足搐搦。神经肌肉组织的应激性与各种离子浓度的关系，可用下式表示：

$$神经肌肉应激性 \propto \frac{[Na^+]+[K^+]}{[Ca^{2+}]+[Mg^{2+}]+[H^+]}$$

离子对心肌和对骨骼肌的影响不同，K^+对心肌有抑制作用，而Na^+、Ca^{2+}有拮抗K^+的作用。

(四) 维持细胞正常的新陈代谢

许多酶、激素中都含有钾、锌、铁、铜等元素，它们在代谢中发挥重要作用。如碳酸酐酶中含锌、甲状腺素中含碘等，钾参与糖原及蛋白质的合成。

二、钠、氯、钾的代谢

(一) 钠、氯的代谢

1. 钠和氯的含量与分布　正常成人体内钠的含量为45～50mmol/kg体重，其中约50%存在于细胞外液，40%～45%存在于骨骼，其余在细胞内液。血浆钠浓度为135～145mmol/L。

氯主要分布于细胞外液，是细胞外液的主要阴离子。血浆氯浓度为98～106mmol/L。

2. 钠和氯的吸收与排泄　人体每日摄入的钠和氯主要来自食盐即NaCl 7～15g，摄入的Na^+和Cl^-几乎全部在消化道内被吸收。通常成人每日NaCl的需要量为5～9g。Na^+、Cl^-主要

由肾随尿排出,少量由汗液及粪便排出。肾调节血钠浓度的能力很强,氯随钠一起重吸收。当血钠浓度降低时,肾小管重吸收增强,机体完全停止摄入钠时,肾排钠趋向于零,可用"多进多排、少进少排、不进不排"来概括肾对钠排泄的高效控制能力。

(二) 钾代谢

1. 钾的含量与分布　正常成人钾含量约为45mmol/kg体重,K^+主要存在于细胞内。红细胞内钾浓度约为105mmol/L,血浆(清)钾浓度为3.5~5.5mmol/L。因此,测定血浆钾时一定要防止溶血。

钾透过细胞膜的速度比水慢得多,用同位素钾作静脉注射,大约需15小时才能使细胞内外的钾达到平衡,心脏病患者则需45小时左右才能达到平衡。因此,在进行补钾时为防止高血钾的发生,应遵循补钾的浓度不过高、量不过多、速度不过快、时间不过早(注意观察尿量)、首选口服补钾等原则。

物质代谢对钾在细胞内外的分布有一定影响。实验证明,糖原合成时,钾进入细胞内;糖原分解时,钾又释放到细胞外,所以临床上可同时注射葡萄糖和胰岛素以纠正高血钾。蛋白质代谢也需要钾,蛋白质合成时,钾进入细胞内,分解时又转出到细胞外。因此,当组织生长或创伤修复时,蛋白质合成增强,可使血钾降低。

2. 钾的吸收与排泄　正常成人每天需钾2~3g,主要来自食物,日常膳食就能满足机体需要,食物中的钾约90%在消化道被吸收。严重腹泻时,在粪便中丢失的钾可达正常时的10~20倍。

钾主要经肾排出,肾对钾的排泄能力也很强,但是肾对钾的控制能力远不如钠,在停止摄入钾或大量丢失钾时,仍有一定量的钾从尿排出,因此长期不能进食者应注意适当补钾。肾对钾的排泄特点是"多进多排、少进少排、不进也排"。此外,小部分钾可经粪便和汗液排出。

三、水和无机盐代谢的调节

在神经系统和激素的调节下,通过肾脏的滤过及重吸收作用维持水和无机盐代谢的平衡。

考点: 水和无机盐代谢的调节

(一) 神经系统的调节

神经系统通过对体液渗透压变化的感受,直接影响水的摄入。当机体失水过多或进食过多食盐时,细胞外液渗透压升高,刺激下丘脑视前区的渗透压感受器,产生兴奋并传至大脑皮质引起口渴的感觉。同时,细胞外液渗透压升高,使细胞内水转移到细胞外,细胞脱水,也引起口渴。饮水后,细胞外液渗透压下降,水自细胞外向细胞内转移,重新恢复平衡。

(二) 血管升压素

血管升压素(抗利尿激素,ADH)是调节水平衡最重要的因素,其主要作用是促进肾小管对水的重吸收。当血浆渗透压升高、血容量减少或血压下降时,ADH分泌释放增加,作用于肾小管,加速对水的重吸收,使尿量减少,有利于机体保留水分,使血浆渗透压、血容量及血压趋于正常。反之,ADH分泌减少,尿量增多。

📚 链　接

尿　崩　症

尿崩症是由于血管升压素(抗利尿激素,ADH)分泌不足(中枢性尿崩症或垂体尿崩症),或肾脏对ADH反应缺陷(肾性尿崩症)而引起的综合征,其特点是多尿、烦渴、低比重尿和低渗尿。每日尿量为4000~8000ml,多者8000~12 000ml。

（三）醛固酮

醛固酮是调节钾钠代谢的主要因素，它是肾上腺皮质球状带分泌的一种类固醇激素，其作用是促进肾远曲小管和集合管上皮细胞分泌 K^+，重吸收 Na^+，随 Na^+ 的吸收，Cl^- 和 H_2O 也被重吸收。总的作用是排 K^+、保 Na^+ 和 H_2O。醛固酮的分泌主要受血容量、血浆 Na^+、K^+ 浓度的影响，通过肾素-血管紧张素系统来实现其调节作用。

第4节 钙、磷代谢

一、钙、磷在体内的含量、分布和生理功能

（一）钙、磷在体内的含量和分布

钙和磷是体内含量最多的无机盐，钙占体重的 1.5%～2%，总量为 700～1400g。磷占体重的 0.8%～1.2%，总量为 400～800g。体内 99% 以上的钙存在于骨骼中，其余不足 1% 存在于体液及其他组织。磷约 86% 存在于骨骼，其余 14% 存在于全身各组织及体液中。

（二）钙的生理功能

考点：钙、磷生理功能

1. 构成骨盐。
2. Ca^{2+} 是凝血因子之一，参与血液凝固过程。
3. Ca^{2+} 增强心肌的收缩，降低神经骨骼肌的兴奋性。
4. Ca^{2+} 降低毛细血管壁及细胞膜的通透性。
5. Ca^{2+} 是许多酶的激活剂或抑制剂，广泛参与细胞代谢的调节作用。
6. Ca^{2+} 是激素的第二信使，参与一系列的生理反应。

（三）磷的生理功能

1. 与钙一起构成骨盐。
2. 组成血液缓冲体系，维持血液酸碱平衡。
3. 磷脂中含磷酸，是生物膜、神经鞘及脂蛋白的基本组分。
4. 是 DNA、RNA 的基本成分之一，在生物遗传、基因表达等方面发挥重要作用。
5. 在物质代谢及调节中的重要作用：在糖类、脂类、蛋白质等物质代谢中必须有磷酸基参与；磷酸基是许多辅酶如 NAD^+、$NADP^+$、FAD、TPP、CoA 等以及 cAMP、cGMP、IP_3 等第二信使的组成成分；通过磷酸化和去磷酸化修饰调节酶的催化作用；参与能量的生成、储存及利用等。

二、钙、磷的吸收与排泄

（一）钙的吸收与排泄

正常成人钙的需要量为 0.5～1.0g/d，生长发育期儿童、妊娠和哺乳期妇女需要量增加。

钙主要在小肠吸收，其中十二指肠和空肠吸收能力最强。影响钙吸收的因素有：①维生素 D_3。它的活性形式是 1,25-二羟维生素 D_3［1,25-$(OH)_2D_3$］，是影响钙吸收的主要因素，它可促进小肠对钙的吸收。②食物成分及肠道 pH 的影响。钙盐在酸性环境中容易溶解，故凡能使消化道 pH 降低的食物如乳酸、某些氨基酸等均可促进钙的吸收；胃酸缺乏钙的吸收率降低；食物中的草酸、植酸及磷酸等能与钙结合成难溶性的盐，而影响钙的吸收。③年龄的影响。钙的吸收与年龄成反比，婴儿可吸收食物钙的 50% 以上，儿童为 40%，成人为 20% 左右，40 岁以后，钙的吸收率直线下降，平均每 10 年减少 5%～10%。

正常成人摄入的钙 80% 由肠道排出，20% 由肾排出。每日通过肾小球滤过的钙约 10g，其

中大约99%以上被肾小管重吸收,随尿排出的钙仅约1.5%(约150mg)。肾小管的重吸收受甲状旁腺激素的严格控制。

(二) 磷的吸收与排泄

正常成人每日需磷量1.0~1.5g,食物中普遍含磷,以无机磷酸盐和有机磷酸酯形式存在,主要以无机磷酸盐形式吸收。磷易于吸收,吸收率为70%,低磷时可达90%,因此,临床上缺磷极为罕见。磷吸收的主要部位是空肠,凡能影响钙吸收的因素也能影响磷的吸收。

磷的排泄途径也是经肠道和肾,但与钙相反,肠道排磷占总排出量的20%~40%,而肾则占总排出量的60%~80%。

三、血钙与血磷

(一) 血钙

红细胞内钙含量甚微,绝大部分的钙存在于血浆中,故血钙通常指血浆钙。测定时一般用血清,正常成人血清钙的平均含量为2.45mmol/L。血钙约有50%以游离Ca^{2+}形式存在,45%与血浆蛋白(主要是清蛋白)结合,其余5%与柠檬酸、磷酸盐等阴离子结合。与蛋白质结合的钙不能自由通过毛细血管壁,称非扩散钙;Ca^{2+}及阴离子结合的钙能通过毛细血管壁,称可扩散钙。血浆中只有Ca^{2+}直接起生理作用。Ca^{2+}与结合钙之间处于动态平衡,并受血浆pH等多种因素的影响。

当血浆pH下降时,$[Ca^{2+}]$升高;反之,血浆pH升高时,$[Ca^{2+}]$降低。

(二) 血磷

血磷一般指血浆无机磷酸盐中的磷,正常成人为1.2mmol/L左右,婴幼儿较高,为1.3~2.3mmol/L。血磷主要以HPO_4^{2-}及$H_2PO_4^-$形式存在。

(三) 血钙与血磷的关系

血浆中钙磷含量之间关系密切,二者浓度以mg/dl表示,其乘积相当恒定,即$[Ca]\times[P]=35\sim40$。当乘积大于40时,促进钙磷在骨骼中沉积;当乘积小于35时,骨的钙化将发生障碍,甚至可促进骨骼中骨盐再溶解。

四、钙、磷代谢的调节

体内调节钙磷代谢的因素主要有三种,即甲状旁腺素、降钙素和1,25-二羟维生素D_3。

(一) 甲状旁腺素的作用

1. 对骨的作用 甲状旁腺素(Parathormone,PTH)一方面能促进间叶细胞转化为破骨细胞,加强破骨细胞的活动,使骨盐溶解;另一方面又能抑制破骨细胞向成骨细胞的转化,抑制成骨作用。

考点:钙、磷调节

2. 对肾的作用 PTH可促进肾小管对钙的重吸收,抑制对磷的重吸收。PTH总的作用是使血钙升高、血磷降低。PTH的分泌主要受血钙浓度的调节,当血钙浓度升高时,PTH分泌减少,血钙浓度降低时则PTH分泌增加。

(二) 降钙素的作用

1. 对骨的作用 降钙素(Calcitonin,CT)抑制间叶细胞转变为破骨细胞,抑制破骨细胞的活动,阻止骨盐的溶解和骨基质的分解,同时促进破骨细胞转化为成骨细胞,并加强其活性,使钙磷在骨中沉积。在对血钙、血磷及对肾代谢的调节中,CT和PTH有显著的拮抗作用。

2. 对肾的作用 CT抑制肾小管对钙、磷的重吸收。

CT 总的作用是使血钙、血磷浓度均降低。

（三）1,25-二羟维生素 D_3 的作用

1. **对小肠的作用** 1,25-二羟维生素 D_3[1,25-$(OH)_2D_3$]促进小肠对钙、磷的吸收。它能活化小肠上皮细胞内的钙结合蛋白，增强肠道钙的主动吸收。

2. **对骨的作用** 1,25-$(OH)_2D_3$一方面加速破骨细胞的形成，促进溶骨作用，使骨质中的钙和磷释放入血；另一方面由于小肠对钙磷的吸收增强，又促进成骨作用。整体而言，它促进了溶骨和成骨两个对立的过程，总的结果是促进骨的代谢，有利于骨骼的生长和钙化。

3. **对肾的作用** 1,25-$(OH)_2D_3$促进肾小管对钙和磷的重吸收。

因此，1,25-$(OH)_2D_3$的作用是使血钙、血磷浓度均升高。

在正常人体内，PTH、CT、1,25-$(OH)_2D_3$三者相互联系、相互制约、相辅相成，共同维持血钙和血磷浓度的动态平衡，促进骨的代谢。

第5节 微量元素的代谢

微量元素（trace element）指含量占体重0.01%以下，每日需要量在100mg以下的元素。从动物体内发现的微量元素有五十多种，其中有些微量元素具有特殊生理功能，如铁、锌、铜、硒、碘、钴、钼、氟、钒、铬、镍、锶、硅等。微量元素在量上虽然微不足道，但却具有十分重要的生理功能和生化作用，越来越引起人们的重视。下面仅就其中的几种微量元素进行简介。

一、铁的代谢

（一）铁的代谢概况

正常成人含铁3~5g，女性稍低。成年男性和绝经期妇女每日需要量约1mg，青春期妇女每日约需2mg，妊娠妇女约为2.5mg，儿童约需1mg。

铁的吸收部位主要在十二指肠和空肠上段。只有溶解状态的铁才被吸收。胃酸可促进铁的吸收，血红素中的铁可直接被吸收，Fe^{2+}比Fe^{3+}易于吸收，食物中的维生素C、半胱氨酸等还原性成分有利于铁的吸收，食物中的植酸、鞣酸、草酸等妨碍铁的吸收。从小肠黏膜吸收入血的Fe^{2+}在铁氧化酶（又称铜蓝蛋白）的催化下氧化成Fe^{3+}后与运铁蛋白结合，大部分运至骨髓用于合成血红蛋白，小部分运至肝、脾等器官中储存。铁的主要储存形式是铁蛋白。铁大部分随粪便排出，小部分从尿中排出；皮肤出汗也可排出。

（二）铁的生理功能

铁是血红蛋白和肌红蛋白的组成成分，参与O_2和CO_2的运输，也是细胞色素体系、铁硫蛋白、过氧化酶及过氧化氢酶的组成成分，在生物氧化和氧的代谢中起重要作用。

二、锌的代谢

（一）锌的代谢概况

成人体内锌的总量约40mmol。锌广泛分布于所有组织，尤以视网膜、胰岛及前列腺等组织含锌量最高。血浆锌浓度为80~110μg/dl，头发锌含量为125~250μg/dl，发锌可作为含锌总量是否正常的重要指标之一。正常成人需锌量为10~15mg/d，月经期妇女为25mg/d，孕妇或哺乳期妇女为30~10mg/d，儿童为5~10mg/d。

锌主要在小肠吸收。从小肠吸收的锌进入血液后，与金属蛋白载体结合，将锌运至门静

脉,再输送到全身各组织利用。人体中的锌 25%~30% 储存在皮肤和骨骼内。

(二) 锌的生理功能

1. 锌参与酶的组成　锌的作用主要是通过含锌酶的功能来表达,目前已知的含锌酶达二百多种。例如,碳酸酐酶、DNA 聚合酶、乳酸脱氢酶、谷氨酸脱氢酶等都含锌。补锌可加速学龄前儿童的生长发育,缺锌则发育停滞,智力下降。

2. 锌对激素的作用　锌有加强胰岛素活性的作用。

3. 锌对大脑功能的影响　锌是脑组织中含量最多的微量元素。妊娠妇女缺锌会使后代的学习、记忆能力下降。

4. 锌与味觉、嗅觉有关。

三、铜的代谢

(一) 铜的代谢概况

正常成人总含铜约 2mmol,分布于各组织细胞中,其中肝、脑和心含量较多,成人血清铜含量约 0.02mmol/L。成人每日需要量 1.5~2.0mg。铜主要在十二指肠吸收。

体内的铜 80% 以上随胆汁排出,约 5% 由肾排出,10% 由肠道排出。胆道阻塞时,肾和肠排铜增多。

(二) 铜的生理功能

铜的生理功能有:①参与生物氧化和能量代谢。铜是细胞色素氧化酶的组成成分,起传递电子的作用。②形成血浆铜蓝蛋白,参与铁代谢。③参与胺氧化酶、抗坏血酸氧化酶、超氧化物歧化酶等的组成。④参与毛发和皮肤的色素代谢。

四、碘的代谢

(一) 碘的代谢概况

正常人体内总含碘量为 25~40μg,约有 15mg 集中在甲状腺内,其余分布在其他组织中。按国际上的推荐,人体每日需碘量为:成人 100~300μg,儿童 50~75 μg,在地方性甲状腺肿流行地区,应额外补充碘。

小肠是碘吸收的主要部位,吸收后的碘,在血浆内与蛋白质结合,有 70%~80% 被甲状腺滤泡上皮细胞摄取和浓聚。在甲状腺细胞内,I^- 被过氧化物酶催化转变为 I_2(活性碘)。I_2 随后参加甲状腺激素的合成。

(二) 碘的生理功能

碘的主要生理功能是参与合成甲状腺激素,即甲状腺素和三碘甲腺原氨酸,以调节物质代谢,并促进儿童生长发育。

人体中度缺碘会引起地方性甲状腺肿;严重缺碘会导致发育停滞,智力低下,生殖力丧失,甚至痴呆、聋哑,形成克汀病(或称呆小症)。防治的有效措施是进食碘化食盐或海产食品。

五、硒的代谢

(一) 硒的代谢概况

成人体内硒含量为 4~10mg,广泛分布于除脂肪组织以外的所有组织。人体每日硒的需要量为 50~200μg。食物硒主要在肠道吸收,维生素 E 可促进硒的吸收。体内硒主要经肠道排泄,小部分由肾、肺及汗排出。

（二）硒的生理功能

硒主要作为谷胱甘肽过氧化酶的组成部分。硒还可加强维生素E的抗氧化作用、参与辅酶Q和辅酶A的组成；在视觉和感觉中的作用；硒有拮抗和降低许多重金属的毒性作用。

已发现硒缺乏与多种疾病有关，如克山病、心肌炎、大骨节病等。硒已被认为具有抗癌作用。硒过多也会引起中毒症状。

硒的抗癌作用

硒能抑制淋巴肉瘤的生长，使肿瘤缩小；硒胱氨酸对人的急性与慢性白血病有治疗作用。低硒地区及血硒低的人群中癌的发病率高，尤以消化道癌和乳腺癌为甚。

六、锰的代谢

（一）锰的代谢概况

成人体内含锰量10~20mg，广泛分布于各组织。正常成人每日锰需要量为2.5~7.0mg。食物中的锰主要在小肠吸收，体内的锰由胆汁和尿排泄。

（二）锰的生理功能

体内锰主要为多种酶的组成成分或某些酶的激活剂。如RNA聚合酶、超氧化物歧化酶等。锰还参与骨骼的生长发育和造血过程、维持正常的生殖功能。缺锰时生长发育会受到影响。但摄入过多，可产生中毒。

七、氟的代谢

（一）氟的代谢概况

成人体内含氟约2.6g，分布于骨、牙、指甲、毛发及神经肌肉中。氟的生理需要量为每日0.5~1.0mg。氟主要经胃肠和呼吸道吸收，从尿中排泄。

（二）氟的生理功能

氟与骨、牙的形成与钙磷代谢密切相关。缺氟可致骨质疏松，易发生骨折。氟过多也可引起中毒。

八、钴的代谢

（一）钴的代谢概况

正常成人每日摄取钴约300μg，人体对钴的最小需要量为1μg/d，从食物中摄入的钴必须在肠内合成维生素B_{12}后才能被吸收利用。

（二）钴的生理功能

体内的钴主要以维生素B_{12}的形式发挥作用。维生素B_{12}的缺乏可引起巨幼红细胞性贫血。此外，钴还是一些酶的组成成分或激活剂，能促进蛋白质和脂类等物质的代谢。

实验八　血清钾、钠、氯测定

（一）实验目的

1. 了解实验理论依据。

2. 熟悉血清钾、钠、氯的测定方法。

（二）实验原理

离子选择性电极法是利用选择性薄膜（传感膜）对溶液中特定离子产生选择性响应。所谓响应是指电极的电位随着离子浓度（活度）的变化特征。响应的机理是根据膜界面的物质迁移引起自由能的变化来实现的，如借助于离子交换、吸附、溶剂的萃取等。而电极膜是半透膜，是一种电化敏感器，其中含有与测待离子相同的离子，不同的离子电极膜电位产生机制不同。因离子都是带电物质，依各种离子所带电荷数目的不同和在传感膜上吸附的多少，必然产生不同的电池电动势，通过测定不同离子的电池电动势就可直接测出不同离子的浓度。

$$E = E^0 + \frac{2.303PT}{nF} \log a_x \cdot f_x$$

（三）实验材料及方法

1. 电解质分析仪　ATF 系列电解质分析仪。
2. 实验方法
（1）自检：在做实验前三天接通电源，让仪器进行多次自检。
（2）定标：自检后，按下 YES 键，仪器进行自动定标，待屏幕上出现定标字样即可。
（3）测定
1）吸样：当屏上显示"掀开吸样针吸液"字样时，可掀起吸样针，将血清与吸样针接触，按下 YES 键，待屏幕上出现压下吸样针字样，即完成吸样。吸样量的多少可自动控制。
2）自动打印测定报告。
3）自动清洗管道。

（四）临床意义

1. 血钠增高可见于肾皮质功能亢进、脑外伤、脑血管意外等；血钠降低则常见于呕吐、腹泻、尿毒症、大面积烧伤、出汗过多、长期低盐饮食等。
2. 血钾增高可见于肾功能不全、食入或注射大量钾盐、严重溶血或组织损伤、组织缺氧、药物（保钾性利尿剂、青霉素 G 钾盐、先锋霉素等）；血钾降低常见于呕吐、腹泻糖尿病酸中毒、药物（呋塞米、依他尼酸）。
3. 血氯增高可见于急性或慢性肾功能不全、摄入食盐过多或静脉输入过量氯化钠溶液等；血氯降低常见于严重呕吐、腹泻、长期应用利尿剂、大量出汗、摄入食盐过少等。

（五）注意事项

1. 样品区是经过电屏蔽的，不能在打开盖时操作仪器，以免影响测试精度。
2. 不要用溶血的样品，因为溶血会使钾离子的值升高。
3. 如长期关机，应取下试剂，从配件盒中拿出无孔的瓶盖盖紧，放回冰箱中冷藏。

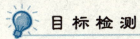

目标检测

一、选择题

A1 型题

1. 正常成人体液总量占体重的（　　）
   A. 60%　　B. 70%
   C. 40%　　D. 50%
   E. 30%
2. 严重肝病引起水肿的原因是（　　）
   A. 毛细血管血压升高
   B. 毛细血管血压降低
   C. 血浆胶体渗透压升高
   D. 血浆胶体渗透压降低
   E. 以上都不是
3. 决定组织液与细胞内液交换的因素是（　　）
   A. 血压

B. 胶体渗透压
　C. 晶体渗透压
　D. 细胞膜通透性
　E. 毛细血管壁通透性
4. 结合水的作用是( )
　A. 润滑作用
　B. 散热作用
　C. 运输作用
　D. 维持组织形态和功能
　E. 促进化学反应
5. 正常成人每日最低尿量不少于( )
　A. 500ml　　　B. 100ml
　C. 1000ml　　D. 1500ml
　E. 800ml
6. 调节钠钾代谢的主要激素是( )
　A. 肾素　　　B. 血管升压素
　C. 肾上腺素　D. 醛固酮
　E. 去甲肾上腺素
7. 调节水平衡的主要激素是( )
　A. 肾素　　　B. 血管升压素

　C. 肾上腺素　D. 醛固酮
　E. 糖皮质激素

B 型题

(8~10 题共用备选答案)
　A. 5%　　　B. 40%
　C. 60%　　D. 15%
　E. 20%
8. 细胞内液约占体重( )
9. 细胞外液占体重( )
10. 血浆占体重( )

二、填空题

1. 以细胞膜为界,体液分为_____和_____。
2. 细胞外液主要的阳离子是_____,细胞内液主要的阳离子是_____。
3. 水的生理功能有_____、_____、_____、_____。

三、简答题

1. 简述无机盐的生理功能。
2. 维生素 D 对钙、磷代谢有何作用?

(房德芳)

第16章 酸碱平衡

学习目标

掌握:血液、肾在酸碱平衡调节中的作用。
熟悉:体内酸性、碱性物质的来源;挥发性酸和非挥发性酸;判断酸碱平衡的生化指标。
了解:肺对酸碱平衡的调节作用;酸中毒与碱中毒的概念和特点;酸碱平衡失调的基本类型。

机体的组织细胞在进行生命活动的过程中不断产生酸性和碱性物质,同时还不断从食物中摄取酸碱物质。机体通过一系列的调节作用,将多余的酸性或碱性物质排出体外,使体液 pH 维持在恒定范围内,这一过程称为酸碱平衡(acid-base balance)。酸碱平衡对机体的重要性在于体内多种功能蛋白质,如酶活性、受体蛋白等对 pH 的改变很敏感。体液 pH 总是不断地发生变动,但这种变动只发生在一个极狭窄的范围内,如正常人血浆的 pH 总是维持在 7.35~7.45。体液之所以能够维持相对恒定,主要取决于三方面的调节作用:即体液自身的缓冲作用,肺通过呼出 CO_2 以及肾对 H^+ 或 NH_4^+ 排出的调节。这三方面的作用相互协调、制约,共同维持体液 pH 的相对恒定。如果体内的酸碱物质超过了机体的调节范围,或调节作用出现障碍,就有可能导致体液酸碱平衡紊乱(acid-base imbalance),从而出现酸中毒(acidosis)或碱中毒(alkalosis)。

第1节 体内酸碱性物质的来源

在化学反应中,凡能释放出 H^+ 的化学物质称为酸,如 HCl、H_2SO_4、H_2CO_3、NH_4^+ 等;凡能接受 H^+ 的化学物质称为碱,如 OH^-、NH_3、HCO_3^- 等。

考点:体内酸性、碱性物质的来源

一、酸性物质的来源

体内的酸性物质主要来自于含糖、脂肪、蛋白质丰富的动物性食物和谷类食物,故将这些食物称为成酸食物。食物中的乙酸、乳酸、柠檬酸,防腐剂中的苯甲酸,药物中的氯化铵、乙酰水杨酸、维生素 C 等,也是体内酸性物质的来源。

(一) 挥发性酸(碳酸)

正常成人每天由糖、脂肪和蛋白质在体内分解代谢最终产生约 350L(15mol)的 CO_2,释放相当于 15mol 的 H^+,所生成的 CO_2 主要在红细胞内碳酸酐酶(carbonic anhydrase,CA)的催化下与水结合生成 H_2CO_3。H_2CO_3 随血液循环运至肺部后重新分解成 H_2O 和 CO_2,而 CO_2 可由肺通过呼吸作用呼出体外,故称之为挥发性酸,是体内酸的主要来源。

(二) 非挥发性酸(固定酸)

体内的糖、脂类、蛋白质等物质代谢产生的 β 羟丁酸、丙酮酸、乳酸、乙酰乙酸、磷酸、硫酸等,这些酸性物质均不能由肺呼出,必须经肾随尿排出体外,故称为非挥发性酸或固定酸(fixed acid)。正常成人每天产生的固定酸仅为 50~100mmol,比挥发酸少得多。正常情况下,固定酸中的一些物质可被继续氧化,如乳酸、丙酮酸和酮体等。固定酸还可来自某些食物,如醋酸、柠檬酸等。此外某些药物,如阿司匹林、水杨酸等也呈酸性。

二、碱性物质的来源

人体碱性物质主要来源于食物,蔬菜和水果。蔬菜和水果中含有丰富的有机酸盐,如苹果酸、柠檬酸的钠盐或钾盐,其中的 Na^+、K^+ 可与 HCO_3^- 结合为 $NaHCO_3$ 和 $KHCO_3$,结果使体内碱性物质含量增加。剩余的有机酸根与 H^+ 结合成有机酸,后者进一步氧化为 H_2O 和 CO_2,排出体外。所以蔬菜和水果称为成碱食物。此外,体内代谢可产生少量的碱性物质,如 NH_3、胆碱、胆胺等。某些药物属于碱性,如抑制胃酸的药物碳酸氢钠等。

第2节 机体酸碱平衡的调节

正常情况下,体内产生的酸性物质多于碱性物质,故机体对酸碱平衡的调节作用以对酸的调节为主。体内酸碱平衡的调节,主要通过血液的缓冲作用、肺的呼吸作用以及肾的排泄与重吸收三方面的协同作用来实现。

一、血液的缓冲作用

无论是体内代谢产生的还是从外界摄入体内的酸性或碱性物质,都要进入血液缓冲体系(buffer system)缓冲,将较强的酸或碱变成较弱的酸或碱,以维持血液 pH 的相对恒定。另外血液的缓冲作用和肺、肾对酸碱平衡的调节直接相关,因此在体液的多种缓冲体系中,以血液缓冲体系最为重要。

(一) 血液的缓冲体系

考点:血液的缓冲体系

血液中一些弱酸及其对应的盐构成缓冲系统,也称缓冲对或缓冲体系。血液缓冲体系分布于血浆和红细胞中,其中血浆中有3对,红细胞中有4对,分别为:

$$\text{血浆} \quad \frac{[NaHCO_3]}{[H_2CO_3]}, \frac{[Na_2HPO_4]}{[NaH_2PO_4]}, \frac{[Na\text{-}Pr]}{[H\text{-}Pr]} \quad (Pr:蛋白质)$$

$$\text{红细胞} \quad \frac{[KHCO_3]}{[H_2CO_3]}, \frac{[K_2HPO_4]}{[KH_2PO_4]}, \frac{[K\text{-}Hb]}{[H\text{-}Hb]}, \frac{[K\text{-}HbO_2]}{[H\text{-}HbO_2]} \quad (Hb:血红蛋白)$$

各缓冲体系的缓冲能力见表 16-1。

表 16-1 全血各缓冲体系缓冲能力的比较

缓冲体系	占全血缓冲能力(%)	缓冲体系	占全血缓冲能力(%)
HbO_2 和 Hb	35	血浆蛋白质	7
红细胞碳酸氢盐	18	有机磷酸盐	3
血浆碳酸氢盐	35	无机磷酸盐	2

血浆的缓冲体系中以碳酸氢盐缓冲体系最重要,红细胞缓冲体系中以血红蛋白和氧合血红蛋白缓冲体系最为重要。血浆 $[NaHCO_3]/[H_2CO_3]$ 缓冲体系之所以重要,是因为该体系缓冲能力强,且易于调节,其中 H_2CO_3 浓度,可通过肺的呼吸调节;而 $NaHCO_3$ 浓度则可通过肾的调节作用维持相对恒定。

(二) 血液的缓冲机制

血浆 pH 主要取决于 $[NaHCO_3]/[H_2CO_3]$ 浓度的比值。正常人血浆 $NaHCO_3$ 浓度约为

24mmol/L，H_2CO_3 浓度约为 1.2mmol/L，两者比值为 20：1。根据亨德森-哈塞巴赫 (Henderson-Hasselbalch) 方程式，血浆 pH 为

$$pH = pKa + \lg\frac{[NaHCO_3]}{[H_2CO_3]}$$

式中的 pKa 是碳酸解离常数的负对数，在 37℃ 时为 6.1。将数值代入上式得

$$pH = 6.1 + \lg\frac{[NaHCO_3]}{[H_2CO_3]} = 6.1 + \lg\frac{24}{1.2} = 6.1 + \lg\frac{20}{1} = 6.1 + 1.3 = 7.4$$

可见，只要 $[NaHCO_3]/[H_2CO_3]$ 的浓度比值保持 20：1，血浆 pH 即为 7.4。若一方浓度改变，而另一方浓度也随之相应增减，比值保持不变，则血浆 pH 仍为 7.4。因此，机体酸碱平衡调节的实质，就在于调节 $NaHCO_3$ 和 H_2CO_3 的含量，使浓度值保持 20：1，从而维持血浆 pH 相对恒定。$NaHCO_3$ 浓度反映了体内的代谢状况，受肾脏调节，称为代谢性因素；H_2CO_3 浓度反映肺的通气状况，受呼吸作用调节，称为呼吸性因素。

1. **对固定酸的缓冲作用** 代谢过程中产生的硫酸、磷酸、乳酸、酮体等固定酸（HA）进入血浆时，主要由 $NaHCO_3$ 与之中和，生成固定酸钠盐，使酸性较强的固定酸转变为酸性较弱的 H_2CO_3。在血液流经肺时，H_2CO_3 再分解成 H_2O 和 CO_2，CO_2 由肺呼出，从而不致使血浆 pH 有较大波动。

$$HA + NaHCO_3 \longrightarrow Na\text{-}A + H_2CO_3 \longrightarrow H_2O + CO_2 \uparrow$$
固定酸　　　　　　固定酸钠

此外，Na—Pr 和 Na_2HPO_4 也能缓冲固定酸。

$$HA + Na\text{-}Pr \longrightarrow Na\text{-}A + HPr$$

$$HA + Na_2HPO_4 \longrightarrow Na\text{-}A + NaH_2PO_4$$

血浆中的 $NaHCO_3$ 主要用来缓冲固定酸，是缓冲体系内中和酸的重要碱性物质，在一定程度上它代表血浆对固定酸的缓冲能力。故习惯上把血浆 $NaHCO_3$ 称为碱储。测定 $NaHCO_3$ 含量时，常加酸后测定释出的 CO_2 量，所以碱储的多少可用 CO_2 结合力（CO_2CP）来表示。

2. **对挥发酸的缓冲作用** 体内代谢产生的 CO_2 主要经红细胞内的血红蛋白缓冲体系缓冲，此缓冲作用伴随血红蛋白的运氧过程。

组织细胞与血液之间存在 CO_2 分压（$PaCO_2$）差。当动脉血流经组织时，由于组织细胞中的 CO_2 分压较高，CO_2 可迅速扩散入血浆，其中大部分 CO_2 进入红细胞。在红细胞内碳酸酐酶的作用下，生成 H_2CO_3，后者解离成 H^+ 和 HCO_3^-。H^+ 与 HbO_2 释放 O_2 后的 Hb^- 结合，生成 HHb 而被缓冲（$HbO_2 \rightarrow Hb^- + O_2$，$H^+ + Hb^- \rightarrow HHb$），红细胞内的 HCO_3^- 因浓度升高而不断扩散入血浆生成 $NaHCO_3$。因红细胞内阳离子（主要是 K^+）较难通过红细胞膜，不能随 HCO_3^- 逸出，故血浆中有等量的 Cl^- 进入红细胞以维持电荷平衡，这种通过红细胞膜进行 HCO_3^- 与 Cl^- 交换的过程称为氯离子转移（chloride shift）。当血液流经肺部时，由于肺泡中 O_2 分压（PaO_2）高，$PaCO_2$ 低，红细胞中的 HHb 解离成 H^+ 和 Hb^-，Hb^- 与 O_2 结合形成 HbO_2，H^+ 与 HCO_3^- 结合生成 H_2CO_3，并经碳酸酐酶催化分解成 CO_2 和 H_2O，CO_2 从红细胞扩散入血浆后，再扩散入肺泡而呼出体外。此时，红细胞中的 HCO_3^- 迅速下降，继而血浆中的 HCO_3^- 进入红细胞，与红细胞内的 Cl^- 进行又一次等量交换，使 H_2CO_3 得以缓冲（图 16-1）。在严重呕吐丢失大量胃液时，损失较多的 H^+ 和 Cl^-，血浆 Cl^- 浓度降低，HCO_3^- 从红细胞进入血浆，血浆 HCO_3^- 浓度代偿性增加，从而导致低氯性碱中毒。

3. **对碱性物质的缓冲作用** 碱性物质进入血液后，可被血浆中的 H_2CO_3、NaH_2PO_4、H-Pr 所缓冲，使较强的碱转变成较弱的碱。

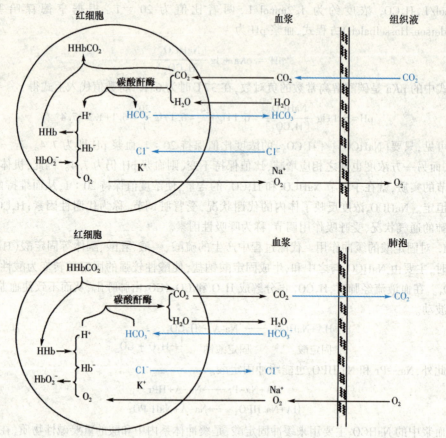

图 16-1 血红蛋白对挥发酸的缓冲作用

$$Na_2CO_3 + H_2CO_3 \longrightarrow 2NaHCO_3$$
$$Na_2CO_3 + NaH_2PO_4 \longrightarrow NaHCO_3 + Na_2HPO_4$$
$$Na_2CO_3 + H\text{-}Pr \longrightarrow NaHCO_3 + Na\text{-}Pr$$

反应的结果是使碱性较强的 Na_2CO_3 转变为碱性较弱的 $NaHCO_3$，缓冲后生成的 $NaHCO_3$ 可由肾排出体外，从而保持了血液 pH 的恒定。H_2CO_3 是对碱进行缓冲的主要成分，消耗后可由体内不断产生的 CO_2 对其进行补充。

综上所述，血液缓冲体系在缓冲酸和碱中起着重要作用，缓冲固定酸时，消耗了 $NaHCO_3$，生成 H_2CO_3，使 H_2CO_3 浓度升高；缓冲碱性物质时则使 H_2CO_3 被消耗，$NaHCO_3$ 浓度升高，从而导致血浆 $[NaHCO_3]/[H_2CO_3]$ 浓度的比值发生改变，造成血液 pH 的改变。但人体还可通过肺和肾的调节来保持 $NaHCO_3$ 和 H_2CO_3 浓度及比值不变。所以在正常代谢过程中，血浆 pH 并无明显改变。

二、肺对酸碱平衡的调节作用

考点：肺对酸碱平衡的调节

肺对酸碱平衡的调节作用，主要是通过呼吸运动调节 CO_2 的排出量，从而调节血浆 H_2CO_3 的浓度。位于延髓的呼吸中枢调控呼吸的深度和频率，可以加快或减慢 CO_2 的排出。呼吸中枢的兴奋性受血液 PCO_2 和 pH 的影响，当 PCO_2 升高，pH 降低时，刺激化学感受器（颈动脉窦）兴奋，引起呼吸中枢兴奋，呼吸加深、加快，CO_2 排出增多，使 H_2CO_3 浓度下降；反之，PCO_2 降低，pH 升高时，呼吸中枢受抑制，则呼吸变得浅而慢，CO_2 排出减少，H_2CO_3 浓度升高。

肺通过呼出 CO_2 的多少来调节 H_2CO_3 的浓度,从而维持血浆中 $[NaHCO_3]/[H_2CO_3]$ 浓度的正常比值,使血液的 pH 保持在 7.35~7.45。所以,临床上密切观察患者的呼吸频率和呼吸深度具有重要意义。

肺只能通过保留或排出 CO_2 调节血浆 H_2CO_3 的浓度,对于 $NaHCO_3$ 浓度的变化则要依赖肾脏的调节。

三、肾对酸碱平衡的调节作用

肾主要通过排出过多的酸或碱以及对 $NaHCO_3$ 的重吸收来调节血浆 $NaHCO_3$ 的浓度,以维持血浆 pH 的恒定。血浆 $NaHCO_3$ 浓度下降时,肾加强排出酸性物质和重吸收 $NaHCO_3$,以恢复血浆中 $NaHCO_3$ 的正常浓度;血浆 $NaHCO_3$ 含量过高时,肾则增加碱性物质的排出和减少对 $NaHCO_3$ 重吸收,使血浆中 $NaHCO_3$ 浓度仍维持在正常范围。可见肾对酸碱平衡的调节作用,实质上就是调节 $NaHCO_3$ 的浓度。肾调节速度比肺慢,但调节效果比肺的调节彻底。肾脏通过 H^+-Na^+ 交换、NH_4^+-Na^+ 交换及 K^+-Na^+ 交换作用来调节酸碱平衡。

考点:肾对酸碱平衡的调节方式

(一)肾小管泌 H^+ 及重吸收 Na^+ (H^+-Na^+ 交换)

1. $NaHCO_3$ 的重吸收 人体每天从肾小球滤出的碳酸氢盐总量约为 5000mmol(相当于 420g $NaHCO_3$),但排出量仅为 0.1%,说明肾脏对 $NaHCO_3$ 的重吸收能力很强。$NaHCO_3$ 的重吸收主要在肾近曲小管进行,占重吸收总量的 80%~85%。肾小管上皮细胞内含有碳酸酐酶(CA),催化 CO_2 和 H_2O 生成 H_2CO_3。H_2CO_3 解离成 H^+ 和 HCO_3^-,H^+ 分泌至管腔,与小管液中的 Na^+ 交换,使 Na^+ 重新进入肾小管上皮细胞内,并与 HCO_3^- 结合生成 $NaHCO_3$(图 16-2)。这一作用保证了从肾小球滤

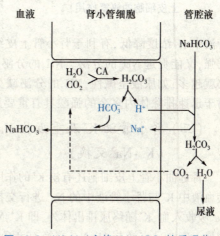

图 16-2 H^+-Na^+ 交换($NaHCO_3$ 的重吸收)

出的 $NaHCO_3$ 在通过肾小管时绝大部分被重吸收。H^+-Na^+ 交换是肾脏重吸收 $NaHCO_3$ 的主要方式。

2. 尿液的酸化 肾小管上皮细胞分泌至管腔中的 H^+ 还可与小管液中 Na_2HPO_4 解离出的 Na^+ 进行交换。使 Na_2HPO_4 转变为 NaH_2PO_4 随尿排出,回到肾小管上皮细胞内的 Na^+ 则与细胞产生的 HCO_3^- 一起转运至血液,形成 $NaHCO_3$(图 16-3)。通过这种交换,使小管液中 $[Na_2HPO_4]/[NaH_2PO_4]$ 浓度比值由原尿的 4:1 逐渐下降,尿中排出 NaH_2PO_4 增加,尿液 pH 降低,这一过程称为尿液的酸化。

说明通过上述过程既可排出过多的酸性物质,又可补充消耗的 $NaHCO_3$,因此,可有效地调节酸碱平衡。尿液 pH 的高低,因食物成分不同而有较大差异。正常人尿液 pH 在 4.6~8.0。食入混合食物时,终尿的 pH 在 6.0 左右。当小管液 pH 由原尿中的 7.4 下降至 4.8 时,绝大部分的 Na_2HPO_4 转变为至 NaH_2PO_4。

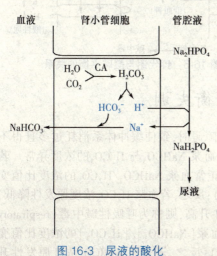

图 16-3 尿液的酸化

（二）肾小管泌 NH_3 及重吸收 Na^+（NH_4^+-Na^+ 交换）

肾小管上皮细胞具有泌 NH_3 的功能。肾小管上皮细胞内有谷氨酰胺酶，能催化谷氨酰胺水解生成谷氨酸和 NH_3，这是 NH_3 的主要来源。此外，氨基酸的脱氨基作用也可产生 NH_3。NH_3 是碱性物质，当 NH_3 被分泌至肾小管管腔后，与小管液中的 H^+ 结合成 NH_4^+，后者与原尿中强酸盐（如 NaCl、Na_2SO_4 等）的负离子结合成酸性的铵盐随尿排出，Na^+ 被重吸收，与细胞内的 HCO_3^- 结合生成 $NaHCO_3$ 而维持 $NaHCO_3$ 的正常浓度（图 16-4）。

正常情况下，每天 30~50mmol 的 H^+ 和 NH_3 结合成 NH_4^+ 由尿排出；而在严重酸中毒时，每天由尿排出的 NH_4^+ 可高达 500mmol。随着 NH_3 的分泌，小

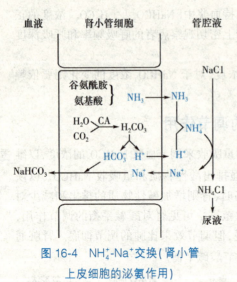

图 16-4　NH_4^+-Na^+ 交换（肾小管上皮细胞的泌氨作用）

管液中 H^+ 浓度降低，有利于肾小管上皮细胞分泌 H^+。同时，肾小管上皮细胞泌 H^+ 作用的增强，又能促进 NH_3 的分泌。NH_3 的分泌量可随尿液的 pH 而变化，尿液酸性越强，NH_3 的分泌就越多；如尿液呈碱性，NH_3 的分泌减少甚至停止。这种调节酸碱平衡的强大代偿作用对于迅速排除体内多余的强酸具有重要意义。

（三）肾小管泌 K^+ 及重吸收 Na^+（K^+-Na^+ 交换）

肾远曲小管上皮细胞还有泌 K^+ 的作用，使血液中 K^+ 与肾小管液中的 Na^+ 进行交换，Na^+ 吸收入血，K^+ 随终尿排出体外，即 K^+-Na^+ 交换。K^+-Na^+ 交换与 H^+-Na^+ 交换有竞争性抑制作用。血钾浓度升高时，肾小管泌 K^+ 作用加强，即 K^+-Na^+ 交换增多，而 H^+-Na^+ 交换减少，使血液中 H^+ 浓度升高，因此，高血钾时常伴有酸中毒；血钾浓度降低时，肾小管泌 K^+ 作用减少，即 K^+-Na^+ 交换减弱，而 H^+-Na^+ 交换增强，使血液中 H^+ 浓度降低，因此，低血钾时常伴有碱中毒（图 16-5）。

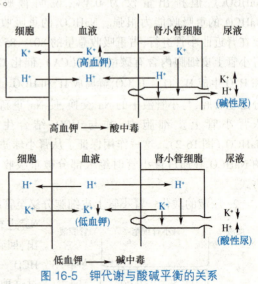

图 16-5　钾代谢与酸碱平衡的关系

第 3 节　酸碱平衡失调

体内酸、碱过多或不足，或肺、肾的调节功能发生障碍时，致使缓冲体系消耗过多且得不到及时的补充和维持时，导致酸碱平衡失调。表现为血浆 $NaHCO_3$ 与 H_2CO_3 的浓度异常。若是 CO_2 呼出过少以致血浆 H_2CO_3 浓度原发性升高，使正常血浆 $NaHCO_3/H_2CO_3$ 的浓度比值变小，pH 降低，则称为呼吸性酸中毒（respiratory acidosis）；反之，若血浆 H_2CO_3 浓度原发性降低，使正常血浆 [$NaHCO_3$]/[H_2CO_3] 的浓度比值增大，pH 升高，则称为呼吸性碱中毒（respiratory alkalosis）。若血浆 $NaHCO_3$ 浓度原发性降低，使正常血浆 [$NaHCO_3$]/[H_2CO_3] 的浓度比值变小，pH 降低，则称为代谢性酸中毒（metabolic acidosis）；反之，若血浆 $NaHCO_3$ 浓度原发性升

高,使正常血浆[$NaHCO_3$]/[H_2CO_3]的浓度比值增大,pH值升高,则称为代谢性碱中毒(metabolic alkalosis)。

如果血浆$NaHCO_3$和H_2CO_3中一种成分的浓度发生原发性改变,另一成分的浓度也发生相应地继发性改变,则正常血浆$NaHCO_3$与H_2CO_3的浓度虽有改变,但二者的比值可不变,pH可维持在正常范围内,此种现象称代偿作用;若代偿限度被突破,则血浆[$NaHCO_3$]/[H_2CO_3]的比值升高或降低,血pH也相应地升高或降低,这种现象称为失代偿作用。因此,无论呼吸性或代谢性酸碱中毒,又都可分为代偿性和失代偿性两种类型。

一、酸碱平衡失调的基本类型

(一)呼吸性酸中毒

呼吸性酸中毒是由于CO_2呼出减少,使血浆H_2CO_3浓度原发性升高。

当血浆PCO_2及H_2CO_3浓度升高时,肾小管细胞泌H^+、泌NH_3作用增强,$NaHCO_3$重吸收增多,结果导致血浆$NaHCO_3$浓度相应地继发性升高,如果[$NaHCO_3$]/[H_2CO_3]的比值仍维持在20:1,pH仍在正常范围之内,则称为代偿性呼吸性酸中毒(compensatory respiratory acidosis)。

考点: 酸碱平衡紊乱的基本类型

当血浆H_2CO_3浓度过高,超出机体代偿能力时,则[$NaHCO_3$]/[H_2CO_3]的比值变小,血浆pH随之降低至7.35以下,称为失代偿性呼吸性酸中毒(non-compensatory respiratory acidosis)。

呼吸性酸中毒的特点是:血浆PCO_2、H_2CO_3浓度升高,血浆$NaHCO_3$浓度也相应升高。常见于呼吸道梗阻(如喉痉挛、支气管异物等)、肺部疾患(如肺气肿、肺炎等)、胸部损伤(如哮喘、创伤、气胸、胸腔积液等)、呼吸中枢抑制(如麻醉药、吗啡、安眠药等使用过量)、心脏疾病、脑血管硬化等。

(二)呼吸性碱中毒

呼吸性碱中毒是由于肺的呼吸过度(换气过度),CO_2呼出过多,使血浆H_2CO_3浓度原发性降低。

当血浆PCO_2及H_2CO_3浓度降低时,肾小管细胞泌H^+、泌NH_3作用减弱,$NaHCO_3$重吸收减少,结果导致血浆$NaHCO_3$浓度相应地继发性降低,如果[$NaHCO_3$]/[H_2CO_3]的比值仍维持在20:1,pH仍在正常范围之内,则称为代偿性呼吸性碱中毒(compensatory respiratory alkalosis)。

当血浆H_2CO_3浓度过低,超出机体代偿能力时,则[$NaHCO_3$]/[H_2CO_3]的比值增大,血浆pH随之升高至7.45以上,称为失代偿性呼吸性碱中毒(non-compensatory respiratory alkalosis)。

呼吸性碱中毒的特点是:血浆PCO_2、H_2CO_3浓度降低,血浆$NaHCO_3$浓度也相应降低。临床上,可见于中枢神经疾病如脑炎、脑肿瘤、脑膜炎等,另外,如妊娠、高山缺氧、癔症、高热、手术麻醉时辅助呼吸过快、过深和时间过长等。

(三)代谢性酸中毒

代谢性酸中毒是由于固定酸来源过多或排出障碍或碱性消化液丢失过多等原因造成血浆$NaHCO_3$浓度原发性下降。

固定酸产生过多引起代谢性酸中毒时,通过血液、肺、肾的代偿作用,虽然使血浆$NaHCO_3$和H_2CO_3的绝对浓度都有所减少,但是[$NaHCO_3$]/[H_2CO_3]的比值仍维持在20:1,血浆pH仍在正常范围之内,则称为代偿性代谢性酸中毒(compensatory metabolic acidosis)。

超出机体代偿能力时,血浆[$NaHCO_3$]/[H_2CO_3]的比值变小,血浆pH随之降低至7.35以下,称为失代偿性代谢性酸中毒(non-compensatory metabolic acidosis)。

代谢性酸中毒的特点是:血浆$NaHCO_3$浓度降低,血浆H_2CO_3浓度也相应降低。是临床上最常见的酸碱平衡失调,常见原因有:①酸性物质产生过多,如严重糖尿病并发酮症酸中毒、严重缺氧引起的乳酸酸中毒等;②肾疾病,如肾衰竭时,肾小管分泌 H^+ 和 NH_3 的能力下降,导致酸性代谢产物在体内积聚;③碱性物质丢失过多,如严重腹泻、肠瘘或肠引流等;④高血钾、大面积烧伤引起大量血浆渗出等。

(四) 代谢性碱中毒

代谢性碱中毒是由于各种原因导致血浆 $NaHCO_3$ 浓度原发性升高而引起的酸碱平衡失调。当血浆 $NaHCO_3$ 浓度升高时,血浆 pH 升高,抑制呼吸中枢,使呼吸变浅变慢,保留较多的 CO_2 使血浆 H_2CO_3 浓度升高;使肾小管细胞泌 H^+、泌 NH_3 作用减弱,减少 $NaHCO_3$ 的重吸收,结果仍能使 $[NaHCO_3]/[H_2CO_3]$ 的比值仍维持在 20:1,pH 仍在正常范围之内,则称为代偿性代谢性碱中毒(compensatory metabolic alkalosis)。

当超出机体代偿能力时,则 $[NaHCO_3]/[H_2CO_3]$ 的比值增大,血浆 pH 随之升高至 7.45 以上,称为失代偿性代谢性碱中毒(non-compensatory metabolic alkalosis)。

代谢性碱中毒的特点是:血浆 $NaHCO_3$ 浓度升高,血浆 H_2CO_3 浓度也相应升高。常见于:①胃液大量丢失(如剧烈呕吐、长期胃肠减压等);②大量使用利尿剂;③低钾血症;④碱性药物摄入过多,超过肾脏排泄能力等。

二、判断酸碱平衡失调的生化指标

临床上为了全面、准确地判断体内的酸碱平衡状况,需要测定血液的 pH、代谢性因素和呼吸性因素三方面的指标,如 $PaCO_2$、缓冲碱和碱剩余等。

(一) 血浆 pH

血浆 pH 是表示血浆中 H^+ 浓度的指标。正常人血浆 pH 为 7.35~7.45,平均为 7.4。pH>7.45 为失代偿性碱中毒;pH<7.35 为失代偿性酸中毒。但血浆 pH 不能区分酸碱平衡失调属于呼吸性还是代谢性。pH 在正常范围说明属于正常酸碱平衡,或有酸碱平衡失调而代偿良好,或有酸中毒合并碱中毒。

(二) 二氧化碳分压

血浆二氧化碳分压(partial pressure of carbon dioxide,PCO_2)是指物理溶解在血液中的 CO_2 所产生的张力。正常人动脉血 PCO_2 为 4.5~6.0kPa,平均 5.3kPa,是反映呼吸因素的重要指标。PCO_2<4.5kPa 时,表示肺通气过度,CO_2 排出过多,为呼吸性碱中毒或代偿性代谢性酸中毒;当 PCO_2>6.0kPa 时,表示肺通气不足,CO_2 积蓄,为呼吸性酸中毒或代偿性代谢性碱中毒。代谢性酸中毒时由于肺的代偿作用,血浆 PCO_2 降低;相反,代谢性碱中毒时在肺的代偿作用下,血浆 $PaCO_2$ 升高。

(三) 二氧化碳结合力

二氧化碳结合力(CO_2 combining power,CO_2CP)是指 25℃、$PaCO_2$ 为 5.3kPa 时,每升血浆中以 $NaHCO_3$ 形式存在的 CO_2 毫摩尔数,正常参考范围为 23~31mmol/L,平均为 27mmol/L。代谢性酸中毒时,CO_2CP 降低;代谢性碱中毒时,CO_2CP 升高。在呼吸性酸中毒和呼吸性碱中毒时由于肾的代偿,CO_2CP 可有改变。

(四) 标准碳酸氢盐和实际碳酸氢盐

标准碳酸氢盐(standard bicarbonate,SB)是指全血在标准条件下(即 37℃,PCO_2 为 5.3kPa,血氧饱和度为 100%)测得的血浆中 $NaHCO_3$ 含量。该指标不受呼吸因素影响,是判断代谢因素的指标。实际碳酸氢盐(actual bicarbonate,AB)是指在隔绝空气的条件下测得的血

浆中 $NaHCO_3$ 的实际含量,受呼吸和代谢两方面因素的影响。

正常情况下,AB=SB,其值为 22~27mmol/L,平均为 24mmol/L。代谢性酸中毒时,AB=SB,且两者均降低;代谢性碱中毒,AB=SB,且两者均升高;若 AB<SB,说明 CO_2 呼出过多,为呼吸性碱中毒;若 AB>SB,为呼吸性酸中毒,表明有 CO_2 蓄积。

(五) 碱剩余或碱欠缺

碱剩余(base exess,BE)或碱欠缺(base deficient,BD)是指在标准条件下(即 37℃,PCO_2 为 5.3kPa,血氧饱和度为 100%),用酸或碱滴定全血至 pH 为 7.4 时所需酸或碱的量。若用酸滴定,结果用"+"值表示;若用碱滴定,结果用"-"值表示。

血浆 BE 正常参考范围为 -3.0~+3.0mmol/L,BE 是判断代谢性因素的重要指标。BE>+3.0mmoL/L,表明体内有碱剩余,见于代谢性碱中毒;BE<-3.0mmol/L,则说明体内有碱欠缺,见于代谢性酸中毒。

酸碱平衡失调时血液主要生物化学诊断指标的变化见表 16-2。

表 16-2　酸碱平衡失调的类型及其生物化学诊断指标的改变

指标	呼吸性酸中毒	呼吸性碱中毒	代谢性酸中毒	代谢性碱中毒
疾病举例	肺炎、肺气泡	癔症	糖尿病酮症、腹泻	剧烈呕吐
原发改变	[H_2CO_3]↑	[H_2CO_3]↓	[$NaHCO_3$]↓	[$NaHCO_3$]↑
pH	正常或↓	正常或↑	正常或↓	正常或↑
PCO_2	↑	↓	↓	↑
CO_2CP	↑	↓	↓	↑
AB 与 SB	AB>SB	AB<SB	AB=SB,均↓	AB=SB,均↑
BE 与 BD			BD[负值]↑	BE[正值]↑

(六) 阴离子间隙

血浆中的主要阳离子是 Na^+ 和 K^+,称可测定阳离子,其余为未测定阳离子。主要的阴离子是 Cl^- 和 HCO_3^-,称可测定阴离子,其余为未测定阴离子。阴离子间隙(anion gap,AG)是指未测定阴离子与未测定阳离子的差值。临床上常用可测定阳离子与可测定阴离子的差值表示:AG=([Na^+]+[K^+])-([Cl^-]+[HCO_3^-])。正常参考值为 8~16mmol/L,平均为 12mmol/L。AG 值增高可见于代谢性酸中毒,如乳酸、酮体等增多或肾衰竭所致酸中毒。AG 值降低见于低蛋白血症等。

链　接

混合型酸碱平衡紊乱

混合型酸碱平衡紊乱是指患者同时发生两种或两种以上单纯型酸碱平衡紊乱的病理过程,根据同时发生单纯型酸碱平衡紊乱的多寡可分为二重性酸碱平衡紊乱和三重性酸碱平衡紊乱。

二重性酸碱平衡紊乱系指患者同时发生两种单纯性酸碱平衡紊乱,可分为酸碱一致型二重性酸碱平衡紊乱和酸碱混合型二重性酸碱平衡紊乱。常见于:慢性阻塞性肺疾病合并心力衰竭或休克;心脏、呼吸骤停;高热、肝硬化引起的血氨升高;呕吐或因治疗腹水而长期应用利尿剂、糖尿病酮症酸中毒、肾衰竭、中毒性休克等合并高热;慢性肝病、高血氨并发肾衰竭;剧烈呕吐伴严重腹泻等。

三重性酸碱平衡紊乱是指患者同时发生三种单纯性酸碱平衡紊乱。三重性酸碱平衡紊乱较少见,病理变化亦更复杂,主要有两种类型:①呼吸性酸中毒合并代谢性酸中毒和代谢性碱中毒;②呼吸性碱中毒合并代谢性酸中毒和代谢性碱中毒。

目标检测

一、选择题

A1 型题

1. 正常人体内酸性物质的最主要的代谢来源是（　　）
   - A. 食入酸性食物
   - B. 食入酸性药物
   - C. 含硫氨基酸氧化产生
   - D. 糖、脂肪氧化分解产生
   - E. 以上都不是

2. 血浆中缓冲固定酸主要依靠（　　）
   - A. 磷酸氢二钠
   - B. 碳酸氢钠
   - C. 蛋白质钠
   - D. 有机酸钠
   - E. 磷酸二氢钠

3. 血浆中最主要的缓冲对是（　　）
   - A. [碳酸氢钠]/[碳酸]
   - B. [乳酸钠]/[乳酸]
   - C. [磷酸氢二钠]/[磷酸二氢钠]
   - D. [蛋白质钠]/[蛋白质]
   - E. [丙酮酸钠]/[丙酮酸]

4. 红细胞内最主要的缓冲对是（　　）
   - A. [碳酸氢钾]/[碳酸]
   - B. [磷酸氢二钾]/[磷酸二氢钾]
   - C. [$K-HbO_2$]/[$H-HbO_2$]
   - D. [有机酸-K]/[有机酸-H]
   - E. [蛋白质-K]/[蛋白质-H]

5. 体内代谢产生的各种酸能由肺排出的是（　　）
   - A. 磷酸
   - B. 碳酸
   - C. 硫酸
   - D. 乳酸
   - E. 乙酰乙酸

6. 酸中毒时肾分泌的铵盐主要来自（　　）
   - A. 氨基酸的联合脱氨基
   - B. 谷氨酰胺
   - C. 氨基酸氧化脱氨基
   - D. 尿素
   - E. 血液中的氨

7. 尿液酸化过程中，与分泌到小管液中的氢离子结合而排出的主要酸根离子是（　　）
   - A. 碳酸氢根离子
   - B. 氯离子
   - C. 磷酸氢根离子
   - D. 磷酸根离子
   - E. 以上都不是

8. 纠正酸碱平衡失调要保护肾功能叙述错误的是（　　）
   - A. 肾是重要的排泄器官能排出过多的酸和碱
   - B. 肾在排酸过程中主动泌氢换钠
   - C. 肾在排酸过程中主动泌氨换钠
   - D. 在氢钠交换中有碳酸氢钠的重吸收
   - E. 远曲小管的氢钠交换能促进钾钠交换

9. 血钾浓度增高能引起的效应是（　　）
   - A. 碱中毒
   - B. 酸中毒
   - C. 尿中氯排出增多
   - D. 尿中钠排出增多
   - E. 尿中氢排出增多

10. 发生代偿性代谢性酸中毒时（　　）
    - A. pH 下降
    - B. AB 与 SB 均升高
    - C. BE（正值）升高
    - D. 碳酸氢根离子浓度降低
    - E. 以上都不对

二、名词解释

1. 酸碱平衡　2. 挥发性酸　3. 固定酸　4. 呼吸性酸中毒　5. 代谢性酸中毒

三、填空题

1. 肾调节血浆 $NaHCO_3$ 浓度是通过三种交换方式进行，即_____、_____、_____，其中_____和_____有竞争性抑制作用。

2. 某患者血浆 [$NaHCO_3$] 为 18mmol/L，[H_2CO_3] 为 0.9mmol/L，其血浆 pH 应为_____，可能为_____中毒和_____中毒。

3. 血浆可测定阳离子是指_____和_____可测定阴离子是指_____和_____。

4. 体内碱性食物主要是指_____和_____。

5. 体内酸性物质主要源于_____、_____和_____的分解代谢。

四、简答题

1. 血浆中有哪些缓冲体系？其中以哪一对缓冲体系最为重要？为什么？
2. 肺对酸碱平衡是如何调节的？
3. 为何说肾是酸碱平衡中最重要的调节系统？肾通过哪些方式来进行调节？
4. 酸碱平衡失调的基本类型有哪些？不同类型的酸中毒和碱中毒在生化指标改变上有何特点？

（刘　雁）

参考文献

德伟.2007.生物化学与分子生物学.南京:东南大学出版社
郭桂平.2013.生物化学.北京:中国医药科技出版社
何旭辉.2011.生物化学.第2版.北京:人民卫生出版社
黄诒森.2012.生物化学与分子生物学.第3版.北京:科学出版社
罗永富.2010.生物化学.西安:世界图书出版公司
潘文干.2010.生物化学.第6版.北京:人民卫生出版社
田余祥.2013.生物化学.北京:科学出版社
童坦君.2003.生物化学.北京:北京大学医学出版社
吴元清.2009.病理学.北京:中国医药科技出版社
阎瑞君.2010.生物化学.第2版.上海:上海科学技术出版社
查锡良.2008.生物化学.第7版.北京:人民卫生出版社
查锡良,药立波.2013.生物化学与分子生物学.第8版.北京:人民卫生出版社
赵瑞巧.2010.生物化学.北京:科学出版社
周爱儒.2002.生物化学.第5版.北京:人民卫生出版社
周爱儒.2005.生物化学.第6版.北京:人民卫生出版社
周剑涛.2005.生物化学基础.北京:高等教育出版社
周克元,罗德生.2010.生物化学.第2版.北京:科学出版社

生物化学教学大纲

一、课程性质和任务

生物化学是医学各专业必修的一门基础课程,是整个生物学科中处于前沿和中心位置的学科,生物化学的理论和技术对医学有重要作用。其主要任务是使学生在具有一定科学文化素质的基础上,使学生掌握本学科的基本理论知识和常用操作技能,为后续课程的学习、全面素质的提高奠定基础。

二、课程教学目标

(一) 知识教学目标

(1) 掌握人体内生物大分子的分子组成和结构,了解功能及结构与功能的关系。
(2) 掌握物质代谢、水盐代谢、酸碱平衡的特点,熟悉代谢的基本过程和生理意义。
(3) 熟悉遗传信息传递的过程及规律。
(4) 了解物质代谢异常与疾病的发生的关系。

(二) 能力培养目标

(1) 通过实验教学,使学生具备规范、熟练的基本操作技能。
(2) 培养学生用生物化学基本知识解释日常生活和临床问题的能力。
(3) 培养学生举一反三、融会贯通的能力;发现问题、分析问题、解决问题的能力;终生学习、自学能力。

(三) 思想教育目标

(1) 通过了解物质代谢与疾病的关系,培养辩证唯物主义世界观。
(2) 通过对生命现象的认识,树立热爱生命、实事求是的科学态度。
(3) 具有良好的职业道德、人际沟通能力和团队精神。
(4) 具有严谨的学习态度、敢于创新的精神、勇于创新的能力。

三、教学内容和要求

教学内容	教学要求			教学活动参考	教学内容	教学要求			教学活动参考
	了解	熟悉	掌握			了解	熟悉	掌握	
绪论				理论讲授多媒体演示	2. 蛋白质的基本组成单位——氨基酸		√		
1. 生物化学的发展简史		√							
2. 人体生物化学的研究内容		√			(二) 蛋白质的结构与功能				
3. 生物化学与医学		√			1. 蛋白质的一级结构			√	
一、蛋白质的结构与功能				理论讲授多媒体演示实验	2. 蛋白质的空间结构		√		
(一) 蛋白质的分子组成					3. 蛋白质结构与功能的关系	√			
1. 蛋白质的元素组成			√						

续表

教学内容	教学要求			教学活动参考	教学内容	教学要求			教学活动参考
	了解	熟悉	掌握			了解	熟悉	掌握	
（三）蛋白质的理化性质				理论讲授 多媒体演示 实验	（三）酶的结构与功能				
1. 蛋白质等电点			√		1. 酶的分子组成			√	
2. 蛋白质的胶体性质			√		2. 酶的活性中心			√	
3. 蛋白质的沉淀			√		3. 酶原与酶原的激活		√		
4. 蛋白质的变性			√		4. 同工酶		√		
（四）蛋白质分类					5. 酶的作用机制	√			
1. 按蛋白质形状分类	√				（四）维生素与辅酶				
2. 按蛋白质组成分类	√				1. 维生素的命名	√			
3. 按蛋白质功能分类	√				2. 维生素的分类		√		
实验一 血清蛋白质电泳					（五）影响酶促反应速度的因素				
二、核酸的结构与功能				理论讲授 多媒体演示	1. 酶浓度的影响		√		
（一）核酸的化学组成					2. 底物浓度的影响		√		
1. 核酸的基本组成单位			√		3. pH 的影响		√		
2. 体内几种重要的核苷酸衍生物	√				4. 温度的影响		√		
（二）核酸的分子结构与功能					5. 激活剂的影响		√		
1. DNA 的分子结构与功能			√		6. 抑制剂的影响		√		
2. RNA 的分子结构与功能		√			（六）酶与医学的关系				
（三）核酸的理化性质					1. 酶与疾病的发生		√		
1. 核酸的一般性质和紫外吸收		√			2. 酶与疾病的诊断		√		
2. 核酸的变性、复性和分子杂交		√			3. 酶与疾病的治疗		√		
					4. 酶作为试剂用于临床检验和科学研究		√		
					实验二 酶的专一性及影响酶促反应的因素				
三、酶				理论讲授 多媒体演示 学生查阅资料 师生讨论 媒体演示 实验	四、糖代谢				理论讲授 多媒体演示 学生查阅资料 师生讨论 实验
（一）概述					（一）概述				
1. 酶的概念			√		1. 糖的生理功能		√		
2. 酶的分类			√		2. 糖代谢概况		√		
3. 酶的命名	√				（二）糖的分解代谢				
（二）酶促反应的特点					1. 糖的无氧氧化			√	
1. 高度的催化效率		√			2. 糖的有氧氧化			√	
2. 高度的特异性		√			3. 磷酸戊糖途径			√	
3. 高度不稳定性		√			（三）糖原的合成与分解				
4. 酶活性的可调节性		√							

续表

教学内容	教学要求			教学活动参考	教学内容	教学要求			教学活动参考
	了解	熟悉	掌握			了解	熟悉	掌握	
1. 糖原合成			√		2. 蛋白质的需要量	√			阅资料
2. 糖原分解			√		3. 蛋白质的营养价值			√	师生讨论
3. 糖原累积症	√				（二）蛋白质的消化、吸收与腐败				媒体演示 实验
（四）糖异生					1. 外源性蛋白质的消化		√		
1. 糖异生途径			√		2. 氨基酸的吸收		√		
2. 糖异生途径的生理意义		√			3. 蛋白质肠道腐败作用	√			
（五）葡萄糖的其他代谢产物					（三）氨基酸的一般代谢				
1. 糖醛酸途径	√				1. 体内蛋白质的降解		√		
2. 多元醇途径	√				2. 氨基酸代谢库		√		
3. 2,3-二磷酸甘油酸旁路	√				3. 氨基酸的脱氨基作用			√	
（六）血糖					4. 氨的代谢			√	
1. 血糖的来源与去路			√		5. α-酮酸的代谢		√		
2. 血糖水平的调节		√			（四）个别氨基酸的代谢				
3. 糖代谢异常		√			1. 氨基酸脱羧基作用		√		
实验三 血糖测定					2. 一碳单位的代谢		√		
五、脂类代谢				理论讲授	3. 含硫氨基酸的代谢		√		
（一）概述				多媒体演示	4. 芳香氨基酸的代谢		√		
1. 脂类的化学	√			学生查	实验五 血清丙氨酸氨基转移酶（ALT）活性测定（赖氏法）				
2. 脂类的分布与生理功能		√		阅资料					
3. 脂类的消化吸收	√			师生讨论					
（二）甘油三酯的代谢				媒体演示					
1. 甘油三酯的分解代谢		√		实验	七、核苷酸代谢				理论讲授
2. 甘油三酯的合成代谢		√			（一）核苷酸的合成代谢				多媒体演示
（三）胆固醇代谢					1. 嘌呤核苷酸的合成代谢		√		学生查
1. 胆固醇的来源		√			2. 嘧啶核苷酸的合成代谢		√		阅资料
2. 胆固醇的去路		√			3. 脱氧核苷酸的合成代谢		√		师生讨论
（四）血脂及血浆脂蛋白					（二）核苷酸的分解代谢				媒体演示
1. 血脂的组成和含量	√				1. 嘌呤核苷酸的分解代谢		√		
2. 血浆脂蛋白			√		2. 嘧啶核苷酸的分解代谢		√		
实验四 肝中酮体的生成作用					八、生物氧化				理论讲授
					（一）概述				多媒体演示
六、氨基酸代谢				理论讲授	1. 生物氧化的方式	√			学生查
（一）蛋白质的营养作用				多媒体演示	2. 生物氧化的特点		√		阅资料
1. 蛋白质的重要功能		√		学生查	3. 生物氧化的酶类	√			师生讨论
					（二）生成ATP的氧化体系				媒体演示

续表

教学内容	了解	熟悉	掌握	教学活动参考
1. 呼吸链			√	
2. ATP 的生成			√	
3. 能量的储存和利用			√	
4. 线粒体外的 NADH 的氧化	√			
(三) 其他氧化体系				
1. 微粒体中的氧化酶	√			
2. 过氧化物酶体中的氧化酶	√			
3. 超氧化物歧化酶(SOD)	√			
九、物质代谢的联系与调节				理论讲授 多媒体演示 学生查阅资料 师生讨论 媒体演示
(一) 物质代谢的特点				
1. 整体性	√			
2. 可调节性	√			
3. ATP 是机体能量利用的共同形式	√			
(二) 物质代谢的联系				
1. 在能量上的相互联系	√			
2. 糖、脂及蛋白质核代谢之间的相互联系		√		
3. 脂类代谢与蛋白质代谢的相互联系		√		
4. 核酸代谢与糖、脂类和蛋白质代谢的相互联系		√		
(三) 物质代谢的调节				
1. 细胞水平的调节			√	
2. 激素水平的调节	√			
3. 整体水平的调节	√			
十、遗传信息的传递				理论讲授 多媒体演示 学生查阅资料 师生讨论 媒体演示
(一) DNA 生物合成				
1. DNA 的复制基本方式与体系		√		
2. 反转录		√		
3. DNA 的损伤与修复		√		
(二) RNA 的生物合成 (转录)				

教学内容	了解	熟悉	掌握	教学活动参考
1. 转录的模板和酶			√	
2. 转录的过程		√		
3. 转录后的加工和修饰	√			
(三) 蛋白质的生物合成 (翻译)				
1. 蛋白质生物合成体系			√	
2. 蛋白质生物合成的过程		√		
		√		
4. 蛋白质生物合成与医学		√		
(四) 基因与肿瘤				
1. 癌基因		√		
2. 抑癌基因		√		
3. 基因与肿瘤发生	√			
十一、基因工程与分子生物学常用技术				理论讲授 多媒体演示 学生查阅资料 师生讨论 媒体演示
(一) 基因工程				
1. 基因工程的基本概念			√	
2. 基因工程原理和过程		√		
3. 基因工程在医学中的应用		√		
(二) 分子生物学常用技术及应用				
1. 核酸杂交技术		√		
2. 聚合酶链式反应		√		
3. 核酸序列分析	√			
4. 基因文库	√			
5. 生物芯片技术		√		
(三) 基因诊断和基因治疗				
1. 基因诊断		√		
2. 基因治疗	√			
十二、细胞信号转导				理论讲授 多媒体演示
(一) 信号分子与受体				
1. 信号分子的种类和传递方式		√		
2. 受体的种类和作用特点			√	

续表

教学内容	教学要求			教学活动参考	教学内容	教学要求			教学活动参考
	了解	熟悉	掌握			了解	熟悉	掌握	
(二)细胞信号转导途径					十四、血液生物化学				理论讲授
1. 信号转导的基本规律		√			(一)血液组成				多媒体演示
2. 细胞膜受体介导的信号转导途径	√				1. 血液成分	√			实验
					2. 非蛋白含氮化合物			√	学生查阅资料
3. 细胞内受体介导的信号转导途径	√				(二)血浆蛋白质				
					1. 血浆蛋白质组成			√	师生讨论
4. 细胞信号转导异常与疾病	√				2. 血浆蛋白质功能		√		媒体演示
					(三)红细胞代谢				
十三、肝脏生物化学				理论讲授	1. 红细胞代谢特点		√		
(一)肝的结构和化学组成特点				多媒体演示	2. 血红蛋白合成与调节	√			
				实验	实验七 血尿素测定				
1. 肝的结构特点	√				十五、水和无机盐代谢				理论讲授
2. 肝的化学组成特点		√			(一)体液				多媒体演示
(二)肝在物质代谢中的作用					1. 体液的含量与分布		√		理论讲授
					2. 体液的电解质分布		√		实验
1. 肝在糖、脂类、蛋白质代谢中的作用			√		3. 体液的交换	√			
					(二)水平衡				
2. 肝在维生素、激素代谢中的作用		√			1. 水的生理功能		√		
					2. 水的来源和去路	√			
(三)肝的生物转化作用					(三)无机盐代谢				
1. 生物转化的概念及意义		√			1. 无机盐的生理功能		√		
2. 生物转化的反应类型		√			2. 钠、钾、氯的代谢		√		
3. 生物转化的特点	√				3. 水和无机盐代谢的调节		√		
4. 生物转化的影响因素	√				(四)钙、磷代谢				
(四)胆汁酸代谢					1. 钙、磷在体内的含量、分布和生理功能		√		
1. 胆汁的分类及成分	√				2. 钙、磷的吸收与排泄		√		
2. 胆汁酸的分类及代谢		√			3. 血钙与血磷		√		
3. 胆汁酸的功能		√			4. 钙、磷代谢的调节		√		
(五)胆色素代谢					(五)微量元素的代谢				
1. 胆色素的生成与转运		√			1. 铁的代谢		√		
2. 胆红素在肝中的代谢		√			2. 锌的代谢		√		
3. 胆素在肠道中的变化与胆素的肠肝循环		√			3. 铜的代谢		√		
					4. 碘的代谢		√		
4. 血清胆红素与黄疸		√			5. 硒的代谢		√		
实验六 血清胆红素测定					6. 锰的代谢		√		

续表

教学内容	教学要求			教学活动参考	教学内容	教学要求			教学活动参考
	了解	熟悉	掌握			了解	熟悉	掌握	
7. 氟的代谢		√			1. 血液的缓冲作用		√		
8. 钴的代谢		√			2. 肺对酸碱平衡的调节作用	√			
实验八 血清钾、钠、氯测定					3. 肾对酸碱平衡的调节作用			√	
十六、酸碱平衡				理论讲授多媒体演示	(三) 酸碱平衡失调				
(一) 体内酸碱性物质的来源					1. 酸碱平衡失调的基本类型			√	
1. 酸性物质的来源		√			2. 判断酸碱平衡失调的生化指标		√		
2. 碱性物质的来源		√							
(二) 机体酸碱平衡的调节									

四、教学大纲说明

(一) 适用对象与参考学时

本教学大纲可供护理、助产、药学、医学检验、涉外护理等专业使用,总学时为72学时,其中理论教学56学时,实践教学16学时。

(二) 教学要求

1. 本课程对理论教学部分要求有掌握、熟悉、了解三个层次。掌握是指对生物化学中所学的基本知识、基本理论具有深刻的认识,并能灵活地应用所学知识分析、解释生活现象和临床问题。理解是指能够解释、领会概念的基本含义并会应用所学技能。了解是指能够简单理解、记忆所学知识。

2. 本课程突出以培养能力为本位的教学理念,在实践技能方面分为熟练掌握和学会两个层次。熟练掌握是指能够独立娴熟地进行正确的实践技能操作。学会是指能够在教师指导下进行实践技能操作。

(三) 教学建议

1. 在教学过程中要积极采用现代化教学手段,加强直观教学,充分发挥教师的主导作用和学生的主体作用。注重理论联系实际,并组织学生开展必要的临床案例分析讨论,以培养学生的分析问题和解决问题的能力,使学生加深对教学内容的理解和掌握。

2. 实践教学要充分利用教学资源,案例分析讨论等教学形式,充分调动学生学习的积极性和主观能动性,强化学生的动手能力和专业实践技能操作。

3. 教学评价应通过课堂提问、布置作业、单元目标测试、案例分析讨论、期末考试等多种形式,对学生进行学习能力、实践能力和应用新知识能力的综合考核,以期达到教学目标提出的各项任务。

学时分配建议(72学时)

序号	教学内容	学时数		
		理论	实践	合计
0	绪论	1		1
1	蛋白质的结构与功能	4	2	6
2	核酸的结构与功能	4		4
3	酶	4	2	6
4	糖代谢	6	2	8
5	脂类代谢	6	2	8
6	氨基酸代谢	4	2	6
7	核苷酸代谢	3		3
8	生物氧化	3		3
9	物质代谢的联系与调节	2		2
10	遗传信息的传递	5		5
11	基因工程与分子生物学常用技术	3		3
12	细胞信号转导	2		2
13	肝脏生物化学	2	2	4
14	血液生物化学	2	2	4
15	水和无机盐代谢	3	2	5
16	酸碱平衡	2		2
	合计	56	16	72

目标检测选择题参考答案

第1章
1. D 2. C 3. E 4. D 5. E 6. A 7. D 8. A 9. C 10. A

第2章
1. D 2. B 3. C 4. B 5. B 6. C 7. B 8. A 9. A 10. B

第3章
1. C 2. C 3. C 4. C 5. E 6. A

第4章
1. D 2. B 3. D 4. B 5. C 6. E 7. D 8. B 9. C 10. A 11. C 12. C 13. B 14. B 15. C 16. A 17. B 18. A 19. A 20. C 21. B 22. A 23. A 24. C 25. B 26. E 27. D 28. C 29. A

第5章
1. D 2. B 3. C 4. E 5. C 6. D 7. D 8. D 9. E 10. E 11. D 12. E 13. E 14. E 15. D 16. B 17. E 18. D 19. A 20. E

第6章
1. B 2. A 3. E 4. A 5. C 6. B 7. D 8. C 9. E 10. E

第7章
1. D 2. C 3. C 4. D 5. A 6. A 7. B 8. A 9. C 10. D 11. D 12. C

第8章
1. C 2. E 3. B 4. D 5. B 6. C 7. C 8. D 9. B 10. A 11. D

第9章
1. E 2. D 3. C 4. C 5. B 6. B 7. A 8. C 9. B 10. E

第10章
1. E 2. C 3. D 4. C 5. E 6. D 7. A 8. B 9. D 10. B 11. B 12. B 13. E 14. C 15. C

第11章
1. E 2. B 3. E 4. A 5. D 6. A 7. A 8. D 9. C 10. E 11. D 12. C 13. E 14. A

第12章
1. D 2. B 3. E 4. C 5. A 6. E 7. B 8. B 9. C 10. B

第13章
1. A 2. E 3. C 4. C 5. B 6. E 7. C 8. A 9. A 10. D 11. C 12. D 13. E 14. A 15. A 16. C 17. B 18. E 19. D 20. A 21. C 22. A 23. E 24. B 25. D 26. B 27. C 28. E 29. B 30. C

第14章
1. B 2. D 3. A 4. E 5. D 6. B 7. C 8. A 9. D

第15章
1. A 2. D 3. B 4. D 5. A 6. D 7. B 8. B 9. E 10. A

第16章
1. D 2. B 3. A 4. C 5. B 6. B 7. C 8. E 9. B 10. D